U0205967

皮书系列为"十二五"国家重点图书出版规划项目

权 威 · 前 沿 · 原 创

气候变化绿皮书

GREEN BOOK OF
CLIMATE CHANGE

应对气候变化报告
（2012）

ANNUAL REPORT ON ACTIONS TO ADDRESS
CLIMATE CHANGE (2012)

气候融资与低碳发展

Climate Finance and Low Carbon Development

主　编／王伟光　　郑国光
副主编／潘家华　巢清尘　罗　勇

社会科学文献出版社
SOCIAL SCIENCES ACADEMIC PRESS (CHINA)

图书在版编目（CIP）数据

应对气候变化报告. 2012，气候融资与低碳发展/王伟光，郑国光主编.
—北京：社会科学文献出版社，2012.11
（气候变化绿皮书）
ISBN 978 - 7 - 5097 - 3884 - 9

Ⅰ.①应… Ⅱ.①王… ②郑… Ⅲ.①气候变化 - 研究报告 - 世界 -
2012 Ⅳ.①P467

中国版本图书馆 CIP 数据核字（2012）第 253043 号

气候变化绿皮书

应对气候变化报告（2012）
——气候融资与低碳发展

主　　编/王伟光　郑国光
副 主 编/潘家华　巢清尘　罗　勇

出 版 人/谢寿光
出 版 者/社会科学文献出版社
地　　址/北京市西城区北三环中路甲 29 号院 3 号楼华龙大厦
邮政编码/100029

责任部门/财经与管理图书事业部（010）59367226　　责任编辑/陶　璇　林　尧
电子信箱/caijingbu@ ssap. cn　　　　　　　　　　　责任校对/师晶晶
项目统筹/恽　薇　陶　璇　　　　　　　　　　　　　责任印制/岳　阳
经　　销/社会科学文献出版社市场营销中心（010）59367081　59367089
读者服务/读者服务中心（010）59367028

印　　装/北京季蜂印刷有限公司
开　　本/787mm×1092mm　1/16　　　　　　　　　印　　张/20.75
版　　次/2012 年 11 月第 1 版　　　　　　　　　　字　　数/355 千字
印　　次/2012 年 11 月第 1 次印刷
书　　号/ISBN 978 - 7 - 5097 - 3884 - 9
定　　价/69.00 元

本书由"中国社会科学院—中国气象局气候变化经济学模拟联合实验室"组织编写。

特别感谢能源基金会中国可持续能源项目"中国低碳融资的机制与政策分析"课题（编号：G－1111－15188）对本书的资助。

同时感谢以下课题的资助："十二五"国家科技支撑计划"城镇碳排放清单编制方法与决策支持系统研究、开发与示范"课题（编号：2011BAJ07B07）、国家科技支撑计划（编号：2012BAC20B05）、中国气象局气候变化专项、中国清洁发展机制基金（编号：1112092、1112097）、国家社会科学基金项目（编号：12CGJ023）。

主要编撰者简介

王伟光　哲学博士，教授，博士研究生导师、中国社会科学院学部委员。现任中国社会科学院常务副院长、学部主席团主席。曾任中共中央党校副校长。中共第十七届中央委员会候补委员，中共第十六次、第十七次、第十八次全国代表大会代表，第十届全国人大代表，全国人大法律委员会委员，中国辩证唯物主义研究会会长，马克思主义理论研究和建设工程咨询委员会委员、首席专家。1987年荣获国务院颁发的"做出突出贡献的中国博士学位获得者"荣誉称号，享受政府特殊津贴。

长期从事马克思主义理论和哲学，以及社会主义改革开放和现代化建设中重大理论与现实问题的研究，近年来致力于中国特色社会主义理论体系的研究。出版学术专著 20 余部，主要有：《社会主义矛盾、动力和改革》《社会生活方式论》《政治体制改革论纲》《控制论、信息论、系统科学和哲学》《经济利益、政治秩序和社会稳定》《社会主义和谐社会的理论与实践》《王伟光自选集》等。主编的著作主要有《马克思主义基本问题》《"三个代表"重要思想概论》《建设社会主义新农村的理论与实践》《社会主义通史》（八卷本）。译著主要有《历史与阶级意识》《西方政治思想概论》。在《人民日报》《光明日报》《求是》等国家级报刊上发表论文 300 余篇。

郑国光　中国气象局党组书记、局长，理学博士，研究员，北京大学兼职教授、博士研究生导师。1994 年获得加拿大多伦多大学物理系博士学位。中国共产党第十七次、第十八次全国代表大会代表、中国人民政治协商会议第十一届全国委员会委员、国家气候委员会主任委员、全球气候观测系统中国委员会（CGOS）主席、全国人工影响天气协调会议协调人、国家应对气候变化及节能减排工作领导小组成员兼应对气候变化领导小组办公室副主任、世界气象组织（WMO）中国常任代表、WMO 执行理事会成员、政府间气候变化专门委员会

（IPCC）中国代表、联合国秘书长全球可持续性高级别小组（GSP）成员。

　　长期从事云物理和人工影响天气研究以及中国气象事业发展的重大理论与现实问题研究。曾设计建造了我国第一台专门用于模拟冰雹生长的风洞，在层状云降水机理、冰雹云形成机理和人工增雨业务示范系统等研究方面取得了许多成果，发表学术论文80余篇。获中国气象学会首届涂长望青年科技奖二等奖、世界气象组织 UAE 人工影响天气奖以及 2008 年度国家科技进步奖二等奖。

　　潘家华　中国社会科学院城市发展与环境研究所所长，研究员，博士研究生导师。研究领域为世界经济、气候变化经济学、城市发展、能源与环境政策等。任国家气候变化专家委员会委员，国家外交政策咨询委员会委员，中国生态经济学会副会长，政府间气候变化专门委员会（IPCC）第三次、第四次和第五次评估报告主要作者。先后发表学术（会议）论文 200 余篇，撰写专著 4 部，译著 1 部，主编大型国际综合评估报告和论文集 8 部；获中国社会科学院优秀成果一等奖（2004），二等奖（2002），孙冶方经济学奖（2011）。

　　巢清尘　中国气象局国家气候中心副主任。主要研究领域为气候变化科学与政策研究、气候诊断分析。长期作为中国代表团成员参加联合国气候变化框架公约谈判，参与我国政府间气候变化专门委员会（IPCC）的组织和协调工作。承担国家气候变化专家委员会办公室相关工作。《气候变化研究进展》编委，第二次《气候变化国家评估报告》办公室副主任，第三次《气候变化国家评估报告》编写组副组长及主要作者。参与国家应对气候变化相关政策的讨论和制定。曾负责全球气候观测系统中国委员会办公室、国家气候委员会办公室工作。在海气相互作用、气候变化影响、气候政策等领域发表论文 30 余篇。

　　罗　勇　中国气象局国家气候中心研究员，清华大学地球系统科学研究中心教授，博士研究生导师；兼任中国气象学会气候变化与低碳发展委员会主任委员，世界气候研究计划/气候与冰冻圈中国国家委员会副主席，国际大地测量与地球物理学联合会/国际冰冻圈科学协会中国国家委员会副主席，北京气象学会常务理事，《气候变化研究进展》副主编，《气象学报》《应用气象学报》《大气科学进展》《资源科学》《高原气象》《科技导报》和 Earth System Dynamics 等学术刊物编委会委员。

主要从事全球气候变化的科学与政策、气候系统模式研制与气候数值模拟与预测、可再生能源开发利用等领域的研究。在气候变化领域，主要承担气候变化的事实分析、归因与预估研究，是政府间气候变化专门委员会（IPCC）第四次评估报告主要作者，《中国气候与环境演变》和第一次、第二次、第三次《气候变化国家评估报告》的主要作者。还开展陆面过程模式的研发和区域气候模拟，特别是植被冠层辐射参数化方案的研制。在可再生能源开发领域，主要开展风能、太阳能资源评估以及风电量预报技术和系统开发等。2002 年获中国农业科学院科学技术成果一等奖；2003 年获国家环境保护总局环境保护科学技术三等奖；2007 年作为 IPCC 第四次评估报告主要作者，获得诺贝尔和平奖；2008 年获国务院政府特殊津贴。共发表学术论文 137 篇，其中 SCI（SCIE）收录刊物论文 23 篇，总被引次数为近 3000 次；合作出版学术专（译）著 11 本。

摘　要

　　气候变化事关全球可持续发展与国计民生，各国利益博弈不断引发新的机遇与挑战。2012 年，是《京都议定书》第一承诺期的终止年；是 2011 年达成的德班平台谈判的启动年。2012 年底，联合国气候变化多哈会议的各方博弈面临新的不断变化的格局，前行阻力重重，进程暗流涌动，谈判难以有革命性的突破，合作定有务实性的进展。近年来，中国作为温室气体排放大国，以实际行动向世界宣示了力行节能减排、发展低碳经济的决心与勇气，但中国现阶段的国情与发展特征决定了实现减排目标，有困难，有机遇，但机遇需要在克服困难中发现、把控并抓住。中国参与德班平台谈判，注定在重压下前行，但是中国积极应对气候变化的步伐从未停止，中国从传统经济向低碳经济的迈进，离不开金融的承载与推动。近年来，中国的政府、企业、金融机构通力协作，共同启动了金融体系的绿色变革。2012 年的气候变化绿皮书从不同角度评述多方观点，展示了中国如何培育一个包括多元化市场参与主体、高效率交易平台和多层次金融服务的气候融资体系的实践与探索。

　　本书邀请了国内外长期从事气候科学评估、能源与气候政策研究、低碳金融研究方面的专家以及直接参与国际气候谈判的 30 多位资深学者撰稿，分析 2011 年底德班会议以来全球应对气候变化的最新进展，关注启动德班平台谈判对国际国内气候政策选择的可能影响，以及中国应对气候变化的长期战略，并着重考察中国应对气候变化的低碳融资政策、行动及面临的挑战。

　　本书包括总论、三个专题及附录。

　　总论侧重于三个方面。一是国际气候谈判的回顾与展望，2012 年国际气候谈判"两个授权""三个轨道"同时开展，体现出在气候谈判变局期复杂的谈判格局。发达国家积极推动在单一的"德班平台"下开展谈判，希望尽快结束巴厘行动计划授权下的双轨谈判；发展中国家则希望在长期合作行动工作组和《京都议定书》工作组双轨谈判中，进一步明确发达国家 2012 年后的减排义务和责任,明确《京都议定书》第二承诺期的继续方式;二是通过分析近些年全球和中国极端气候事件趋多趋强的事实,总结了全球和中国近百年气候变化的主要特点,从风险信息沟通、多方合作协同、灾害风险管理中的资金手段等角度分析了应对极端气候变化的途径与方法。三是通过分析公共财政资金、金融机构、资本市场、碳市场等主要融资方式在中国发展的状况,评估现有政策的执行效果,在预测 2020 年中国低碳发展的成本与资金需求的基础上,就如何实现该目标,提供政策上的建议。

第一部分聚焦国际低碳融资的热点议题。对应对气候变化资金机制谈判的新进展与新格局,碳排放权交易的国际经验与比较,2012 年后欧盟碳交易政策的挑战,以及广受关注的是否将民航业纳入欧盟排放交易体系等热点问题进行了深入分析、评估与展望。

第二部分反映国内最新的低碳融资的实践与探索。内容包括中国碳交易市场的进展及展望、低碳转型的公共融资机制、商业银行在低碳融资领域的实践与探索、碳金融产品的推广、中国绿色气候基金的创新与实践等。

第三部分气候风险与适应融资,内容包括中国地区未来极端气候事件预估及可能的风险,中国主要流域的气候变化影响与适应效益评估,适应气候变化的资金机制,发挥保险的社会管理职能,提升气候变化应对能力,气象灾害风险转移的实践与探索,商业化气象指数保险及其在中国的实践。

第四部分为热点追踪与专家解读,重点考察国际上最新的一些气候变化政策和研究进展。

本书附录中收录了全球主要国家的人口、经济、能源和排放等主要数据,中国各地区完成"十二五"规划节能目标进展情况,全球气候变化灾害历史数据等信息。

Abstract

Climate change affects global sustainable development and peoples'livelihoods, and, across the world, competing national interests continue to lead to new opportunities and challenges. 2012 is the end of the first commitment period of the Kyoto Protocol. It is also the year in which the Durban platform commences following the negotiations in 2011. At the end of 2012, the United Nations Framework Convention on Climate Change will host the Doha Conference and the parties involved will face a new and uncertain situation. Looking into the future, the negotiations will face significant challenges, although some of the issues may continue to be undercurrents not visible from the surface. It is difficult to get breakthrough developments in the negotiations. However, through cooperation, practical steps can be achieved. In recent years, China, as the biggest greenhouse gas emitter, has taken practical action to demonstrate to the whole world its decisiveness and courage regarding energy conservation, emissions reduction and low-carbon economic development. China's current stage of economic development presents both opportunities and challenges-the opportunities must be seized to overcome the difficulties China will face.

China's participation in the Durban platform negotiations will go forward under immense pressure. However, China will not slow down its actions to tackle climate change. China cannot transform its economy to achieve a low carbon future without financial assistance. In recent years, China's government, enterprises and financial institutions, collaboratively launched a green revolution in the Chinese financial system. This year's Climate Change Green Book explores the whole climate financing system, and demonstrates from many diverse perspectives, how China should cultivate the market, such as through high-efficiency trading platforms and multi-level financial services.

This book is co-authored by more than 30 domestic and international scholars who have conducted long-term research on climate change, energy or climate policy, low-carbon finance, or directly participated in international climate change negotiations. In this Green Book, they will introduce the latest developments in the post-Durban global efforts to address climate change, analyze the potential impacts of the Durban

Conference on domestic or international climate policy choices, and discuss China's long-term strategy to deal with climate change. They will focus on analyzing low-carbon finance policies and actions for China to address climate change, as well as the challenges China will face.

This Green Book includes a general introduction, four special topics and annexes.

The general introduction focuses on three aspects. The first is to review and forecast the international climate change negotiations process. The first commitment period under the Kyoto Protocol will end by 2012. The Durban negotiation has been launched. The Bali action plan negotiation, which was supposed to end in 2009, is also drawing to an end. In 2012 two mandates and three tracks were unfolding simultaneously, reflecting a complicated negotiation structure during the transition period. Most developed countries strive to conduct climate change negotiations under a single platform, hoping to end the double-track negotiation under the Bali action plan. Most developing countries hope, in the double-track negotiations under the long-term cooperative action working group and the Kyoto Protocol working group, to further identify the emission reduction obligations and responsibilities of developed countries after 2012, and to clarify in what form the second commitment period under Kyoto Protocol will be continued.

The second aspect is to analyze the fact that in recent years extreme climate incidents are becoming more frequent and severe in China and around the world, summarize the main features of climate change over the past 100 years in China and the world, and discuss various methods to deal with extreme climate change incidents from the following perspectives: risk information communications, multi-party collaboration and coordination, and financial instruments in disaster risk management, etc.

The third aspect is to analyze the recent development of major low-carbon financial schemes such as public finance, financial institutions, capital and carbon markets, evaluate the performance of current policies, and provide policy recommendations on how to finance China's low-carbon development based on a forecast of the cost and financial needs required to meet China's low-carbon development goals for 2020.

Part I provides profound analysis, comments and forecasts on the following hot topics of international low-carbon finance: new developments and structures in negotiations related to international climate change finance mechanisms, international experiences and comparison of carbon trading systems, challenges facing the EU emission trading system (ETS) after 2012, and whether civil aviation industry will be included in EU ETS.

Part II reflects the latest domestic low-carbon finance practices and discussions, covering the following topics: developments and forecasts for China's carbon trading market, public finance mechanisms for transition to a low-carbon economy, practices and explorations of commercial banks in the area of low-carbon finance, the spread and extension of carbon finance products, and innovations and practices of China's green climate funds.

Part III discusses climate change risks and finance for adaptation to climate change, including the following topics: forecasting future extreme climate incidents in China and potential risks, assessment of climate change impacts and adaptation benefits in China's major river basins, financing mechanisms for climate change adaptation, how to strengthen the social insurance system to increase the capacity to adapt to climate change, practices and explorations for climate disaster risk transfer, and commercialized climate index insurance in China.

Part IV traces hot topics and experts' comments, and briefly introduces the latest developments in international climate change policies and research.

The Annexes include population, economic, energy consumption and carbon emissions data for major countries in the world, the progress of various regions in China in fulfilling the energy saving objectives under the 12th Five Year Plan, and historical data on global climate change disasters.

前　言

　　2012 年是国际社会协同应对气候变化的重要节点。《京都议定书》第一承诺期终止于 2012 年底，使得国际气候谈判呈现出"两个授权""三轨谈判"并行的复杂局面。发达国家希望尽快结束巴厘行动计划授权下的双轨谈判，力图推动所有国家在单一的"德班平台"下的参与机制。而发展中国家则希望在双轨谈判中，进一步明确发达国家 2012 年后的减排义务和责任，明确《京都议定书》第二承诺期的具体内容。谈判阵营和力量在磨合与重组，谈判的政治格局可能发生新变化。随着中国经济社会快速发展，国际社会对我国承担减排责任的高预期愈加明显，而国内经济社会发展约束尚存，实现减排的困难和挑战犹在，中国参与德班平台谈判面临更大压力。德班平台的谈判，需要顾及缔约方基本国情，遵从气候公约的基本原则，在公平与合作的框架下推进，才能建立真正具有环境效益的国际气候制度。

　　尽管国际气候变化谈判步履艰难，但是应对气候变化的步伐从未停止，气候融资和低碳发展已经成为国际热点。国际气候融资的资金来源主要为《联合国气候变化框架公约》下的资金机制、公约外的双边和多边气候基金和《京都议定书》下的清洁发展机制。目前国际气候融资额度远远低于发展中国家进行减缓和适应气候变化的实际需求量。随着欧债危机的爆发，美国经济复苏乏力，日本经济长期低迷，发达国家出资帮助发展中国家的政治意愿和资金能力逐渐降低。在国际碳市场层面，市场机制已经为发展中国家的减缓活动进行了一定程度的融资，但对广大发展中国家而言，碳市场融资金额与需求量相差甚远。国内低碳融资是指为实现中国经济发展低能耗、低排放的可持续发展模式而投入的资金。来源主要为政府的公共融资、金融机构的融资、资本市场的股权、债券融资、碳市场融资等。实现低碳转型是未来我国实现经济可持续发展的必然选择。中国已经在财政投入、税收政策、金融政策等多个方面对低碳经济发展进行金融支持，推动了节能减排和低碳产业的发展，对社会资金起到了一定的引导作用。

但同时也需要看到，低碳融资的环境、机制等方面仍需进一步完善。

中国的应对气候变化行动还体现在灾害风险管理及其融资方面。随着极端气候事件趋多趋强的事实，需要更加有效管理不断变化的极端气候事件和灾害风险。在《国家综合防灾减灾规划（2011－2015年)》的保障措施中，专门提出要完善防灾减灾资金投入机制，拓宽资金投入渠道，加大防灾减灾基础设施建设、重大工程建设、科学研究、技术开发、科普宣传和教育培训的经费投入。研究建立财政支持的重特大自然灾害风险分担机制，探索通过金融、保险等多元化机制实现自然灾害的经济补偿与损失转移分担。除了政府财政的投入外，有关金融机构也在着手建立重点针对农业巨灾风险分散机制的巨灾保险制度。中国巨灾保险的合理取向，将是政府主导加市场化运作。

继2009年推出第一部气候变化绿皮书《应对气候变化（2009）——通向哥本哈根》，2010年出版《应对气候变化（2010）——坎昆的挑战与中国的行动》，及2011年的《应对气候变化（2011）——德班的困境与中国的战略选择》后，2012年聚焦低碳融资，编撰《应对气候变化（2012）——气候融资与低碳发展》。本书由长期从事气候变化科学评估、应对气候变化经济政策分析以及直接参与国际气候谈判的资深专家撰稿，全面介绍德班会议以来全球应对气候变化的最新进展，深入分析中国应对气候变化的行动和成效与面临的挑战，特别围绕气候融资和低碳发展这一国际热点问题展开论述，力图为读者全景式地展示国内外在气候融资和低碳发展的最新进展和发展方向，是一本集气候变化科学研究、气候外交与谈判、应对气候变化政策行动以及气候变化经济学分析于一体的综合性读物。

王伟光　郑国光

2012年11月8日

目 录

Ⅰ 总报告

Ⅱ 国际低碳融资的热点议题

Ⅲ 国内低碳融资的实践与探索

皮书数据库阅读 **使用指南**

CONTENTS

G I   General Reports

G II   Hot Topics about International Low–carbon Finance

G III   Domestic Practices and Explorations on Low–carbon Finance

GⅣ Climate Change Risks and Adaptation Finance

GⅤ Special Research Topics

GⅥ Appendix

总 报 告

General Reports

G.1

多哈规划未来

——《京都议定书》的延续与德班平台的展望[*]

王 谋 潘家华[**]

摘 要：德班会议后，国际气候谈判两个授权三个轨道同时开展，体现出在气候谈判变局期谈判格局的复杂。发达国家积极推动在单一的平台下开展谈判，希望尽快结束巴厘行动计划授权下的双轨谈判；发展中国家则希望在长期合作行动工作组和《京都议定书》工作组双轨谈判中，进一步明确发达国家 2012 年后的减排义务和责任，明确《京都议定书》第二承诺期的继续方式。三轨谈判也展现了缔约谈判诉求方的多样化、传统的南北集团立场，随着各方谈判诉求的变化出现模糊的状况，新的谈判力量正在经历磨合

 * 资助项目：国家社科基金（12CGJ023）；CDM 赠款基金（1112097，1112092）。
** 王谋，博士，副研究员，从事国际气候制度、环境治理、绿色低碳发展等相关问题研究，长期跟踪参与国际气候谈判进程，研究成果获省部级三等奖四次，二等奖一次；潘家华，中国社会科学院城市发展与环境研究所所长、研究员，博士研究生导师；研究领域为世界经济、气候变化经济学、城市发展、能源与环境政策等。

与重组，形成一些新的利益集团，可能改写气候谈判中的政治格局。国际社会对三轨的关注是不平衡的，德班平台显然受到更多重视。因为德班平台开启的是一个新的谈判进程，各方都希望打下良好基础，在会议议程（工作组主席、德班平台谈判覆盖的时间范围等问题）、新协议的原则、法律形式、德班平台的框架及主要议题、路线图等主要问题上将会开展充分博弈。中国参与德班平台谈判将面临更大压力，随着社会经济快速发展，国际社会对中国承担减排责任的高预期愈加明显，而国内社会经济发展约束尚存，实现减排的困难和挑战犹在，中国参与德班平台谈判注定要在重压下前行。德班平台的谈判，需要顾及缔约方基本国情，遵从缔结公约的基本原则，在公平与合作的框架下推进谈判，才能形成真正具有环境效益的国际气候制度协议。

关键词： 气候谈判　《京都议定书》　德班平台　多哈会议

2012 年是国际社会协同应对气候变化进程中的一个重要节点，《京都议定书》第一承诺期将于 2012 年结束；德班授权谈判已经启动；原定 2009 年结束的巴厘行动计划谈判授权，正逐渐走向结束。2012 年气候谈判面临两个授权同时开展的比较复杂的局面，谈判各方基于德班会议的成果开展博弈并推动谈判进程。

一　德班会议的主要成果

德班会议在巴厘行动计划以及坎昆协议的基础上，继续推动双轨谈判，缔约方在德班会议上就《京都议定书》第二承诺期和德班授权达成妥协。尽管对于德班谈判授权覆盖的时间段缔约方还存在不同理解（部分国家认为德班谈判授权应集中于 2020 年后国际气候制度谈判，而部分缔约方认为德班授权不仅包含 2020 年后，也包括 2020 年前提高减排的谈判），但新授权一旦启动，也就意味着巴厘授权将逐渐走向完结。

（一）延续《京都议定书》第二承诺期

德班会议在经过超长的加时谈判后呈现历史性的转折，各方达成一揽子协议，包括中国在内的发展中国家继续《京都议定书》第二承诺期的诉求，得到欧盟的支持①，在落实"巴厘路线图"的努力中取得了一定程度的胜利。欧盟同意执行《京都议定书》第二承诺期，在推动《京都议定书》第二承诺期协议的进程中起了积极作用，虽然减排目标非常保守，对于发展中国家来说仍是一种象征性的胜利。同时，发展中国家在谈判中并没有刻意严格按照 IPCC 评估报告中所估算的发达国家 2020 年减排 25% ~ 40% 的②有关指标来要求欧盟，体现出灵活性，为谈判的成功作出了至关重要的贡献。《京都议定书》第一承诺期就没有美国的加入，《京都议定书》第二承诺期除了没有美国，加拿大、俄罗斯和日本也都拒绝参与，没有体现发达国家在应对气候变化问题上的率先垂范作用。但无论如何，欧盟在《京都议定书》上的立场值得赞赏和肯定。

（二）开启德班谈判授权

在开启德班授权的问题上，发展中国家作出了重要的妥协，同意开启涵盖所有国家参与减排行动和承诺的德班平台进行谈判，并于 2015 年达成减排协议。德班授权是欧盟会前企盼的所有主要排放大国均参与减排承诺的新的谈判授权③，在德班得以实现，欧盟对此结果十分满意④。部分发达国家自 2009 年以来一直要求抛弃《京都议定书》，不区分发达国家和发展中国家，所有缔约方在同一框架下讨论减排的诉求也部分得以实现。

（三）绿色气候基金、技术、适应等机制建设在框架构建方面取得进展

各方在绿色气候基金资金来源问题上虽然分歧较大，但在资金治理机制如董事会成员构成、董事会职责等问题上，取得了较大共识。技术与适应问题，是发展中国家的谈判诉求，德班会议上也明确了相关的机构建设框架，在后续谈判中将继续细化具体方案和安排。

---

① Draft decision –/CMP. 7, Outcome of the work of the A. d. Hoc. Working Group on Further Commitments for Annex I Parties under the Kyoto Protocol at its sixteenth session, http：//www. unfccc. int/.

② IPCC, 2007, Climate Change 2007：Mitigation, Cambridge University Press, Cambridge.

③ Draft decision –/CP. 17, Establishment of an A. d. Hoc. Working Group on the Durban Platform for Enhanced Action, http：//www. unfccc. int/.

④ 2011 年 12 月 16 日，丹麦驻华大使裴德盛（Friis Arne Petersen）到中国社会科学院城环所造访笔者时称建立德班平台是"气候的胜利"。

德班会议推进了国际社会协同应对气候变化进程。欧盟和发展中国家的合作成就了这种成功。美国由于并未获得国会的相应授权，对此种成功难有积极贡献。其他伞形国家，如俄罗斯、加拿大、日本的表现很消极，但这些国家并没有阻碍谈判进程，这也算是一种贡献。《德班协议》是一个多方妥协的成果，某种意义上应该说是气候谈判的成功。

二 德班平台谈判的主要问题

德班平台作为一个新的谈判授权，需要承载各方的谈判诉求，无疑会受到高度关注。程序问题、原则以及形式等问题是现阶段讨论的重点，随着谈判的深入开展，谈判重心也将逐步扩大到具体问题、议题的讨论。

（一）德班平台谈判覆盖的时间范围问题

由于德班平台授权决议表述的模糊性，缔约方对于德班平台谈判应该覆盖的时间范围尚存分歧。部分缔约方认为，德班平台应该集中关注讨论2020年后国际气候制度相关问题，2020年之前提高减排力度的工作应该交由巴厘授权下长期合作行动工作组和《京都议定书》工作组协商讨论；欧盟、小岛屿国家联盟等则认为德班平台谈判应包含两个时间段的内容，即2020年前如何增强全球减排力度和如何制定2020年后国际气候制度，这将意味着巴厘授权很大程度上可能被德班授权架空，因为两个工作组谈判的核心问题（2012年后各国减排目标和减排行动目标）可能获得授权在德班平台中继续谈判，这无疑会影响巴厘授权下两个工作组的工作决心和信心。

（二）新协议的原则问题

任何协议都是在一定原则指导下完成框架设计并指导谈判进程。德班平台是在联合国气候变化框架公约下授权开展的谈判，其原则应该符合公约原则规定。缔约方对原则问题的分歧主要存在于如何理解、解释"共同但有区别的责任"原则。发展中国家普遍认为，《京都议定书》是对"共区"原则的体现，即发达国家实现总量减排，并向发展中国家提供资金和技术援助，帮助发展中国家提高适应气候变化的能力；发展中国家消除贫困保持经济发展是首要任务，应该根据能力，开展减少温室气体排放的行动。发达国家缔约方，如欧盟则提出随着全球经济发展，需要动态理解"共区"原则，希望发展中国家承担更多减排责任，还有部分发达国家事实上基本否认"共区"原则。缔约方在"共区"原则的理解上尚存较大分歧，如何在德班平台下定义"共区"原则，以及"共区"原则如何指导谈判进程，将是德班平台谈判需要解决的关键问题。

（三）法律形式问题

未来气候协议的法律形式问题是近年来国际社会关注的焦点问题之一。法律形式问题在德班会议之前主要是讨论 LCA 工作组谈判案文达成之后的法律形式，而德班平台授权谈判过程中，德班平台未来成果的法律形式问题也成为各方关注的焦点。欧盟、小岛屿国家联盟等部分国家希望推动达成一个对缔约方具有法律约束力的协议文件，中印等发展中国家，因为无法预知 2020 年后社会经济发展状况，也无法预判未来协议的内容表述，不赞成在现阶段尚存太多不确定性的时候，预先决定协议法律形式。各方在德班平台成果法律形式问题上的分歧还会继续存在，并成为德班平台谈判的焦点问题之一。

（四）德班平台的框架及主要议题

德班平台谈判框架，是基于现有的一些谈判基础如《京都议定书》或者 LCA 的谈判案文，还是从"零"开始完全重新搭建框架，是德班平台各方关注的主要问题。主要谈判议题设置如何反映各方诉求，目前分歧很大且各方没有显示妥协空间的议题，是否会纳入新协议中继续讨论，都将经历一番艰难博弈。可以预见，由于是谈判2020 年后的国际气候制度，缔约方尤其是发展中国家缔约方受社会经济发展预知能力所限，谈判方式必然偏保守，框架搭建以及主要议题设置等问题上也会非常谨慎。

（五）路线图及时间框架问题

德班平台授权中已有表述，希望缔约方能在 2015 年之前完成谈判，这无疑是一个非常紧迫的时间框架。从目前国际谈判的现状来看，减排目标、全球排放峰值、资金、技术、履约方式等一系列重要问题分歧还很多，美国国内气候立法过程滞缓，IPCC 第四次评估报告政治动能也已几乎耗尽，如果仍以目前的状态继续谈判，2015 年完成谈判将很难实现。

三　国际地缘气候政治新格局

（一）三轨并进，重心后移

2012 年国际气候谈判，呈现两个授权三轨谈判并行的复杂局面。LCA、KP 和德班平台三个工作组同时开展谈判工作。在欧盟及部分发达国家的联合推动下，巴厘行动计划授权将逐渐被德班平台授权替代，国际气候谈判重心将向德班平台偏移，国际社会对巴厘授权下 LCA 工作组的关注，也将转移到如何构建一个新的 2020 年后的国际气候协议框架。

（二）南北阵营边界模糊化

德班会议以来，南北阵营对于关键问题的立场，出现了模糊化趋势。德班会议上，欧盟、小岛屿国家联盟、最不发达国家集团等，就启动德班授权，发表了联合申明，发展中国家内部就德班授权问题立场分歧明显，发达国家对德班授权的认识也有差异；2012 年 5 月波恩气候谈判会议，七十七国加中国集团《京都议定书》第二承诺期执行时间长度问题上①没有达成共识，导致议定书第二承诺期谈判受阻。关于未来气候协议的法律形式问题，欧盟与小岛屿国家联盟等部分发展中国家立场接近，希望形成具有法律约束性质的协议文件，美国则与部分发展中国家立场接近，不希望在现阶段预判或决定未来协议法律形式。各缔约方对于谈判诉求的坚持，使得泾渭分明的南北集团立场不再清晰，谈判形势愈加复杂。

（三）主要谈判力量重组，气候博弈新格局渐显

随着各缔约方谈判诉求的差异发展，传统格局下的集团立场逐渐面临分裂，新的集团联盟或者立场相近国家联合逐渐重组，并形成新的主要谈判力量。美国作为政治、军事、经济领域唯一的超级大国，其主导作用不容撼动，不管气候谈判格局如何演变，依旧是气候谈判中最主要的谈判方之一，并使大部分伞形国家

---

① 《京都议定书》第二承诺期执行期为 5 年，到 2017 年结束或者执行期为 8 年到 2020 年结束。

集团缔约方跟随其后；欧盟面临实体产业的空心化以及金融危机的双重困境，欧盟 27 国的 GDP 总量由 1995 年占全球总量的 27% 下降到了 2009 年的 23.9%，14 年间下降了 3.1 个百分点；CO_2 排放量由 1995 年占全球总量的 17.7%，下降到了 2009 年的 12.3%，下降了 5.4 个百分点[1]；这些经济排放指标的下降也影响其参与国际事务的主导力，在气候公约的谈判进程中，其影响力相比 2008 年金融危机之前也有大幅下滑，因此欧盟在谈判中积极寻求同盟，以维持其领导力；欧盟与小岛屿国家联盟、最不发达国家在德班平台谈判中的联合还将继续，并可能形成德班平台下最大的立场相近的国家联合体[2]，成为德班平台谈判中一支主要的谈判力量，而其中起主导作用的，无疑是欧盟；德班会议后，尤其是 5 月的波恩对话会议，以中国、印度等新兴经济体国家为主要成员的立场相近的国家联盟逐渐形成，这些国家经济发展快，排放增长快，处于经济发展、消除贫困、发展民生、参与国际贸易体系的紧要关头，防止承担不合理的减排义务和减排成本，保障公平发展的排放空间，这些国家逐渐配合形成立场相近的发展中国家联合体，作为一支主要谈判力量参与未来国际气候制度谈判。

（四）政府换届增加谈判不确定性

2012 年，美国、中国、法国、俄罗斯、墨西哥、韩国、西班牙等 50 多个国家都将分别举行政府换届。尤其是美国，其共和党、民主党在气候变化问题上的认识不一，执政党的变化，很可能导致美国在气候变化问题上国家立场的改变。此外，由于多国大选、换届的开展，新的、重大的环境及气候行动也可能因为政治敏感期而推迟，多数选举换届的国家，将倾向于相对保守地维持现有的环境、气候政策。外国政府选举换届结果，将可能增加国家立场乃至气候谈判进程的不确定性。

四　中国参与德班平台谈判的两难境地

控制温室气体排放、减少能源使用，不仅被认为是中国应对气候变化的重要

---

① IEA，2010：*CO_2 Emissions from Fuel Combustion*，2010 Edition，p. 77.

② "欧盟 27 国 +43 个小岛国 +50 个最不发达国家"，共 120 个国家，在 194 个缔约国中成为多数集团。

工作，同时也是保障能源安全的重要措施。所以中国即便是在没有国际协议约束的情况下，也有意愿开展自愿性减排活动，中国通过实施第十一个五年计划，单位 GDP 能源强度下降 19.1%，实现温室气体减排约 15 亿吨[①]。中国一直积极和建设性地参与国际气候谈判，但对于未来社会经济发展认知能力的局限性以及当前社会经济面临的一系列挑战，使中国在谈判中无法超越现实，追求一些不切实际的减排目标。这些挑战包括以下六方面。

（一）社会经济发展水平尚待提升

中国目前还处于较低水平的经济发展阶段。2010 年全国人均国内生产总值（GDP）是 4430 美元（基于当年的汇率价格，下同），仅为世界平均水平的1/3[②]。而且，中国地区间的经济发展程度差异非常显著。城乡居民收入差距也很大，2010 年城镇居民的人均可支配收入为 2822 美元，而农村居民为 874 美元，仅达到了前者的 31%。此外，消除贫困依然是中国面临的一个巨大挑战。截至2010 年底，中国农村地区人均年纯收入低于 1196 元（178 美元）的贫困人口数量为 2688 万人。

（二）城市化导致排放快速增长

我国正处于快速城市化阶段，城市化率由 2000 年的 31.9% 增长到了 2011 年的 51.27%，12 年间增长了 19.37 个百分点。根据发达国家的经验，一个成熟的工业经济体的城市化率至少要达到 70% 左右。按照目前每年大概 1% 的城市化率增长，中国也要在 2030 年左右才能完成城市化进程。据有关数据推算，城镇居民人均能源消费水平是农村居民的 1.8 倍[③]。城市化水平的加快将不可避免地导致能源消费的增长。因此，城市化以及城市化导致的收入差距将必然促进能源消费总量不断提高。

（三）工业化与转移排放

改革开放以来的 30 多年里，中国年均经济增长率达到了 10%，处于由劳动

---

① 中国代表团团长、国家发改委副主任解振华出席德班气候大会高级别会议并发表致辞。
② 2011 年《中国统计年鉴》。
③ 2010 年《中国能源统计年鉴》。

密集向资本密集型转变的工业化进程中。2011 年，中国的粗钢产量达到了 6.83 亿吨①，水泥产量达到了 20.6 亿吨②，占全球总量的 50% 左右。根据有关报告，随着经济的增长，中国正在成为世界最大的单一温室气体排放体，尤其是推动经济高增长的出口部门，2011 年出口占到了 GDP 总量的 26%③，其中大部分的中间加工品和消费品都运往了发达国家市场。在当前的统计规则下，由于这些出口商品的生产过程发生在中国境内，其碳排放量被完全归因于中国。有研究指出2006 年中国出口商品导致的能源消费占当年能源总消费量的 25.5%④，承接了大量的转移排放。中国作为世界工厂的情况还将继续不太可能改变。因此，在减排方面将长期面临巨大挑战。

（四）资源禀赋和能源结构难以调整

与很多发达国家相比，中国对于煤炭的依赖程度还很高。2011 年煤炭在能源消费总量中占到了 70%，超过了 30% 的世界平均水平。石油和天然气分别占总能源消费总量的 18% 和 5%，核能和包括水电在内的其他可再生能源仅占7.4% 左右，远低于法国的 39.1% 和世界平均水平的 12.1%⑤。煤炭目前仍然是中国的主要能源，以煤炭为主的能源消费模式未来短期内也不太可能发生改变。中国的资源禀赋很大程度上限制了降低单位 GDP 能耗碳强度的能力。高技术的缺乏，包括能源技术专利，导致了新能源开发的投资和经营成本高。

（五）技术锁定效应导致的低效率

落后的能源开发和利用技术是中国低能源效率和高强度温室气体排放的主要原因之一。在能源开发、供应和转换、传送和配置、工业生产和其他终端消费的技术方面，中国与发达国家相比，还有很大的差距；过时的技术在中国基础产业

---

① 《2011 年中国粗钢产量为 6.83 亿吨》，http：//www.askci.com/news/201201/10/85451_38.shtml。

② 《2011 年全年全国水泥产量 20.6 亿吨》，http：//www.ccement.com/news/Content/49383.html。

③ 《中华人民共和国 2011 年国民经济和社会发展统计公报》，http：//www.stats.gov.cn/tjgb/ndtjgb/qgndtjgb/t20120222_402786440.htm。

④ 陈迎、潘家华、谢来辉：《中国外贸进出口商品中的内涵能源及其政策含义》，《经济研究》2008 年第 7 期。

⑤ *BP Statistical Review of World Energy June 2010*，http：//www.bp.com/statisticalreview。

中还依然占据着相对较高的份额。由于高技术的缺乏以及大量的过时流程和技术的继续使用，中国目前的能源效率低于发达国家10%左右，单位高耗能产品的能耗水平要高于国际先进水平40%左右①。由于中国正在能源、交通和建筑等方面进行大规模的基础设施建设，低效率技术的使用将导致技术锁定效应，使中国在未来几十年可能继续保持低效率的能源消费模式，这对中国应对气候变化和降低温室气体排放构成了严峻挑战。

（六）德班平台谈判中满足国际社会高预期与避免国内社会经济发展约束形成两难境地

近年来，我国经济的快速发展、排放总量在全球份额中不断攀升，以及拥有巨量的外汇储备这些事实被国际媒体放大，在部分国家的鼓动下，国际社会对我国承担更多减排责任的要求越来越多。这些要求并不顾及中国经济发展的惯性、脱贫、改善民生对温室气体排放的刚性需求，也不考虑以上所分析的中国实现温室气体减排的挑战和困难。满足不切实际的要求，将可能成为阻碍中国社会经济正常发展的不可承受之重。因此，在目前的情况下参与德班平台谈判，中国面临两难处境，既面临国内社会经济发展惯性的制约，也面临国际社会高预期产生的强大减排压力。德班平台谈判，中国将承担强大的外部压力。

五　促进德班平台谈判的几点认识

构建2020年后国际气候制度，对规划温室气体全球治理具有重要意义，也是实现全球气候安全必要的制度安排。但与其他国际协议谈判一样，德班平台的谈判也必须建立在彼此尊重国情，公平合理地分担责任义务的基础上，争取相互理解达成妥协，才能高效地推动谈判进程。

（一）单轨谈判不等于相同的责任和义务

气候变化是历史累积排放造成的，各国对历史排放贡献显然是不同的，发达

---

① 陈世海：《我国总体能源利用效率为33%比发达国家低10%》，http：//www.tianshannet.com.cn/energy/content/2009 - 02/27/content_ 3866541. htm。

国家需要对气候变化负主要责任是国际气候治理的基本共识。国际气候谈判以双轨或单轨开展，只是形式问题，不应也不会成为模糊发达国家和发展中国家责任和义务的理由，发展中国家更不应该在单轨谈判中被要求与发达国家做出对等的减排目标和行动。

（二）德班平台对公平问题的理解与贯彻

国际气候治理实际上是各国对减排责任和义务的分担。公平的分担机制是谈判可以继续的基础。《京都议定书》对发达国家排放总量进行约束，并要求发展中国家根据能力开展减排行动，符合发展中国家发展需求，也符合发达国家历史排放多应该率先减排的公理，是体现公平的国际协议。但是，近年来有的缔约方要求偏离《京都议定书》重新理解和定义公平问题以及与之紧密相关的"共同但有区别的责任"原则，要求发展中国家与发达国家实现对等的减排承诺和开展减排行动。一个人均年收入 3000 美元、人均排放 3 吨二氧化碳的国家，如何可能与人均年收入 30000 美元，人均排放超过 20 吨二氧化碳的国家实现对等的减排行动？如果德班平台谈判意欲推动国际气候制度向不公平的方向发展，必然会受到广泛的抵制，导致国际气候进程受阻。

（三）发展中国家开展减排行动比实现减排目标更有效

德班平台是规划 2020 年后国际气候制度的谈判，即便未来协议的执行期是到 2025 年，对于总是以非常规方式发展的发展中国家来说，预知 2025 年的社会经济发展状况、能源需求以及温室气体排放几乎都只能是建立在不同情景假设下的大致预估。然而，任何政府也不可能基于大致预估的结果确定未来的减排目标。因此，德班平台谈判没有必要好高骛远地去追求对发展中国家来讲不切实际的减排目标，关注和帮助加强发展中国家控制温室气体排放的具体活动更有助于发展中国家实现减排。

（四）建立切实有效的资金和技术支持机制

控制温室气体减排，实现低碳发展，不仅需要政府的政治决心，更需要资金和技术的保障，包括国际社会的合作与援助。先进技术可以提高能源利用效率减少能源使用和温室气体排放，但技术获取以及升级、普及都需要巨大的投入；从

发展可再生能源来看，风、光等发电成本也远高于煤、石油等常规能源的发电成本。因此，建立有效的国际合作减排机制离不开低成本的气候友好技术的分享机制，更离不开高效的资金供给和保障机制。

六　规划未来，多哈会议的历史使命

多哈会议是一次承上启下的会议。《京都议定书》第一承诺期即将执行期满，多哈会议作为该承诺期内最后一次缔约方大会，各方必须在如何继续《京都议定书》问题上作清晰、可执行的规划和安排。应该说在《京都议定书》第二承诺期的问题上，缔约方已有相当共识。在德班会议，欧盟承诺执行议定书第二承诺期，并根据欧盟 2009 年的一揽子气候行动计划指令，到 2020 年温室气体总量相对 1990 年减排 20%。大多数发展中国家虽然指责欧盟的减排目标不够积极，但也充分肯定了欧盟继续执行《京都议定书》的立场，并希望能带动更多的发达国家缔约方加入执行《京都议定书》第二承诺期，在多哈会议上明确以何种形式执行《京都议定书》第二承诺期。2012 年在推进议定书工作组落实德班共识的谈判进程中，小岛国集团坚持强调第二承诺期执行时间应为 5 年，到 2017 年截止，而非欧盟提出的 8 年到 2020 年截止，导致议定书工作组的谈判陷入僵局，致使国际社会对《京都议定书》第二承诺期的预期也增加了一些变数：法律约束的第二承诺期、临时适用方案、以及各国的政治承诺等。《京都议定书》最终如何定局貌似掌握在小岛屿国家联盟手中，然而其背后的政治博弈，远非小岛屿国家联盟一己之力可以掌控，欧盟等发达国家率先大幅减排温室气体的决心才是问题关键。

2012 年，随着德班平台的启动，已经有更多的缔约方倾向于在多哈会议上结束巴厘授权，即 LCA 和 KP 两轨的谈判，转而集中进行德班授权下的谈判。从 LCA 谈判进展来看，缔约方在关键问题上共识并不多，分歧仍明显，多哈会议上达成妥协的政治动能并不足够，如果强行推动多哈会议结束 LCA 谈判，显然只有条件形成一个约束力和指标都相对较弱的协议；或者将有争议的核心内容后移继续谈，将已有的共识形成一份相对空洞的谈判成果，德班平台似乎也为迎接这些可能转移的议题提供了"场地"。从气候谈判目前的形势来分析，两种可能在谈判中似乎都有可接受性，而后者更大。这也使得在多哈会议上结束巴厘授权谈判成为可能。巴厘授权谈判一旦结束，德班平台谈判必然全面开展，国际气候谈判也将因此迈入一段新的历程。

多哈会议的历史使命将使多哈成为人类应对气候变化进程中的又一个重要的里程碑，在 2012 年底实现《京都议定书》第二承诺期的延续，巴厘、德班两个授权的交接，深入讨论并规划新授权的谈判。

G.2
科学认识与应对极端气候事件和灾害

巢清尘*

　　摘　要：本报告总结了全球和中国近百年气候变化的主要特点，强调了全球变暖在空间和时间上并不是均匀的，要科学全面地认识气候变化。通过分析近些年全球和中国极端气候事件趋多趋强的事实，得出灾害风险在不断加大的结论。强调极端气候事件影响的严重性，不仅取决于极端气候事件本身，而且还取决于承载体的暴露度和脆弱性。总结了全球和中国在法律、体制、技术等方面应对气候灾害的现状，强调需要有效管理不断变化的极端气候事件和灾害风险，适当和及时的风险信息沟通以及各方的合作协同是至关重要的。最后，对国际和中国灾害风险管理中的资金手段进行了分析和展望，说明多渠道融资对灾害风险管理的重要性。

　　关键词：科学认识　应对　极端气候事件

　　2012年1月下旬开始，欧亚大陆频遭强寒流袭击，持续暴雪造成了乌克兰、波兰、俄罗斯及日本等国600余人死亡。纵观最近几年，如2006年、2010年、2011年欧亚大陆冬季均出现了比此次更严重的暴风雪和寒流天气，而2007年、2008年和2009年的极端寒冷天气也只是比2012年的影响程度稍弱。由此，很多人产生疑问：气候，是否已经开始变冷？面对日益频繁出现的极端气候事件[①]和灾害[②]，我们该如何应对？

---

　*　巢清尘，国家气候中心副主任、高级工程师，研究领域为气候变化诊断与政策分析等。本报告得到科技部国家科技支撑计划2012BAC20B05课题支持。
　①　根据IPCC"管理极端事件和灾害风险，推进气候变化适应"特别报告定义，将极端天气事件和极端气候事件合称为"极端气候"。为便于中国读者理解，本报告统称"极端气候事件"。
　②　本报告中提及的灾害均指极端气候事件引起的气候灾害。

一 近百年来的气候变化及认识

（一）近百年来全球和中国气候变化的特点

根据政府间气候变化专门委员会（IPCC）第四次评估报告[①]，1906～2005年的百年全球地表温度升高0.74°C，1995～2006年，有11年位列1850年来最暖的12个年份中。不同时期、不同季节全球地表温度的增加速率存在明显差异，1910～1945年和1976～2000年两个时期的增温速率最大，特别是以北半球中高纬地区最为明显。卫星资料分析表明，1978年底开始，对流层中低层大气温度也在升高。海平面的逐渐上升与变暖一致，1961年以来，全球平均海平面上升为1.8mm/年，而1993年以来平均速率为3.1mm/年。北极年平均海冰面积以每十年2.7%的速率退缩，夏季的海冰退缩率达每十年7.4%。根据世界气象组织（WMO）报告[②]，2002～2011年全球地表温度的十年平均值比1961～1990年的均值高0.46°C，比20世纪最暖的十年（1991～2000年）高0.21°C（见图1）。2011年，北极海冰面积再次大大低于平均值，冰冻季节最小海冰面积出现在9月9日，为433万平方千米，比1979～2000年的平均值低35%，这是有记录以来季节海冰面积第二最低值，比2007年的最低纪录仅多16万平方千米。因此，从现有的观测记录看，全球气候变暖不仅表现为地表和大气温度的升高，而且表现在整个气候系统的各个圈层的变化。

与全球气候变化相比，近百年来，中国地表的变暖趋势与全球基本一致[③]。1951年以来，中国地表平均气温升高了1.38℃，20世纪80年代以来的变暖尤为显著。2001～2010年是中国近百年来最暖的十年，2007年则是最暖的年份[④]（见图2）。近50年来，中国大部分地区的气温都呈现升高趋势，华北和华东地区的变暖速率平均为0.2℃/10年以上，东北和西北地区为0.3℃/10年以上。自

---

① IPCC，《气候变化2007》，2007，综合报告。瑞士，日内瓦。

② WMO，《WMO2011年全球气候状况的声明》，WMO，2012。

③ 第二次气候变化国家评估报告编写委员会：《第二次气候变化国家评估报告》，科学出版社，2011。

④ 中国气象局气候变化中心：《中国气候变化监测公报（2011）》，2012。

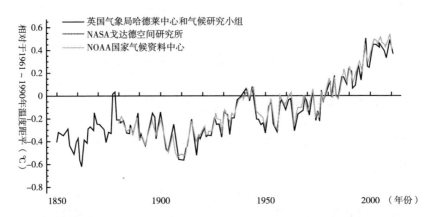

图1 1850~2011年全球地表年平均温度距平变化（相对于1961~1990年平均值）

资料来源：引自世界气象组织发布的《2011年全球气候状况声明》。

20世纪70年代末以来，中国沿海海平面呈现波动上升趋势，平均上升速率为2.6mm/年，高于全球平均海平面上升速率。2001~2010年，中国沿海的平均海平面总体处于历史高位，比1991~2000年的平均海平面高25mm[①]。

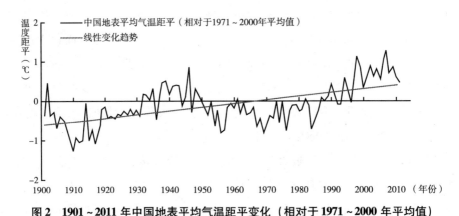

图2 1901~2011年中国地表平均气温距平变化（相对于1971~2000年平均值）

（二）科学认识全球气候变化

全球变暖在空间和时间上并不是均匀的：有的地方升温速度快，有的地方慢，少数地方甚至表现出降温；从时段上看，有相对的冷期或冷年份，也有相对

---

① 国家海洋局：《中国海平面监测公报（2010）》，2011。

的暖期或暖年份，但总体趋势是升温的。在最近一百年里，1920～1940年和20世纪70年代至今都是相对暖期，而20世纪的1900～1920年和1950～1970年是相对冷期。尽管近几年北半球部分地区出现了影响较大的严寒天气，但同时期还有很多地区出现了破纪录的高温事件，如2011年12月～2012年1月，北美大部分地区较常年偏高1℃～4℃；2012年1月，北美地区平均气温较常年同期偏高2.6℃，为近65年来的第二高值。另外，1998年后的十年与之前的30年相比，全球气温的上升幅度稍缓，该结论是根据英国哈德莱中心的资料序列得出的，但关于北极地区的资料较少。如果根据美国国家航空航天局的气候资料，1999～2008年的十年温度仍有微弱的上升，该资料序列由于利用了卫星观测，增加了北极地区的信息。但从近百年看，1998年后仍然是最暖的十年。通常从气候变化角度考察全球变暖趋势是否改变，至少要选取25年或30年的气候态时段，而不能只看几年。因此，从整体上看，全球气候变暖趋势并没有因部分地区部分时段出现的低温天气而发生大的改变。

二 气候灾害的影响及应对

（一）全球和中国的气候灾害

近百年来，在以变暖为主要特征的气候变化背景下，全球高温、强降水和干旱等极端事件趋多趋强，极端气候灾害风险不断加大。根据慕尼黑再保险公司和国家气候中心自然灾害数据库统计，1980～2011年，全球发生重大自然灾害（造成500人以上死亡，或经济损失6.5亿美元以上）约800起，总共导致了200万人丧生，2.88万亿美元的经济损失和7000亿美元的保险损失，其中86.1%的自然灾害、59%的死亡、83.5%的经济损失和91%的保险损失均是气象及其次生灾害引起的。重大自然灾害造成的经济损失也呈现上升趋势，1980～2000年的年均经济损失约为718亿美元，而2001～2011年的年均损失约高达1054亿美元。分灾种①，1980～2011年全球风暴灾害发生次数2007年最多，达421次，2010年次之，为

---

① 此处，所有符合灾害标准的都算为一次灾害，数据均取自慕尼黑再保险公司和国家气候中心自然灾害数据库。

392 次，2011 年为 303 次，1984 年最少为 126 次。全球洪水灾害发生次数也呈现增加趋势，其中 2010 年最多，达 391 次；2006 年和 2007 年次之，均为 368 次；2011 年为 303 次；1984 年最少，为 89 次。全球干旱、高温热浪、低温霜冻灾害发生次数同样呈现增加趋势，2011 年最多，达到 140 次；1984 年最少，仅 30 次。

中国是世界上遭受极端气候灾害最严重的国家之一。气象灾害频发，经济损失大，气候变化负面影响的脆弱性增大。1961 年以来，中国区域性高温事件、气象干旱事件和强降水事件频次均呈现增多趋势[①]。其间，共发生 188 次区域性高温事件，其中 20 世纪 60 年代前期，以及 20 世纪 90 年代末以来为高温事件频发期。共发生区域性气象干旱事件 157 次，总体呈现微弱的上升趋势，且年代际变化明显，20 世纪 90 年代干旱事件偏少，进入 21 世纪后明显偏多。共发生 367 次区域性强降水事件，呈现弱的增多趋势，并有明显的年代际变化，20 世纪 80 年代后期至 90 年代发生较频繁。1990 年以来我国每年极端气候事件引起的灾害造成直接经济损失达 2148 亿元，其中 2010 年超过 4700 亿元。仅 2011 年，全国干旱受灾面积就达 1630 万公顷，绝收 151 万公顷，直接经济损失 928 亿元[②]。

（二）气候灾害管理的核心要素

气候变化使得极端气候事件的频率、强度、空间范围及时间持续性发生了广泛改变。2011 年 11 月，IPCC 发表了《管理极端事件和灾害风险，推进气候变化适应特别报告》（SREX），报告对灾害风险、暴露度、脆弱性、适应，极端气候事件的变化及其对自然物理环境和人类系统、生态系统的影响，不同层面上的极端气候风险管理，以及未来可持续性和适应性进行了评估。极端气候事件、暴露度和脆弱性受到各种因素的影响，包括人为气候变化、自然变率和社会经济发展。报告认为极端气候事件影响的严重性，不仅取决于极端气候事件本身，而且还取决于承载体的暴露度和脆弱性，两者是灾害风险的主要决定因素（见图 3）[③]。因而，管理灾害风险和适应气候变化主要是减少暴露度和脆弱性，提高对各种潜在极端气候事件不利影响的应变能力。

[①] 中国气象局气候变化中心：《中国气候变化监测公报（2011）》，2012。
[②] 中国气象局：《气象灾害年鉴（2011）》，气象出版社，2012。
[③] IPCC：《管理极端事件和灾害风险，推进气候变化适应》，2012。

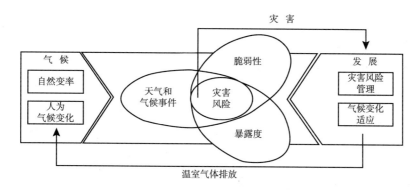

图 3　灾害风险管理核心概念示意

（三）全球和中国灾害应对政策和措施

全球人口和经济的增长、社会和自然生态系统的相互依存既能降低脆弱性，也能增加灾害风险。灾害风险管理的演变表现出不同的路径，有自上而下方式的，即以立法来保障操作层面的安全实施；还有一种是自下而上到国家或国际层面。SREX 报告提出需要有效管理不断变化的极端气候和灾害风险，包括适当和及时的风险信息沟通，不断监测、研究、评价、学习和创新以降低灾害风险，有效实施管理措施，如改善民生、增强人类福祉和保护生物多样性。一些"低悔"措施包括：早期预警系统的建立、土地利用规划的改善、生态系统管理、卫生监督和供排水系统的改善、基础设施建设的气候可行性论证、建筑规范及其执行力度以及教育认知水平的提高等。报告认为，在地方、国家、区域和全球层面建立风险分担和转移机制能够提高对极端气候事件的应变能力，技术转让与合作对于推进降低灾害风险和适应气候变化非常重要。

1. 国际减灾机制

国际上有两种主要的适用于灾害风险管理和以气候变化适应为目的的机制，一是联合国国际减灾战略（UNISDR），另一个是联合国气候变化框架公约（UNFCCC）。这两种机制有其完全不同的授权和目标范围。

1989 年联合国大会确定 20 世纪 90 年代为国际减灾十年，2000 年确定了联合国减灾战略。2005 年在印度洋海啸发生后的 3 周召开了第二届世界减灾大会，通过了兵库行动框架（HFA）（2005～2015 年），它虽然不是一个具有约束力的协定，但在国际法范畴里，它被称为"软法"。HFA 提出了五项优先行动：①确保灾害风险降低是国家和地方的优先任务，应有强有力的机制来实施；②确定、评估和监测灾害风险，提高早期预警；③通过知识、创新和教育，在各个层面建立安全和弹性恢复的文化；④减轻各种潜在的风险因素；⑤在各个层面加强有效的灾害防御响应。HFA中期评估（2010～2011年）中提出了两项重要的国际议题，一是需要在各个层面开发审核机制，以评估灾害风险降低方面所采取的行动及取得的成果，二是需要国际社会发展一种更为协同和综合的途径，以支持HFA的实施。评估报告建议国际上各有关成员采取联合行动。

联合国气候变化框架公约是关注于气候变化的多边协定，于1994年生效。然而，1990年代的公约磋商更多关注减缓，对适应问题涉及少。随着2001年IPCC第三次评估报告的发布（报告中有专门一章涉及"可持续发展和公平范畴下的适应气候变化"），全球对气候变化的适应问题才引起人们的重视。2001年的公约第七次缔约方大会上通过了一项有关适应活动的决定，以提高发展中国家的适应能力，包括最不发达国家准备国家适应行动规划（NAPAs）。这次会议还建立了三个适用于发展中国家适应方面的基金，一是最不发达国家基金（LDCF），二是气候变化特别基金（SCCF），三是全球环境机构信托基金（GEF）下的"实现适应的试验和运行"战略优先项目。2005年确定了"气候变化影响、脆弱性和适应的内罗毕工作计划"（2006～2010年），以帮助各国特别是发展中国家提高对气候变化的影响、脆弱性和适应的认识，以及考虑到当前和未来气候的变化及变率，以及经济基础下所做的决策。该计划下有九个方面，其中"气候相关风险和极端事件"以及"适应计划和实践"与减轻灾害风险更为密切相关。2006年UNFCCC的一份报告总结了非附件一国家适应的技术需求，与适应极端气候事件有关的有30项技术，如改进排水系统、制定应急规划、提高建筑标准、防御海平面上升等。2007年的"巴厘行动计划"将减缓和适应放在同等重要的位置，并确定技术和资金作为重要的机制。2010年确立了"坎昆适应框架"，邀请所有缔约方在各个层面通过制定规划、开展实施、加强能力建设和知识开发、建立早期预警系统、开展风险评估和管理、建立风险转移和分担机制等九方面活动来加强适应气候变化。同时，这次会议还建立了技术机制和绿色气候基金。可以看到，公约下的适应框架越来越将适应气候变化与灾害风险降低紧密联系。

另外，2009年8月，第三次世界气候大会（WCC-3）推动建立了"全球气候服务框架"，目前正在制定实施计划。"全球气候服务框架"将在现有的国际气候观测和研究计划基础上，充分利用全球各地的气候预测和信息，并把这些信息与机遇管理联系起来，为决策者提供季节乃至几十年时间尺度的气候信息，使决策更具有针对性，以适应气候变率和变化的风险，促进气候灾害风险管理，减少极端气候事件带来的损失。

2. 中国减灾机制

中国气象灾害防御体系主要包括：气象灾害监测预警、气象灾害风险管理和气象防灾减灾机制三大部分。气象灾害监测预警系统分为：灾害监测、早期预警、信息发布和应急防御。我国气象灾害监测主要通过卫星、探空和地面气象站进行实时监测。气候服务系统是一个由观测、预报、产品加工、信息服务构成的相互反馈模式：监测系统和相关信息系统把信息传给气候预测系统，气候预测系统预测出结果反映给用户，用户的需求也反馈给该系统，以更好地满足气候服务的需求，做出相应的预防措施。近些年，我国气象预报准确率不断提高，中期数值天气预报可用时效从 6 天延长到 7 天，分辨率从 60 公里提高到了 15 公里，2011 年全国 24 小时晴雨预报准确率达到 87.1%，突发气象灾害的临近和短时预报、台风 24 小时和 48 小时路径预报、沙尘暴数值预报均达到了世界先进水平。气象灾害预警信息的发布主要通过乡镇信息终端、中国天气网、农网、电话声讯、电视、报刊、手机、气象突发公共事件预警平台、农村气象广播、气象预警电子屏、农信通等。如电视气象在城市的传播率达到了 95.3%，在农村的传播率达到了 97.6%。中国天气网的日浏览量最高达 2181 万次，在国内服务类网站中排名第一。全国手机气象短信定制用户数近 1.3 亿，每年为近百万政府决策人员免费提供决策服务信息。

气象灾害风险管理主要包括：风险识别、风险区划、风险评估、风险转移四个部分。风险识别是要实时收集气象灾情。中国气象局建立了气象灾情直报制度，建立了气象灾情直报系统和灾情信息共享平台，县以上气象局每天可通过气象灾情直报系统将气象灾情直报给中国气象局，并可通过气象灾情信息共享平台查询、检索和浏览气象灾情信息。此外，还要进行历史气象灾情普查工作。目前已在全国 2300 个县开展了 1984～2007 年历史气象灾情普查工作，完成了全国气象灾情普查综合数据的集成和分析，基本查明了中国主要气象灾害的风险隐患，形成了全国共享的历史气象灾情数据库和灾情业务应用系统。此次气象灾情普查工作以县为普查地域单元，以灾情性天气过程为普查时间单元，灾害普查种类包括28种。气象灾害风险区划主要是指在对孕灾环境敏感性、致灾因子危险性、承灾体易损性和防灾减灾能力等因子进行定量分析评价的基础上,利用地理信息系统,进行暴雨洪涝、冰冻、台风、干旱、大风等气象灾害风险区划,摸清有关气象灾害风险分布的地区差异性。目前,中国气象局初步建立了气象灾害风险评估技术方法、业务模型和业务流程,实现了对可能带来潜在威胁或伤害的灾害性天气和承灾体脆弱性的评价,并评估出尚未发生的某一气象灾害的风险等级或值,为各级政府防灾救灾抗灾提供科学的评估信息。开展了气象灾害影响的定量评估业务,包括灾中实时评估和灾害综合评估。灾中实时评估能提供气象灾害发生或演变过程中的灾害影响的跟踪分析信息。灾后综合评估则能在灾害发生后提供灾害影响程度的全面判定信息和综合的气象灾害分析报告,包括对该灾害发生范围、强度、持续时间、历史排位、社会经济损失和引起次生灾害的评估。比如,安徽开展了暴雨洪涝定量化风险评估,广东开展了公路交通内涝灾害风险评估等。

气象防灾减灾机制主要包括政府主导、部门联动、社会参与和规划法规四个方面。《中华人民共和国气象法》为气象灾害防御创造了必要的政策环境。其具体工作机制主要有:①气象灾害预警信息发布机制;②气象灾害会商和信息共享机制;③气象灾害部门联动协调机制;④气象灾害应急响应机制;⑤气象灾害防御社会动员机制。2010年4月1日颁布实施的《气象灾害防御条例》规定了各级政府要编制相应的气象灾害防御规划和应急预案,并要按照规划加强防御设施建设;要求有关地方政府要加强灾害易发区的监测工作,完善灾害信息共享制度。2010年1月印发的《国家气象灾害防御规划(2009~2020年)》,是我国第一个由国务院批准的气象防灾减灾专项规划,要求有关政府、部门及时作出启动预案的决定,采取必要的应急管理措施,组织受灾人员及时转移、疏散。

部门联动主要包括:①中国气象局与国家减灾委、国家防汛抗旱总指挥部等建立了气象灾害应急联动机制和灾害防御规划管理协调保障机制;②中国气象局与国土资源、交通、卫生、农业、林业、环保、水利、建设、民政、科技、工信、安监、广电等部门建立了气象预警信息发布合作机制、重大突发事件救援气象保障机制和信息共享与信息交换机制;③中国气象局与各省(区、市)政府在气象灾害应急联动和区域联防发展等方面建立了合作机制。社会参与也是防灾减灾机制的关键组成部分,定期开展气象灾害的科普知识讲座,能使公众对防灾减灾有足够的认识，并提高公众的防灾减灾意识。同时，还不断加强建立和完善了相关的法律法规。

三 气候灾害管理中的经济手段

（一）国际上的资金需求和实施

确定适应气候变化资金的起点是评估适应气候变化的资金需求。2007年，《联合国气候变化框架公约》估计到2030年全球对适应气候变化的额外投入和资金流量将达480亿~1710亿美元，其中发展中国家的需求达280亿~670亿美元。其他的一些国际机构，如世界银行、联合国环境规划署等也给出了适应气候变化的资金需求①（见表1）。这些估算中的最大不确定是适应的基础设施估算。虽然估算方法、部门或领域需求的交叉或未被计算等各种因素造成对适应资金需求的不准确，但达成共识的是发展中国家每年适应气候变化的资金需求将达数百亿美元。

表1 发展中国家每年适应气候变化的资金需求

	估算年	估算值（单位：十亿美元）	时间范围
世界银行	2006	9~41	当前
斯特恩（Stern）	2006	4~37	当前
乐施会（Oxfam）	2007	>50	当前
联合国环境规划署（UNDP）	2007	86~109	2015年
联合国气候变化框架公约（UNFCCC）	2007	28~67	2030年
世界银行	2010	70~100	2010~2050年

资料来源：Parry et, al.（2009）。

因此，对国际社会最大的挑战就是如何筹措相应的资金来满足适应需求。GEF运行的LDCF和SCCF，其资金来源主要是发达国家的自愿贡献。截止到2010年5月②，这两个资金实体共筹得资金3.15亿美元，其中2.2亿美元已经

---

① Parry et al.（2009），Assessing the Costs of Adaptation to Climate Change：A Review of the UNFCCC and Other Recent Estimates，*International Institute for Environment and Development and Grantham Institute for Climate Change*，London，UK，111pp.

② GEF 2010a：Status Report on the Least Developed Countries Fund and the Special Climate Change Fund. GEF/LDCF. SCCF. 9/Inf. 2/Rev. 2.

被分配。LDCF 主要支持 NAPAs 的准备和实施，其中粮食安全和农业占了总资金支持的 28%，早期预警和灾害风险占了 16%。SCCF 主要支持在水资源管理、土地管理、农业、健康、基础设施发展、脆弱生态系统管理等方面长期和短期的适应活动。另外，GEF 还分配给 SPA 5000 万美元。2009 年适应气候基金开始运行，它是公约和议定书下第一个非仅通过发达国家的自愿捐助来筹措资金的机制，筹资渠道主要包括清洁发展机制（CDM）下项目活动收益的 2%。到 2010 年 10 月，适应基金共获得资金 2 亿多美元，其中约 1.3 亿美元来自 CDM 的活动。迄今为止，GEF 已经支持了大约 80 个国家的适应活动。

2009 年《哥本哈根协定》确定了 2010～2012 年 300 亿美元的快速启动资金，以及 2020 年前每年 1000 亿美元的长期气候资金，这些资金要在减缓和适应领域平衡使用。目前对于这些资金的筹措还存在许多未决。2010 年的《坎昆协议》建立了"绿色气候基金"，"绿色气候基金"将作为未来资金机制中的一个新的运行实体，由于其尚未正式运行，未来情况也难定论。适应气候变化的其他资金支持还来自多种渠道，包括发展中国家国内、部门和地方的预算，双边或多边官方发展援助，以及私营部门的投资等。

另外，与风险分担和风险转移有关的产品和方法的开发正作为一种新生事物，处于蓬勃发展阶段，包括境外人员向自己所属国家的汇款、灾后贷款、保险和再保险等。根据世界银行估计，2010 年，全球官方的汇款额达 3250 亿美元。自 1980 年代开始，世界银行已经筹措了总额达 400 亿美元的灾后恢复和重建款。保险是被国际上广泛认可的灾害风险转移的工具，保险和再保险市场吸引了国际投资者的资金，但涵盖的范围不均衡。根据慕尼黑保险公司数据，1980～2003 年，全球与气候有关灾害损失达 1 万亿美元，保险负担了发达国家国家损失的 40%，而发展中国家仅占 4%[①]。

（二）国内的资金支持

随着我国国家和地方各级部门对气象服务和灾害风险管理的进一步重视，围绕与气象灾害相关的项目实施和投资落实也得到不断加强。"十一五"期间，相

---

① Munich Re. 2003. "TOPICSgeo：Annual Review-Natural Catastrophes 2002". Munich Reinsurance Group. Geoscience Research，Munich，Germany.

关现代化建设总投入达 200 多亿元，较"十五"翻了一番多。主要用于新一代天气雷达、气象卫星、气象监测与灾害预警等重点工程和小型业务及基础设施建设。这些项目的实施，极大提高了高性能计算能力，支持了国家级、省级的气候监测、预测、评价、服务业务系统的建设，使我国初步建成了一个门类比较齐全、密度适宜、布局合理和自动化程度较高的由地面、高空、天气雷达和大气特种观测站网组成的大气监测网。气象卫星发射成功及其在气象预报服务上的广泛应用，有力地提高了我国天气预报水平，大大缩短了天气预报时限，提高了空间分辨率，实现了精细化预报，在灾害性天气监测和预警服务，尤其是对台风、暴雨、强对流天气的监测预警气象服务方面发挥了重要作用。同时，省地县气象灾害影响评估系统、全国灾害天气监视和预报平台、省级的预警指挥中心和移动指挥中心、灾害预警电话发布系统等建设任务的顺利实施，使得省级气象预报预测服务和预警发布能力得到了明显提升。

另外，2010 年全社会对防洪工程建设投资达 980.1 亿元[①]，相比 2006 年的约 410 亿元，增长了约 1.4 倍。全国已建成江河堤防，可保护人口 6.0 亿人，保护耕地 4.7 万千公顷。全国已建成各类水闸 43300 座，其中大型水闸 567 座，这些都极大地改善了防洪抗旱能力。2010 年，全年中央下拨用于防汛抗旱的水利建设基金和特大防汛抗旱经费 29.84 亿元，其中，应急度汛资金 7.93 亿元，特大防汛补助费 17.11 亿元，特大抗旱补助 4.8 亿元。2008 年以来，6240 座大中型及重点小型病险水库、东部地区 1116 座重点小型病险水库完成除险加固。

根据《中共中央国务院关于加快水利改革发展的决定》，未来将进一步建立水利投入稳定增长机制，提高水利建设资金在国家固定资产投资中的比重，大幅度增加中央和地方财政专项水利资金，从土地出让收益中提取 10% 用于农田水利建设，多渠道筹集资金，力争未来 10 年全社会水利年平均投入比 2010 年高出一倍，即未来十年水利将投入 4 万亿元。

保险业是工业化国家灾后损失补偿的一个重要支柱，特别在巨灾补偿中更显重要性，但我国在此方面还处于起步阶段。1998 年中国发生的特大洪灾，直接经济损失 2484 亿元，保险补偿 33.5 亿元，仅占洪水损失的 1.3%。2008 年中国南方雪灾损失 1516.5 亿元，保险补偿 20 亿元，也仅占雪灾损失的 1.3%。近些

---

① 水利部：《水利发展统计公报（2010）》，中国水利水电出版社，2011。

年，依靠政府和社会力量、通过农业保险方式来分散和化解农业巨灾风险方面已取得一定进展，天气指数农业保险是一种新型特色农险。浙江、安徽和陕西三省探索建立了适合中国国情的农业气象灾害风险分散和转移途径，提高了农业抗气象灾害风险的能力。浙江按"政府推动＋市场运作＋农民自愿"的模式，从2006年起正式启动试点，2007年扩大试点，2008年试点全面推开，截至2011年7月，共为49万农户提供了共383亿元保险资金，有14.5万户农户共得到4.7亿元的保险赔偿。另外，国家和部分省市也在探索开展农业保险风险区划和农业保险风险评估工作，为农业引种、农业开发项目建设等提供气候可行性论证报告，引导农户、农业企业、农村经济合作组织自愿参保，扩大保险覆盖面和渗透度，以充分发挥保险经济补偿和社会管理功能。

（三）多渠道融资对灾害防御的作用

防灾减灾是构建和谐社会的必然要求，是保障民生的重要组成部分，是实现可持续发展的重要支撑。多渠道的资金支持是防御气候灾害的保障。刚刚颁布的《国家综合防灾减灾规划（2011～2015年）》的保障措施，专门提出要完善防灾减灾资金投入机制，拓宽资金投入渠道，加大防灾减灾基础设施建设、重大工程建设、科学研究、技术开发、科普宣传和教育培训的经费投入；加强防灾减灾资金管理和使用；完善自然灾害救助政策；研究建立财政支持的重特大自然灾害风险分担机制，探索通过金融、保险等多元化机制实现自然灾害的经济补偿与损失转移分担。

由于近年来，暴雨、干旱等气象灾害造成的巨灾频发，巨灾风险管理已成为气象风险管理关注的焦点。除了政府财政的投入外，有关金融机构也在着手建立重点针对农业巨灾风险分散机制的巨灾保险制度。中国巨灾保险的合理取向，将是政府主导加市场化运作，而政府转变救灾与重建责任承担方式是根本条件。

G.3
低碳融资的需求与政策分析

潘家华　陈洪波　禹　湘　王丽娟*

摘　要：本报告分析公共财政资金、金融机构、资本市场、碳市场等主要融资方式在中国发展的状况，评估现有融资政策的执行效果，基于 2020 年的低碳发展目标预测中国低碳发展的成本与资金需求，并就如何实现该目标提供政策上的建议。研究结果表明，中国的减排成本将逐年上升，到 2020 年，中国的减排成本将达到国民生产总值的 2.47%，资金总需求将达到 6.8 万亿 ~18.12 万亿元人民币，其中 2011 ~ 2015 年年均需投资 0.91 万亿元，2016 ~ 2020 年年均需投资 1.36 万亿 ~3.6 万亿元。如此巨大的资金需求，不仅需要发挥公共融资的积极作用，更要构建多渠道、多层次、多主体的融资体系。

关键词：低碳融资　公共融资　碳市场　资金需求

中国的基本国情和所处发展阶段的特征，使其在应对气候变化领域面临比发达国家更为严峻的挑战。今后十年将是中国工业化、城镇化继续推进的阶段，如何提高能源利用效率，发展新能源与可再生能源，降低污染物排放，提高环境质量，为中国的经济转型和结构调整打好基础，逐步实现经济的低碳发展，显得至关重要。2009 年，中国政府宣布，到 2020 年单位国内生产总值（GDP）二氧化

---

*　潘家华，中国社会科学院城市发展与环境研究所所长，研究员，博士研究生导师；研究领域为世界经济、气候变化经济学、城市发展、能源与环境政策等。陈洪波，中国社会科学院城市发展与环境研究所，副研究员；研究方向为环境经济学、碳市场与气候变化政策、建筑节能等。禹湘，中国社会科学院城市发展与环境研究所，博士，研究方向为碳金融与气候变化政策，为本报告通信作者。王丽娟，中国社会科学院城市发展与环境研究所，博士，研究方向为能源经济、气候变化政策。

碳排放量比 2005 年下降 40% ~45%，非化石能源占一次能源消费的比重达到 15% 左右。"十二五"规划提出 2015 年实现中国单位 GDP 的能源强度降低 16%、碳排放强度降低 17%，非化石能源占一次能源消费比重达到 11.4% 的目标。要实现上述目标，需对现有行业进行大规模技术改造，对新能源与可再生能源产业进行大量投资，这意味着巨额的资金筹措和投入。

本报告将以中国政府提出的相关低碳发展目标为依据，预测所需的融资规模，分析公共财政资金、金融机构、资本市场、碳市场等主要融资方式在中国的发展现状，并评估现有融资政策的执行效果，为中国制定长期的低碳融资政策提出建议。

一 低碳融资的挑战与困境

低碳融资是指一切应对气候变化、促进经济低碳、可持续发展的资金融通活动。具体包括：用于发展风能、太阳能、生物质能、核能、水电等新能源与可再生能源；用于电力、钢铁、石化、化工、建材、机械、轻工、纺织、有色金属冶炼等高能耗行业的节能；用于建筑、交通的节能以及居民的低碳生活等用途的资金。

中国低碳融资的融资渠道可分为国际气候融资和国内低碳融资。国际气候融资是全球应对气候变化的重要领域之一，其关键是要促成发展中国家努力加强气候适应能力，减少温室气体排放，实现可持续发展。国际气候融资的资金来源主要为《联合国气候变化框架公约》（UNFCCC）下的资金机制、公约外的双边与多边气候基金及《京都议书》下的清洁发展机制。国内低碳融资是指为实现中国经济低能耗、低排放的可持续发展模式而投入的资金。国内低碳融资具体包括：政府的公共融资、金融机构的融资、资本市场的股权、债券融资、碳市场融资。

目前，国际气候融资额度远低于发展中国家进行减缓和适应气候变化的实际需求量，中国也不例外。一方面，公约外存在各种多边和双边资金机制，资金来源分散且不受 UNFCCC 的支配，其捐赠情况以捐赠国的意愿为主，难以保证筹集到足量资金。随着欧债危机的爆发，美国经济复苏乏力，日本经济长期低迷，发达国家出资帮助发展中国家应对气候变化的政治意愿逐渐降低。另一方面，在国际碳市场层面，虽然中国拥有最大的 CDM 碳市场份额，并一直努力争取碳市场融资机会，但由于碳减排量（CERs）价格偏低、波动较大，对中国等发展中国家而言，碳市场融资金额也与需求相差甚远。

虽然从道义上说，历史上全球温室气体排放的绝大部分源自发达国家，中国作为世界上最大的发展中国家，在低碳发展上理应受到发达国家更多的资金支持，但在当前的世界政治经济格局下，中国的低碳发展只能以国内融资为主，这是一种无奈却又必然的选择。但是，在利用财政、金融和市场化工具支持低碳增长方面，中国仍处于起步阶段，需要不断学习、借鉴和探索。如：绿色的财税政策体系仍需进一步完善，并需要及时地依据技术进步方向和产业发展趋势进行调整；某些创新性的融资机制和国际经验仍需进行本土化实践；金融机构更亟须探索出支持低碳经济增长的可持续的商业模式。

二　国内外低碳融资的现状

（一）中国低碳融资的现状

改革开放以来，随着中国经济的发展及由此而来的环境与资源压力的增加，实现经济的可持续发展已成为中国经济发展进程中最现实、最紧迫的问题。2003年中国提出了科学发展观的理念，并将其作为中国社会经济发展的指导方针。2007年6月国务院成立国家应对气候变化及节能减排工作领导小组，由国务院总理温家宝担任组长。中国政府制定了《应对气候变化国家方案》，并先后制定和修订了《节约能源法》《可再生能源法》《循环经济促进法》《清洁生产促进法》以及《民用建筑节能条例》等一系列法律法规。从国家意志的层面为低碳经济的发展指明了方向，为低碳融资奠定了基础。

1. 公共财政对低碳发展的融资支持

公共财政融资是指中央与地方各级政府围绕低碳发展的总体目标及节能减排的具体指标制定相应政策，并通过预算投入、财政补贴、转移支付、政府奖励、政府采购、税收优惠等手段为经济的低碳发展提供资金的活动。

近年来，中国制定了一系列促进节能减排的公共融资政策。在工业节能方面，有整顿关闭小煤矿专项资金、淘汰落后产能中央财政奖励资金、工业企业能源管理中心示范项目财政补助资金，以及对节能降耗企业的所得税优惠、投资抵免和加速折旧；在建筑节能改造方面，有国家机关办公建筑和大型公共建筑节能专

项资金、北方采暖地区既有居住建筑供热计量及节能改造奖励资金、可再生能源建筑应用专项资金；在交通节能方面有千家企业低碳交通运输专项补贴、交通运输节能减排专项资金；在低碳消费品方面，有节能产品政府采购、节能产品惠民工程、汽车、家电以旧换新、购买小排量汽车减免购置税、推行居民阶梯电价、清理对高耗能企业的优惠电价、上调部分省市非居民用电的上网和销售电价等。

除了促进节能降耗，推动新能源与可再生能源的发展也是公共融资重点支持的领域。从税收优惠方面，对列入《可再生能源产业发展指导目录》的项目给予税收优惠；在增值税方面，风电实行增值税即征即退50%的政策，通过秸秆等垃圾生产的电力实行增值税即征即退的政策；在企业所得税方面，对国内投资的水力发电、热电联产、太阳能、地热能、海洋能、生物质能及风力发电等项目，在投资总额内进口的自用设备，除《国内投资项目不予免税的进口商品目录》所列商品外，免征关税和进口环节增值税。在产业化专项资金方面，2008～2010年中央财政设立的风力发电设备产业化专项资金，采取"以奖代补"的方式支持风电设备产业化；在财政补贴方面，采取了金太阳示范工程财政补助资金、太阳能光电建筑应用财政补助资金、秸秆能源化利用补助资金、绿色能源示范县建设补助资金、可再生能源建筑应用示范城市（县）补助资金。此外，在电价政策方面，将电网收购可再生能源发电的合理费用，通过征收可再生能源电价附加来分摊解决；风电形成了以四类资源区制定标杆上网电价的机制；光伏发电形成了全国统一的光伏标杆上网电价；农林生物质发电项目实行固定电价政策。

公共融资不仅直接增加低碳投入，促进低碳转型；更重要的是向市场传递明确的政策信号，引导和推动社会资金投入低碳经济。仅"十一五"时期，公共财政直接用于节能减排的投入超过2200亿元[1]。虽然政府财政投入和财税政策所带动的全社会资本投入的数据很难准确计算，但"十一五"期间节能减排和低碳产业发展所取得的成绩已充分证明，公共融资在低碳发展中的重要作用。

2. 国内金融机构的低碳融资实践

银行信贷是低碳融资的主要来源，中国政府在引导和推动银行业等金融机构支持低碳发展上做了大量工作，并不断地优化金融战略，《节约能源法》《可再生能源法》《循环经济促进法》从法律层面提出金融机构应对符合条件的节能及可再生

---

① 通过2007～2010年的决算数据计算。

能源项目提供优惠贷款。为此，中国人民银行、中国银监会陆续出台相应的政策。如为配合国家节能减排战略的顺利实施，2007 年中国人民银行发布《关于改进和加强节能环保领域金融服务的指导意见》。同年，银监会印发《节能减排授信工作指导意见》，要求银行业金融机构从战略高度认识节能环保领域中金融服务工作的重要性，加强信贷政策与建设资源节约型、环境友好型社会总体目标的协调配合，并积极联合环保部门，建立绿色信贷机制。为确保实现"十一五"节能减排目标，2010 年人民银行、银监会发布《关于进一步做好支持节能减排和淘汰落后产能金融服务工作的意见》，要求各银行业金融机构要多方面改进和完善金融服务，积极建立健全银行业支持节能减排和淘汰落后产能的长效机制。为贯彻落实国务院"十二五"节能减排综合性工作以及国务院关于加强环境保护等宏观调控政策，2012 年银监会发布《关于印发绿色信贷指引的通知》，要求银行业金融机构应当从战略高度推进绿色信贷，加大对绿色经济、低碳经济、循环经济的支持。

在国家金融政策的指引下，中国银行业通过制定完善环境保护相关信贷政策，大力发展"绿色信贷"，严格控制高污染、高耗能和产能过剩行业贷款，及时清退不符合国家节能减排政策和环保要求的信贷项目。制定完善节能减排相关信贷政策，加大对绿色、低碳行业的信贷投入，重点支持产业化程度较高、具备长期发展实力的绿色企业及项目，大力扶持水电、风电等新能源产业发展，大力支持工业、交通、电网、建筑、家庭等节能领域和相关设备制造，积极支持城市生活污水与工业污水处理等减排效益突出的产业。通过提供银行贷款、发行短期融资券、中期票据等融资支持，应收账款抵押、预期收益抵押、股权质押、保理业务等多种方式，2011 年全年银行业对产能过剩行业的贷款余额同比下降 0.14 个百分点，支持节能环保项目数量同比增长 28.79%，发放的节能环保项目贷款余额同比增长 25.24%[①]。

在中国银行业的低碳融资实践中，国家开发银行积极拓展绿色金融服务，发放的节能减排和环境保护领域的贷款逐年增加，从 2007 年的 693 亿元增加到 2011 年的 2281 亿元，至 2011 年末累计贷款余额达 6583 亿元[②]。中国工商银行以科学管理方式引导信贷资源的优化配置，严格控制"两高一剩"行业的信贷准入，通过

---

① 中国银行业协会发布的《2011 年度中国银行业社会责任报告》。
② 《2011 年国家开发银行社会责任报告》。

信贷杠杆促进国家产业结构向绿色、低碳方向优化升级。截至 2011 年末，用于节能减排、清洁能源等领域的贷款余额也达 5074 亿元①。兴业银行在行内设立低碳金融的专门机构，根据碳减排市场的需求，开发了多样化、有特色的金融产品。

除银行外，信托、保险、证券等金融机构在低碳融资领域也发挥了积极作用。

3. 碳市场的试点与探索

自 2005 年《京都议定书》正式生效以来，中国碳交易市场一直是以基于项目的清洁发展机制（CDM）和自愿减排（VER）市场为主。截至 2012 年 9 月 13 日，国家发改委批准 CDM 项目 4680 个，至 10 月 17 日，中国在 EB 成功注册的项目共有 2431 个，占东道国注册项目总数的 50.89%；预计年减排量共 433661991 吨二氧化碳当量，占东道国注册项目预计年减排总量的 64.90%。截至 2012 年 10 月 9 日，中国共有 930 个 CDM 项目的 608288832 吨 CERs 获得签发，占东道国 CDM 项目签发总量的 59.92%。据保守估计，已经签发的 CDM 项目累计为中国低碳发展融资 30 亿~60 亿美元。可见，CDM 在低碳投资领域，为中国的企业带来大量的融资机会。

自愿交易市场中，北京、上海、天津等地的交易所都进行了积极实践，企业通过购买黄金标准、自愿碳标准或熊猫标准开发的自愿减排量，践行社会责任。但由于缺乏刚性需求，自愿交易市场的交易量非常低。2012 年 6 月 13 日，国家发展和改革委员会正式对外颁布《温室气体自愿减排交易管理暂行办法》，该办法对 VER 项目、项目减排量、减排量交易、审定与核证等进行了规定。该办法将对自愿减排市场的规范性发展发挥重要作用，但难以改变自愿减排市场供给远大于需求的失衡局面。②

2010 年 10 月，《中共中央关于制定国民经济和社会发展第十二个五年规划的建议》明确提出"逐步建立碳排放交易市场"；2011 年 3 月"十二五"规划中明确提出中国将推进低碳试点项目并逐步建立碳排放交易市场；《"十二五"控制温室气体排放综合实施方案》中则进一步明确了开展碳排放交易试点、加强碳交易支撑体系建设等具体任务。在此基础上，2011 年 11 月，国家发改委办公厅下发《关于开展碳排放权交易试点工作的通知》，批准北京、天津、上海、

---

① 《2011 年中国工商银行社会责任报告》。
② 资料来源：UNFCCC 网站 http：//cdm. unfccc. int。

重庆、湖北、广东、深圳开展碳排放权交易试点工作。当前，七个碳交易试点都在积极部署从基础排放数据的统计到技术和规则的配套，再到交易管理办法和管理平台的设计。并研究细化具体排放配额分配方案、可操作的 MRV 体系、登记注册系统、交易规则等方面的问题。截至 2012 年 8 月，北京已将试点方案上报国家发改委，上海已将第一批碳配额分配完毕，目前正在企业间作调查，湖北省的碳交易管理办法目前已修订至第五稿，其中对管理机构、配额分配、管理原则和交易价格以及监督机制等作了相关规定。

中国碳交易市场潜力巨大。近年来，中国主要是通过 CDM 项目参与全球碳交易，中国作为当前世界最大的碳排放国，在 2020 年后很可能被要求与其他发达国家一起承担强制性的碳减排义务。中国碳市场需从 CDM 交易与自愿碳交易为主的交易方式，循序渐进地发展为以总量控制与配额交易为主的全国范围的标准化碳市场，最终形成一个与全球接轨的碳市场。

4. 资本市场的融资现状

资本市场是低碳产业直接投融资的重要渠道，同时，低碳经济的发展也促进了资本市场的繁荣与创新。

股票市场是资本市场的重要组成部分，分主板市场和创业板市场。目前，中国主板市场的上市门槛高且发行条件限制多。低碳产业相关的企业在主板市场大量筹资受限，特别是新兴中小型低碳能源企业，在目前的体制下直接融资非常困难。比如，合同能源管理（EMCO）在 20 世纪 90 年代中期引入中国，发展非常迅速，产业蕴含的潜在市场十分可观，但是主板市场的高准入条件使其望而却步。

创业板市场与主板市场相比无论是机制还是上市条件都更为灵活，能为低碳产业的企业提供宝贵的融资渠道。2012 年，虽然中国股市持续低迷，但创业板块中的新能源、节能环保企业却表现出了强劲的走势。可以预见在不久的将来，当市场充分认识到低碳产业盈利前景，创业板将为低碳产业中的新兴企业提供强劲的金融支持。

债券市场也是资本市场的主要融资渠道之一，目前我国企业债券融资极度萎缩，市场发展停滞不前，由于债券融资条件较为严格，发行成本较高，发行时间较长，低碳企业的债券融资在中国还处于起步阶段，其债券发行量规模较小，这种融资途径亟待进行改革。

创业投资和私募股权投资（VC/PE）是新兴的低碳产业发展不可或缺的资金来源。近年来，中国的创业投资和股权投资市场发展迅速，政府也逐步放宽了一些法律、法规的限制以拓宽风险投资的资金来源。根据 ChinaVenture 统计，2009 年至今，新能源、节能环保等绿色产业融资规模逐年上涨，2009 年披露投资案例 73 起，投资总额 7.24 亿美元，2010 年披露投资案例 96 起，投资总额 12.89 亿美元，2011 年上半年披露 35 起案例，投资总额达 10.39 亿美元。与发达国家相比，中国在低碳领域的风险投资尚不够活跃，但仍为中国的低碳发展起到了良好的助推器作用。

（二）国际低碳融资的经验借鉴

近年来，欧美各国的政府、金融机构，包括商业银行、投资银行、基金、保险机构、风险投资等都积极开展了低碳融资活动，借鉴国际经验以及与国际市场接轨对中国低碳经济的发展尤其重要。

1. 公共融资推动低碳发展

公共融资是欧美等发达国家推进低碳经济发展的重要手段，发达国家的公共融资政策可分为两大类：一是促进低碳产业发展，通过财政补贴、预算拨款、税收减免以及贷款贴息等措施鼓励市场主体进行能效投资、节能技术研发、发展新能源与可再生能源；二是抑制高碳生产与高碳消费行为，提高化石能源的使用成本，实施节能降耗，控制温室气体排放的能源税、碳税等措施。

从 20 世纪 70 年代开始，财政补贴、贷款贴息就是发达国家鼓励企业实施能效投资的首选政策。如澳大利亚的《温室气体减排计划》，财政补贴的对象就主要集中在年减排量超过 25 万吨二氧化碳当量的项目。同时，政府对购买或使用可再生能源及节能设施的用户，直接予以补贴，如荷兰、西班牙、匈牙利都有针对节能家电的补贴。

预算拨款也是低碳融资的重要手段，如英国将"碳预算"直接纳入财政预算之中，每年有大量的财政资金用于节能技术研发及能效示范项目投资。2009 年，为配合"碳预算"的执行，英国政府安排了 14 亿英镑的预算资金，直接投向与发展低碳经济有关的领域。英国还计划在未来十年内逐步向能源技术研究部门提供 55 亿英镑的财政资金，用于节能技术的研究与开发。

税收优惠也是发达国家广泛使用的融资手段，如加拿大企业购买的专门用于提高能效或开发再生能源的设备可按 30% 的比率加速计提折旧；日本对于本国企业购置用于提高能效的设备，可按购置成本的一定比例来计算所得税的抵免额；荷兰通过能源投资减负项目，可以将节能设备年度投资成本的 55% 从当年利润中扣除；德国的高效热电联产设施可以享有石油税豁免优惠。

此外，能源税与碳税率先在北欧国家实施，随后被逐步推广到欧洲其他国家。目前，开征能源税、碳税或类似税种的欧洲国家有丹麦、芬兰、挪威、瑞典、德国、意大利、瑞士、荷兰、捷克、奥地利、爱沙尼亚以及英国等。能源税的适用范围主要包括燃料油、液化石油气、天然气等。

2. 金融机构创新碳金融产品和服务

国外金融机构契合低碳经济的发展，通过不断创新业务运作模式和风险管理方式，有力推动了碳金融业务的深入开展。首先，国际商业银行在信贷业务中积极开展对相关贷款项目的环境影响评估，并在贷款过程中严格执行环境风险的监测，积极加大对低碳项目的贷款；其次，各种与气候变化相关的金融创新应运而生，开发各种连接不同市场的套利产品，如 CERs 和欧盟排放配额（EUAs）之间、CERs 与减排量单位（ERUs）之间的互换交易，基于 CERs 和 EUAs 价差的价差期权等，不但可以锁定、规避与气候变化相关的风险，还可以提高价格机制的效率，使资源配置到更为清洁的生产技术部门中。

3. 国际碳排放权交易市场快速发展

国际碳排放交易市场在 2005 年 2 月《京都议定书》生效后进入快速发展阶段，参与主体的范围不断扩大，成交量也成倍上升。京都市场主要由欧盟排放交易体系（EU-ETS）、清洁发展机制（CDM）和联合履约（JI）市场组成，非京都市场主要包括自愿实施减排的美国各州立市场、强制实施减排的澳大利亚减排体系、美国的芝加哥气候交易所（CCX），以及一些企业（如英国石油公司和壳牌石油公司）内部的交易体系等。

2011 年碳市场总值增长 11%，达 1760 亿美元，交易量创下 103 亿吨二氧化碳当量的新高。联合国和世界银行预测，2012 年全球碳交易额将达 1500 亿美元。[①]

由上可见，欧美等发达国家已建立了包括直接投融资、银行贷款、碳基金、碳排放权交易、碳期货期权等一系列金融工具为支撑的低碳融资体系。

---

① 世界银行《2012 年碳市场现状与趋势》。

三　中国实现低碳发展的经济损失与资金需求分析

发展低碳经济任重道远。开发减排项目和建设相关基础设施需要投入巨额资金。低碳经济发展的背后实际上需要形成巨额的资金供给与流动机制,最新的世界银行报告认为当前发展中国家适应气候变化与减排的资金存在巨大缺口。根据《斯特恩报告》,以全球每年 GDP 的 1% 进行低碳经济投资,就可以避免将来每年 GDP 5% ~20% 的经济损失。具体到中国,为了实现低碳经济的发展,中国需要对相关技术和设备投入大量的资金,这些投资一方面会对新能源与可再生能源的发展和提高能源效率的技术作出突出的贡献,另一方面也会带来相应的经济损失。采用低碳发展的经济增长模式,需要多少资金的投入并会给中国经济发展带来多少 GDP 的损失,值得深入研究分析。本报告通过一般均衡模型(CGE)计算中国实现低碳经济发展所带来的 GDP 损失,再采用自下而上的模型计算中国实现低碳发展目标所需的资金规模。

(一)　实现低碳发展的资金总量

本报告采用可计算一般均衡模型(CGE),设定两个情景,从整体宏观经济运行的层面来估测低碳发展所需的资金总量以及增量投资需求。情景设定为基准情景与减排情景。

1. 基准情景

基准情景即不出台减排政策,不采用任何新的温室气体减排技术,假设2011 ~ 2015 年的 GDP 年平均增长率为 7.8%,2015 ~ 2020 年的 GDP 年平均增长率为 6.5%,那么中国一次能源需求量从 2010 年到 2020 年间年均增长 6.6%,能源消费量从 2005 年的 23.59 亿吨标准煤上升到 2015 年的 45.01 亿吨标准煤,2020 年达到 62 亿吨标准煤。煤炭和石油仍然是一次能源的主要支柱,煤电和油电总发电量增加,但所占比重将减少,对天然气、核电和非水电可再生能源的需求会加大。

2. 减排情景

该情景下,中国为应对气候变化付出巨大的努力,采取多方面的措施控制能源消耗总量,优化能源消费结构,那么中国一次能源需求量从 2010 年到 2020 年间年均增长 5.7%,能源消费量从 2005 年的 23.59 亿吨标准煤上升到 2015 年的 41 亿吨标准煤,到 2020 年达到 54 亿吨标准煤。2011 ~ 2020 年出台一系列的减排政策，推广应用成熟的低碳减排技术，如能效技术和新能源和可再生能源技术等，并投入资金研发诸如碳捕集与封存等技术。

通过 CGE 模型可计算实现减排情景的资金总量，结果（如图 1），资金需求总量到 2015 年将达到总 GDP 的 1.5%，到 2020 年将占总 GDP 的 2.47%。

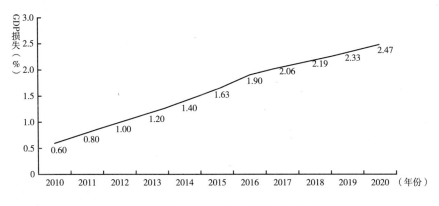

图 1　减排情景下的 GDP 损失

（二）实现低碳发展的增量投资需求

目前已有多个研究基于不同的低碳情景设定对中国低碳增长的资金需求进行了测算，结果不尽相同，但是，所有研究结果均表明低碳增长对于中国的能源部门和终端用能部门意味着大量新增的额外投资。本报告基于"十二五"节能减排计划，通过对能源、工业、交通、建筑的主要领域的投资来计算实现低碳发展的增量投资需求。

1. 能源领域

假设电力的生产与配送的节能投资与收益相同，电力企业"十二五"期间需要节能总投资为 0.66 万亿元；另外根据可再生能源发展"十二五"规划，可再生能源的投资额为 1.8 万亿元，能源领域节能减排投资总计为 2.46 万亿元。

2. 工业领域

根据工业"十二五"节能规划，工业在"十二五"期间总节能量达到 6.7 亿吨标准煤，同理假设工业领域中减排投资与收益相当，则总计需要投资 1.68 万亿元。

3. 交通领域

包括铁路、车辆、船舶和民航的减排。节能减排"十二五"规划中预计，

"十二五"期间总计节能量为 0.01 亿吨标准煤，另外根据 2011 年的政府投资与拉动，预计"十二五"期间节能投资需求为 0.05 万亿元。

4. 建筑领域

节能工作主要在新建建筑、供热计量改造、北方既有建筑改造、监管体系建设中进行，"十二五"期间节能量为 1.16 亿吨标准煤，需要投资 0.34 万亿元，相当于每节约 1 吨标准煤需要投资 2900 元。

综合各领域的节能及发展新能源与可再生能源的增量投资，要实现 2015 年的低碳发展目标，2010～2015 年，中国的低碳投资将会达到 4.53 万亿元左右，相当于每年投资达到 0.91 万亿元，这将约占到 GDP 总量的 2.2%。

根据目前的研究，由于节能的深入，节能的潜力会越来越小，实现低碳发展的增量投资需求会加倍增长，因此研究机构普遍对 2016～2020 年的低碳发展的增量投资预计要比 2011～2015 年大。以麦肯锡研究为例，2016～2020 年实现低碳发展的增量投资为 2011～2015 年的 4 倍；人民大学在 2009 年估计 2030 年后每年新增投资要比 2010～2030 年每年增加 1.5 倍。综合各机构的研究成果，并以本报告"十二五"期间投资额度为基础，计算可得，2016～2020 年，中国需要 6.8 万亿～18.12 万亿元的增量投资，大约每年需新增 1.36～3.6 万亿元的投资。

表 1　"十二五"期间各领域低碳资金需求

领域	行业减排重点	节能量（亿吨）	投资（万亿元）
能源	发电与输配电技术领域和新能源技术领域	2.64[①]	2.46[②]
工业	到 2015 年，钢铁、有色金属、石化、化工、建材、机械、轻工、纺织、电子信息等重点行业单位工业增加值能耗分别比 2010 年下降 18%、18%、18%、20%、20%、22%、20%、20%、18%	6.7[③]	1.68[④]
交通	"十二五"节能指标中铁路单位运输工作量综合能耗由 2010 年的 5.01 吨标准煤/百万换算吨公里降低到 2015 年的 4.76 吨标准煤/百万换算吨公里；营运车辆单位运输周转量能耗由 2010 年的 5.01 千克标准煤/百吨公里降低到 2015 年的 4.76 千克标准煤/百吨公里吨；营运船舶单位运输周转量能耗由 2010 年的 6.99 千克标准煤/千吨公里降低到 2015 年的 6.29 千克标准煤/千吨公里；民航业单位运输周转量能耗由 2010 年的 0.45 千克标准煤/吨公里降低到 2015 年的 0.428 千克标准煤/吨公里	0.01[⑤]	0.05[⑥]

续表

领域	行业减排重点	节能量（亿吨）	投资（万亿元）
建筑	到"十二五"期末,建筑节能形成1.16亿吨标准煤节能能力。其中发展绿色建筑,加强新建建筑节能工作,形成4500万吨标准煤节能能力;深化供热体制改革,全面推行供热计量收费,推进北方采暖地区既有建筑供热计量及节能改造,形成2700万吨标准煤节能能力;加强公共建筑节能监管体系建设,推动节能改造与运行管理,形成1400万吨标准煤节能能力。推动可再生能源与建筑一体化应用,形成常规能源替代能力3000万吨标准煤	1.16[⑦]	0.34[⑧]
总计		10.51	4.53

注:①相对2010年,2015年电力工业节约标准煤2.64亿吨。②假设节能投资与收益平衡,包括发电与输配电技术领域0.66万亿元,新能源技术领域1.8万亿元。③工业节能"十二五"规划。④工业领域中,假设节能成本与收益平衡。⑤节能减排"十二五"规划。⑥交通运输业2011年政府投资为2.5亿元,拉动资金为80.6亿元,投资比例为1:32,假设未来4年中投资额与拉动比例不变。⑦"十二五"建筑节能专项规划。⑧包括新建建筑,供热计量改造、北方既有建筑改造,监管体系建设,常规能源替代5个方面。单位既有建筑面积节能改造增量成本为80~120元/m^2,"十二五"时期既有建筑节能改造4亿平方米,总计0.04万亿元,新建建筑每年20亿m^2,节能增量成本为30元/m^2,总计0.3万亿元。

四 中国低碳融资的政策思考

综上所述,中国已经在财政投入、税收政策、金融政策等多个方面形成对低碳经济发展的支持,推动了节能减排和低碳产业的发展,取得了较大的进步。但同时也应看到,相对于每年逾万亿元的投资需求,实现中国低碳融资的发展,任重而道远,相关政策有必要进一步完善。

（一）尽快制定支持低碳发展的公共融资的总体规划,发挥公共融资的杠杆作用

1. 尽快制定我国发展低碳经济的中长期财政规划,明确财政支持低碳经济发展的中长期目标

应对气候变化的国家方案和行动路线图是制定低碳财政政策总体规划的基本依据,应在战略层面上整合当前的"能源规划""循环经济规划""节能减排规划"等与低碳经济相关的方案,尽快制定出低碳经济的"国家方案"和行动路

线图，形成可操作性强的低碳经济发展蓝图。然后明确低碳财政政策的中长期目标，对既往的政策进行梳理，在充分调研和科学分析评价的基础上，构建一整套系统的、联动性强的政策体系，其中既有针对国民经济的总体政策规划，又有针对各部门、各产业的配套政策；既有长期政策又有中短期政策。

2. 进一步发挥财政政策的杠杆作用

（1）财政投入和财政补贴在今后相当长的一段时间内，仍是推动低碳发展的主力。

财政投入和财政补贴的关键是要提高财政投入和补贴的着力点和效率，从生产侧而言，技术创新是低碳发展的关键，从低碳技术创新路径而言，财政投入的效用发挥应该集中于研发、演示、推广的阶段。从需求侧而言，财政补贴可以通过政府采购的方式，优先购买低碳产品，可对风电和光伏发电上网电价继续实行价格补贴，可对购买高效节能产品进行补贴等。

（2）税收优惠是财政政策中最有效的经济调控手段之一。

政府应对资源综合利用的税收优惠政策继续进行修正，加大对研发新能源和可再生能源高效利用技术产生的费用的税前扣除比例，促使税收政策向能够积极引导新能源与可再生能源高效利用的方向发展。对能够取得明显经济效益和社会效益的新能源和可再生能源投资项目实行允许加速折旧和所得税税收抵免的优惠政策等。

（3）构建绿色税制。

第一，进一步加快资源税改革，改变资源性产品低税负的现状，未来的方向包括继续提高税额、将从价计征扩展到更多资源产品等。第二，加快推出环境税和碳税。也可借鉴发达国家征收"气候变化税"的经验，通过适时开征碳税、引导能耗大户自愿签订节能减排协议来促进多元化、社会化低碳经济融资体制的建立。第三，其他与低碳增长相关的税种（增值税、消费税、企业所得税、车船税等）仍需进一步绿化，这样既可以增加对低碳产业的投入，又能减少低碳产业与高能耗产业生产成本的差距，促进低碳产业的发展。

（二）建立绿色信贷支持低碳经济发展的长效机制，开发金融创新产品

1. 建立绿色信贷支持低碳经济发展的长效机制

近年来，在国家政策引导下，银行业在绿色信贷领域进行了积极尝试，获得

了较好的经济效益与社会效益，但是目前银行业的低碳融资活动更多的是出于对国家政策的响应和自身社会责任的考虑，从长远看，要形成商业化模式，使银行投资低碳领域有逐利的动力。中国人民银行作为央行在能源结构调整和转变经济增长方式上对商业银行支持低碳经济发展可能出现的风险，提供相应的财政贴息等补偿政策；建立对低碳相关产业信贷的风险监测制度，完善信息沟通机制，定期通报项目的进展状况，让商业银行及时掌握资金的使用和风险状况，以保护商业银行的利益和银行体系的安全性。

各政策性银行和商业银行要加强合作，发挥各自优势，通过联合贷款、银团转贷款等多种合作方式，为起步资金大、项目回收期长的重点低碳经济项目提供全程的金融服务。

2. 构建金融产品的创新机制

为低碳发展融资不仅需继续提高银行绿色信贷的支持力度，还亟须创新与碳金融相关的服务。商业银行可开展基于碳排放权的质押贷款业务、基于碳排放权的融资租赁业务、基于碳权排放权的保理业务。还可积极探索发展碳基金等理财产品，开发信托类碳金融产品。

（三）加快资本市场多层次建设的步伐，完善风险投资机制

1. 加快资本市场多层次建设的步伐，目标是建立以市场为主导的创新机制，加大市场创新力度，以创新提高市场效率，进一步拓展我国资本市场的广度和深度

第一，在主板市场，证券监管部门在不降低上市准入条件的前提下，应鼓励和支持符合上市要求的低碳企业发行股票，上市融资；鼓励已上市的低碳企业通过增发新股和配股，进行融资；支持在低碳产业中优势突出的企业通过收购兼并迅速做大做强。加强创业板市场建设，可利用中小型新能源企业具有概念新、发展快、易于被投资者接受的特点，适当降低这类企业公开发行股票和上市的标准，为中小型新能源类企业创造可持续性的资金来源。

第二，提高低碳产业上市公司的质量，推进上市公司规范运作，低碳产业上市公司的质量是证券市场投资价值的源泉，对于低碳产业中风险较高的上市企业，应有效监督，使其规范操作、信息透明，从源头上提高上市公司的质量，增强投资者的信心。

第三，需加快推动公司债券市场与股票市场的协调发展，进一步推动低碳板块上市公司债、附认股权证公司债、标准化的资产证券化产品等固定收益类产品和权证产品的创新发展。

2. 积极利用民间资本，要继续放宽限制，鼓励民间资本参与低碳产业的投融资活动

提高各类企业对能源自主开发的权利。在低碳发展产业中，应鼓励符合条件的民营企业，依法合规成为大型页岩气等非化石能源开发主体。水电、风电等特许开发权的配置，应在公平、公开、公正的基础上，鼓励民间资本的参与；鼓励社会资本和民营企业与国有企业采取合资、合作、联营、项目融资等多种方式进行建设和经营。节能项目则应向全社会资本完全放开，鼓励民营企业全方位地投资节能项目建设和经营活动，国家要采取税收优惠、提供投资担保和发行企业债券等融资支持，给予投资补贴、贷款贴息，甚至采取部分资本金注入等综合方式，对民营企业进入节能项目投资活动提供全方位的政策支持。

（四）加快碳市场的建设

碳市场建设是一项社会面广、技术要求高的系统工程，国际上相对成熟的欧盟碳交易体系已经运行了近十年的时间，至今还在不断完善，中国作为发展中的国家，市场成熟度比较低，社会的低碳意识普遍不高，相关的基础能力还比较薄弱，建立碳交易市场面临很大的挑战，不仅要结合中国的国情，还要扎实做好基础工作，有序推进国内碳市场的建设。

1. 完善碳交易相关的制度建设，加强政府监管机制

碳交易在中国的发展要有明确的相关立法，确立碳排放交易的合法性，使碳交易有法可依。2004年6月30日，国家发展和改革委员会、科技部、外交部颁布的《清洁发展机制项目运行管理暂行办法》标志着我国开展清洁发展机制项目进入有章可循的新阶段。2012年6月，国家发改委出台《温室气体自愿减排交易管理暂行办法》，规范和引导企业积极开展自愿减排交易活动。如果要建立全国范围的碳交易市场，一方面，应尽快出台碳排放权交易法、金融机构参与碳市场的相关法律，从而进一步明确碳排放的权利属性，为碳排放定价提供法律依据和保障。另一方面，要建立规范的规章和制度，保障碳市场发展的规范性。例如，碳交易设立市场的准入制度、相关的管理制度、信息报告制度、监督制度等。碳交易的参与者众多，包括买卖双方、第三方服务性企业、规则制定者、监管者等，应规范相关主体行为。

健全的政府监管机制也是保证市场高效运行的必要条件。从欧美碳市场的运行来看，透明的公共决策程序和司法审查机制，有效保证了 EUETS、RGGI 等市场的运行。

2. 建立统一的方法学与交易平台

目前，七省（直辖市）都在积极探索各自的碳交易试点方案，随着试点工作的深入，如果使用七套核算方法和标准，会缺乏全国性的协调机制，那么不久的将来向全行业、全国推广都是突出的难题。因此，亟须将分散于各行业和地区的碳排放权交易集中整合，建立统一的温室气体排放统计方法学和标准，增强数据的公信力，研究制定全国重点行业、企业温室气体排放报告格式和核算方法指南，筹备建设重点企业、事业单位能耗在线监测系统，推进认证核查体系建设，建立和完善交易平台，建立自愿减排交易市场与配额交易市场之间的衔接、行业之间的衔接、中国碳排放交易市场和全球碳排放交易市场的衔接。

3. 培育专业机构，并鼓励金融机构的积极参与

成熟的碳市场离不开专业服务机构。需相关的专业公司提供涵盖碳市场的全部资讯，提供碳资产开发、碳项目咨询、碳减排指标经纪、项目融资、碳投资管理以及碳中和等服务。

国际经验表明，金融机构，包括商业银行、保险公司、投资银行、信托公司等，在提高碳市场的流动性、发现价格以及管理风险方面都发挥着重要作用。目前，中国金融机构缺乏熟悉排放权交易的规则、运作模式、以及能开发基于碳排放权的金融衍生产品相关人才；由于中国碳交易市场处于起步阶段，以盈利为主要诉求的国内金融机构参与碳交易的积极性不高，所提供的金融工具与金融服务较为初级、单一。因此，应通过政策引导，鼓励金融机构参与碳交易，活跃市场。

总而言之，无论是在政策体系还是市场环境方面，中国碳交易市场都与欧盟成熟的市场存在显著差异，面临中国特有的诸多障碍，因此碳交易的发展模式和思路并不能简单照搬欧盟碳市场，而需要在政府的科学规划下，合理引导国内金融机构及碳市场相关机构研发、提供符合中国碳市场特色的多样化的碳金融产品及服务，通过引入银行、信托、评级、担保等金融机构，逐步探索基于碳市场的

多层次投融资模式，实现碳市场的健康发展。

目前，是中国实现低碳发展是一个关键时期，不仅要实现预定的节能和二氧化碳减排目标，还应该巩固低碳发展的基础，实现经济的可持续发展。在中央大力推动节能减排和低碳产业发展的背景下，各级政府和企业已经积极地行动起来，并取得了令人瞩目的成果，财政投入、绿色信贷，以及多个低碳产业的投资都有显著增长。但不可否认，中国在利用财政、金融和市场化工具支持低碳增长方面，仍处于起步阶段，需要不断学习、借鉴和探索。

国际低碳融资的热点议题

Hot Topics about International Low-carbon Finance

应对气候变化资金机制
谈判新进展与新格局

张 雯*

摘　要： 资金议题的谈判一直是气候变化谈判中的重点和难点。哥本哈根会议以来，资金议题经坎昆大会、德班大会取得了一定进展，建立了气候变化绿色气候基金。随着德班平台谈判的开启、公约长期特设工作组授权会议的收尾，资金议题谈判成果的总结，完成未完成事项的转化和过渡，在新的工作方式下通过多种途径解决资金支持与履约需求不匹配的问题将成为2012年底多哈会议的讨论焦点之一。

关键词： 资金机制　德班成果　绿色气候基金　气候谈判

---

* 张雯，环境保护部对外合作中心，高级工程师，香港科技大学海洋环境科学博士，生态学博士后，研究领域为气候变化公约资金机制、环境公约履约资金机制与环境国际合作。

一　前言

2009 年的公约第 15 次缔约方大会通过了《哥本哈根协议》，提出了设立"绿色气候基金"的构想，设定了 300 亿美元和 1000 亿美元的短期和长期资金目标，但资金来源和治理机制等重要问题尚未明确。各大利益集团围绕其权利与义务相互角力，资金谈判形势更加复杂化。2010 年坎昆会议之后，资金议题谈判重点具体化为对 300 亿美元的快速启动资金、1000 亿美元的长期资金、绿色气候基金、常设委员会等核心问题的讨论。经过一年的艰苦谈判和磋商，2011 年的德班会议上，发展中国家终于推动绿色气候基金正式启动，此外启动德班平台的谈判，研究 2020 年后的气候机制。然而，新基金虽然成立，但资金来源尚未明确，其设计运作的有关细节还待进一步磋商。发达国家关于 300 亿美元的快速启动资金并不符合公约规定的、新的、额外的属性；对长期资金也缺乏具体的出资路线图。常设委员会的功能也还需进一步强化。在全球经济衰退、中国一枝独秀的大环境下，2012 年底的多哈大会，中国将面临更为严峻的压力和挑战。

二　德班会议资金机制进展评述

（一）德班大会资金机制决议内容

德班会议正式启动绿色气候基金，并对其运行规则作出了进一步说明，对过渡期间的运行作出了安排。要求绿色气候基金在 2012 年召开的第 18 次缔约方大会上就基金与缔约方大会的关系作出安排，确保基金在为发展中国家提供项目、规划、政策和其他活动等方面支持时向大会报告并接受大会指导；确保为基金提供可靠的资金来源，要求基金董事会制定必要的政策和程序，确保尽早启动增资进程。要求基金董事会分配基金资源时做到适应与减缓并重。德班大会还决定赋予基金法人地位和法律能力，保证其开展业务时享有相应特权与豁免。要求基金董事会制定受援国国家指定协调机构"无异议"原则，确保基金业务与各国应对气候变化战略和规划保持一致。关于过渡性安排，要求气候变化公约秘书处与全球环境基金在公约秘书处办公地合作创建基金临时秘书处；邀请缔约方在

2012 年 3 月 31 日前通过各自所在地区和选区就竞选董事会成员向临时秘书处提出申请；邀请缔约方在 2012 年 4 月 15 日前就竞选基金东道国向董事会提出申请；要求临时秘书处于 2012 年 4 月 30 日前召开第一次董事会议；邀请缔约方为绿色气候基金董事会的顺利召开提供资金支持。

在公约长期合作行动特设工作组的谈判下，德班大会通过了有关长期资金和常设委员会的决定，对今后短期内资金机制的部分工作内容作出了安排。关于长期资金，决定制定 2012 年长期资金工作计划，通过举办技术研讨会及参考联合国秘书长气候变化融资高级别咨询小组报告、二十国集团气候融资报告等，对如何向发展中国家提供多样化资金来源、满足发展中国家资金需求进行研究，研究结果拟提交第 18 次缔约方大会。关于资金机制常设委员会，决定正式成立由 20 名委员组成的委员会，10 名来自附件 I 国家，10 名来自非附件 I 国家，任期 2 年并可连任；委员会将为私营部门、非政府组织代表参与其工作的方式制定具体规定；委员会直接向缔约方大会报告，并在协调气候变化融资活动和公约资金机制、动员资金，以及"衡量、报告、核查"向发展中国家提供的资金支持等方面为缔约方大会提供支持；委员会制定工作并向第 18 次缔约方大会递交；缔约方大会需在 2015 年对委员会工作情况进行评估。

（二）对德班成果中绿色气候基金启动相关问题的分析与评述

1. 绿色气候基金的建立与运行

绿色气候基金正式建立，成为德班气候大会的重要成果。同时，这也是自取得"巴厘授权"谈判进展以来资金议题谈判取得的最重要进展。绿色气候基金的建立与运行是德班大会一个皆大欢喜的现实成果，气候变化公约终于有了属于自己的、相对独立的资金机制，开启了一个崭新的格局。这改变了自公约建立十七年来，履约资金机制由同时运行多个全球环境公约资金机制的全球环境基金作为临时运行实体的情况。对发展中国家而言，基金的建立意味着有了应对气候变化的新希望；对发达国家而言，基金的建立意味着有了改变现有气候融资机制的新对策。

然而，关于绿色气候基金正式运行的大会决定，是在各方仍在基金设计具体问题上存在重大分歧、均不愿承担阻碍基金运行进程责任的情况下，由各方均作出一定妥协与让步而形成的。决定的内容更多集中在绿色气候基金过渡时期工作安排上，对其在今后工作的开展缺少具体指导。因此，从本质上讲，因各方对绿色气候基金的地位和运行目的的期待尚存差距，因此基金在未来能发挥多大的作用，基金何时能实质性地发挥履约职能，特别是能否筹措到足够的资金以持续、稳定地运行，要深入谈判和磋商、资金来源与规模更明确、更符合主要利益相关方关切的董事会设置和议事规则制定被确立后才能确定。另外，在这个磋商谈判的过程中，若缺少发展中大国的有效参与，绿色气候基金很有可能成为被发达国家利用的工具——发达国家实现其在气候变化资金机制问题上重新洗牌、重新划分国家分类，或是重新界定国家出资条件的目的，规避其公约下的出资义务。

当前，气候基金林立，公约下有全球环境基金、适应基金、最不发达国家基金、气候变化特别基金等，公约外有气候变化投资基金、各大银行的气候变化投融资规划、其他多边与双边基金等。绿色气候基金和常设委员会建立和运行，未来几年公约资金机制框架或将经历重要调整。加之国际政治经济局势变化较大，美国经济困难重重且大选在即，真正掌控职权的国会缺少拿出公共财政资金的政治意愿；欧洲主权债务危机愈演愈烈，履行供资责任希望渺茫；日本经济陷入负增长，又遭遇地震、海啸与核辐射威胁，出资无望。若无资金注入，绿色气候基金就只是一个空壳，这不但对未来的气候融资制度会造成负面影响，更加将会使国际社会对多边机制、应对气候变化失去信心。若按发达国家提议，将混淆共同但有区别责任的航空航海税收等创新资金、私营部门资金、养老金投资资金等引入绿色气候基金，则基金将无法落实公约为发展中国家提供赠款或优惠贷款资金的要求，这等同于建立了一个新的气候投融资银行。

2. 长期资金来源问题

焦点集中在长期资金来源、如何动员长期资金、避免2013～2020年出现资金空当、提高资金透明度等问题上。发达国家认为《坎昆协议》已明确了到2020年每年动员1000亿美元资金的目标，认为不存在2013～2020年资金空当问题，强调出资国有权自主决定资金来源和出资方式；认为私营部门是长期资金的重要来源，要求各方采取行动为养老、主权财富和保险基金等私营部门在发展中国家进入减排领域进行投资创造条件，同时要求发展中国家改进监管政策和投资环境，以降低私营部门投资风险，提出各方应对"发展中国家未来出资能力"进行认真考虑，强调航空、航海税等"创新资金来源"。发展中国家强调长期资金应以公共部门资金为主，发达国家应根据经评估的发展中国家应对气候变化的需求提供"可增加的、新的、额外的、可预测的和充足的"资金，形成发达国家之间的出资分摊机制，确保出资额到 2020 年达到附件 I 国家国内生产总值（Gross Domestic Product，GDP）的一定比例；发达国家应吸取快速启动资金的经验教训，提高长期资金透明度，并避免 2013~2020 年出现资金空当。

德班会议决议强调了 2012 年后发展中国家提供资金的重要性；要求发展中国家继续提高快速启动资金实施情况报告的透明性；同意制定长期资金工作计划，在 2012 年通过专门工作计划和技术研讨会，吸取气候变化融资高级咨询小组（High-Level Advisory Group on Climate Change Financing，AGF）和二十国集团（Group of 20，G20）相关报告、快速启动资金落实的经验教训，研究发展中国家获得的多样化资金来源和发展中国家的资金需求，并将研究结果提交第十次缔约方大会。很多人默认资金来源问题的潜规则为"谁出钱，谁说了算"，很多出钱的人凑在一起，那就是谁出钱多谁说了算。发达国家不会去想现在出资是在对发展中国家偿还过去欠下的环境破坏、发展污染和侵占发展空间债，而是认为这是一种慈善，欧美经济好的时候，可以慈善的大度、宽松些，经济萧条了、遇到欧债危机了，慈善就仅仅剩下态度了。发展中国家要求发达国家为其抗击气候变化的活动出资抵债，局限于目前的发展阶段无奈也是理足而力亏。越是这个时候，全体发展中国家的政治大团结就越发重要。

3. 常设委员会的作用

发展中国家希望通过设立资金机制常设委员会监督发达国家履行出资义务，发达国家坚决反对常设委员会对其形成任何约束。发展中国家提出常设委员会作为公约附属机构要直接向缔约方大会报告；通过开展独立评估报告等形式协助缔约方大会对公约资金机制进行监管，主要功能包括协调公约内外资金渠道、完善公约资金机制、"衡量、报告、核查"向发展中国家提供的资金支持等；委员会成员来自联合国各大区及小岛屿国和最不发达国家；委员会任期没有限制。发达国家提出常设委员会仅为咨询性质机构并向公约附属履行机构报告；委员会工作以研究为主，同时不具政治约束力；委员会成员除发展中国家和发达国家代表外，还应包括公民社会和私营部门代表；委员会初始运营期到 2015 年，届时由缔约方大会对其功能进行评估并决定是否延期。

德班会议上由于两大阵营都希望公约资金机制建设能有所进展，均在此问题上显示了一定灵活性并作出让步。会议最后通过了关于常设委员会的决定，就功能和其与缔约方大会关系等作出明确规定，包括直接向缔约方大会报告并为缔约

方大会提出建议；协助缔约方大会对公约资金机制进行协调与完善，动员资金，以及"衡量、报告、核查"向发展中国家提供的资金支持；就具体活动作出工作规划报第十八届缔约方大会进行审批等。

三 国际政治经济形势对谈判局势与国际与国内履约资金的影响

资金机制问题无外乎是谁出钱，从哪里出钱，通过什么形式分钱，钱怎么用的问题。2009～2011年，随着绿色气候基金的建立、常设委员会的形成、短期和长期资金承诺的兑现等，今后几年公约资金机制框架或将经历重要调整。这种谈判局势的变化和资金机制的调整是国际政治经济形势的直接反映。

从当前政治经济形势变化来看，发达国家经济复苏乏力，发展中大国经济增长强劲，从客观上进一步强化了发达国家借助贷款、市场、私营及其他创新资金履行公约出资承诺的决心。美国经济困难重重且大选在即，经济复苏乏力，真正掌控职权的国会缺少拿出公共财政资金的政治意愿；欧洲主权债务危机愈演愈烈，履行供资责任希望渺茫；日本经济陷入负增长，又遭遇地震、海啸与核辐射威胁，出资无望。在经济陷入持续困境的环境下，发达国家拿出公共财政预算资金帮助发展中国家应对气候变化的政治意愿大大降低，必将竭力逃避出资责任，寻求有利于自身发展的资金渠道。如，发达国家阵营宣扬创新融资机制，鼓励市场机制措施筹集资金，这既可将经济发展势头强劲的发展中国家纳入出资范围，也可在减少出资义务的同时树立国际形象，还可掌握国际碳市场的主导权。

反观中国，随着2010年中国GDP总量超过日本成为世界第二、温室气体年度排放总量成为世界第一，国际社会对我"发展中国家"属性的质疑声甚嚣尘上。中国被归入"主要排放国""新兴经济体""发达的发展中国家"行列，要求中国为全球气候变化出资的声音渐高。在国内，党的"十七大"提出到2020年实现人均GDP比2000年翻两番的奋斗目标，这意味着无论按照联合国、世界银行或者经合组织的标准，中国都可能在2020年接近或超过中等收入国家水平。虽然目前中国的发展中国家属性并未改变，促进发展、消除贫困、改善民生依然是中国的首要任务，但随着综合国力的增强，在不远的将来中国从发展中国家"毕业"将是必然，从获资到出资的角色转换也只是时间问题。

对于中国来讲，正视自己的发展阶段与国家定位，处理好环境保护与发展的关系是应对目前气候变化资金谈判的关键。中国仍是发展中国家，最需要解决的问题仍是消除贫困和社会发展。因此，坚持我发展中国家的定位，坚持公约"共同但有区别的责任原则"，以基础四国为依托，紧密团结广大发展中国家，战略性、前瞻性地参与资金议题谈判，维护自身发展空间权利是关键。对于国际社会提出的新兴发展中国家应出资的问题，应做好增信释疑和宣传解释工作，营造有利于我们的谈判环境和氛围，维护我国负责任、有担当的发展中大国形象。如国内推动温室气体减排消耗资金、南南合作资金、我国对联合国赠款及为其他发展中国家针对气候变化履约提供的资金、技术支持等。

在对此情况有充分认识的基础上，我们可以判断随着国际政治经济形势的变化，以下三个方面将是2012年后气候变化资金机制谈判的重要博弈之处。一是各国在绿色气候基金董事会中如何占据有利地位并发挥作用。对中国而言，如何在董事会行使决策权的同时处理好国际对中国预期和中国现阶段的定位，如何通过参与绿色气候基金治理、资金机制常设委员会，增信释疑，助力中国更好地利用后发展机遇期，为国内发展创造更大发展空间是关键。二是国内气候变化融资相关的研究发展进程与国际履约资金来源与途径研究的同步。气候融资问题实质上与国内各行业发展、国际公约履约、国家绿色和可持续发展均息息相关，国内气候融资相关研究的大发展将以内促外，影响公约谈判。三是如何处理和定位中国等"基础四国"与欧美、最不发达国家、小岛屿国家的关系。2009年以来，气候谈判中各利益集团的立场及其之间的角力关系不断变化，随着中国经济的跃升，中国如何定位自身？如何化解来自发展中国家内部、外部的质疑与刁难将至关重要。

四 德班会议以来资金机制谈判中的焦点问题

（一）航空航海税收等创新资金来源

德班气候变化大会上，欧盟联合最不发达国家、小岛屿国家，力推航空航海税作为应对气候变化长期资金来源之一。将航空航海收益作为应对气候变化创新性资金来源引起了国际社会的广泛关注和讨论。此外，国际民航组织（International

Civil Aviation Organization ， ICAO） 和国际海事组织（International Maritime Organization ， IMO） 也在极力推进解决市场机制问题，这对公约下的资金机制谈判施加了影响。创新资金来源问题从哥本哈根会议后即越谈越热。发达国家认为这是规避自身出资责任的一剂良方，先后推动货币基金组织等深具国际影响力的组织和机构出台相关报告，从科学理论和实践操作上为航空航海领域税成为应对气候变化资金渠道奠定基础。最近，欧盟不顾其他国家强烈反对，单方面将航空业纳入其排放贸易体系，进一步对联合国下的气候变化资金机制的多边谈判形成了挑战。

ICAO 已将市场手段纳入行业减排的手段之一。早在 2001 年，ICAO 就已经开始了相关探索，认为从长远角度讲，开放的排放贸易体系是航空领域减排二氧化碳的有效手段。自此，ICAO 先后对该体系的指导原则、建立开放系统的结构和法律基础、报告、监测、遵约的制度等问题作了深入探讨。在 2010 年举行的 ICAO 第 37 届大会上，由于各缔约国意见存在巨大差距，市场化机制问题停留在"可行性"研究阶段，仅就原则问题达成一致意见。第 37 届大会后，在发达国家的推动下，ICAO 明显加快了其市场化机制的研究和推进工作。针对目前欧盟单方面将航空纳入排放交易体系的情况，2012 年 2 月，30 多个国家在莫斯科召开会议讨论针对欧盟的应对措施，并发表了由 29 个国家联合签署的反对欧盟的一揽子"报复性"方案的联合声明。从目前的形势分析，欧盟有可能迫于外部强大的压力寻求有条件的退让。预计未来 3 ~ 5 年内，国际航空减排市场化机制的谈判仍是气候谈判的焦点。

AGF 提交的最终报告的国际交通收益部分认为国际运输碳排放定价可以撬动大量公共资金支持发展中国家应对气候行动。以航海领域为例，假设 2020 年排放量达到 0.9 ~ 1Gt，那么在一吨二氧化碳的碳价格在 25 美元时，通过排放交易或者碳税政策后在航海领域可以得到的资金收益为 225 亿 ~ 250 亿美元。扣除 30% 对发展中国家进行补偿，其余资金的 25% ~ 50% 即 40 亿 ~ 90 亿美元可以用作气候融资。同理推测，航空领域可有 20 亿 ~ 30 亿美元用作气候融资。2011 年 10 月，国际货币基金组织和世界银行应 G20 要求共同提交了在国际航空航海领域实施碳税及碳交易市场化手段融资潜力的研究报告。该报告在气候融资的潜力和环境收益方面认为，国际航空和航海领域的市场化手段是气候融资的创新资金渠道。至 2020 年，如果在全球范围对上述领域征收每吨二氧化碳 25 美元的碳排放费用，航空航海领域可以分别筹集资金 120 亿美元和 260 亿美元，每个行业可以通过抑制燃油需求而减排 5% 的温室气体排放。扣除对发展中国家 40% 的补偿，可以剩下约 230 亿美元用于气候融资。报告还认为，从环境角度考虑，市场化手段是最好的融资工具。航空航海领域的市场化手段设计原理也与其他行业类似。为避免行业影响，航空航海领域最好建立共同的收费系统。

综合公约资金机制谈判进程及相关行业谈判与国际机构研究报告可看出，公约外谈判与研究将有可能预设公约资金机制谈判结果，影响气候变化资金机制谈判进程，航空航海领域市场手段作为应对气候变化"创新性资金来源"的整体趋势难以避免。在欧盟等发达国家的竭力推动下，IMO 和 ICAO 已为进一步开展航空航海领域的市场机制谈判扫清了障碍，奠定了基础。这对公约下的资金机制谈判形成倒逼趋势，最终可能将航空航海市场手段作为应对气候变化资金的来源。同时，航空航海业的做法也极易被其他行业效仿。在公约多边机制谈判进展缓慢，"创新性资金"屡次受阻的情况下，发达国家转嫁出资责任，在树立形象的同时企图以行业为突破，引导公约资金机制谈判进程。

（二）2013～2020 年资金空当期

《哥本哈根协议》与《坎昆协议》中就 2010～2012 年、2020 年后的资金规模均作出了规定，而 2013 至 2020 年期间发达国家应向发展中国家提供履约资金的规模在任何谈判案文中均未涉及。这个资金空当期问题在 2010 年的资金谈判中引起各方关注，并随着谈判的进行，成为焦点问题。发展中国家督促发达国家制定达到 1000 亿美元长期资金目标的具体措施和逐步提高资金规模的路线图，确保 2013～2020 年没有资金空当，在多哈缔约方会议期间至少就 2013～2015 年出资作出具体承诺。发达国家认为不存在 2013～2020 年资金空当问题，但表示愿与发展中国家就如何确保 2012 年后不断提高资金水平进行探讨。表示《坎昆协议》已明确了到 2020 年每年动员 1000 亿美元资金的目标，认为出资国有权自主决定资金来源和出资方式；表示私营部门是长期资金的重要来源，要求各方采取行动为养老、主权财富和保险基金等私营部门在发展中国家开展减排领域投资创造条件，同时要求发展中国家改进监管政策和投资环境，以降低私营部门投资风险。

（三）快速启动资金

《哥本哈根协议》提出在 2010～2012 年，发达国家要投入 300 亿美元新的、额外的快速启动资金，2020 年要达到每年一千亿美元的气候变化资金投入，2010 年这一承诺原本地反映到了《坎昆协议》中，使上述两个目标成为公约谈判的正式内容和成果。这是发达国家首次在资金总量的问题上有了比较明确的表述。发达国家如何落实 300 亿美元快速启动资金，各国是怎样的分摊比例，如何确保资金的及时有效到位并确定资金的管理和使用操作方法，成为发展中国家检验发达国家是否具有出资意愿的试金石。2012 年多哈会议后，300 亿美元快速启动资金时限即将结束，作为《哥本哈根协议》中量化、可核查的要素，越来越引起国际社会的广泛关注。

根据公约秘书处资金网站信息①，澳大利亚、加拿大、欧盟、冰岛、日本、列支敦士登、新西兰、挪威、瑞士、美国等国家和地区向公约秘书处提交了 300 亿美元快速启动资金的落实情况。根据计算，其主要通过官方发展援助、其他官方渠道（如与私人部门合作）和本国企业在发展中国家开发清洁能源技术行动等供资途径共作出的资金承诺约为 294 亿美元。而世界发展行动机构的报告指出 300 亿美元快速启动资金中仅 13% 已落实；其中仅 7% 的资金，即 22 亿美元额外于现有多双边援助渠道②。按照目前发达国家已作出安排的资金来计算，42% 将通过世界银行实现，47% 将通过贷款项目实现。世界资源研究所研究报告也表明大部分快速启动资金将通过现有官方发展援助及多双边资金渠道实现③。这些资金承诺中很大部分并不符合公约对资金性质"新的、额外的"要求，多为重新贴上气候标签的官方发展援助资金，甚至是帮助自己国家企业发展清洁技术的资金。如日本的 150 亿美元承诺中，72 亿美元为官方发展援助，78 亿美元为与私营部门联合投入的资金。其中大部分资金来自日本发起的运行期间为 2008 ~ 2012 年的"冷却地球伙伴计划"。又如，美国的 17 亿美元快速启动资金包括 13 亿美元的国会拨款援助和 4 亿美元的发展融资和出口信贷，其在八国集团下用于食品安全的承诺资金也重复计算在快速启动资金中④。再如，欧盟承诺的 72 亿

---

① http：//www.faststartfinance.org/.

② *A Long Way to Go*, World Development Movement, 2010, Sep.

③ Athena Ballesteros, Summary of Developed Country Fast-Start Climate Finance Pledges, World Resources Institute, 2010, Nov.

④ Fast Start Financing, Meeting the U. S. Commitment to the Copenhagen Accord, U. S. Climte Funding infy 2010.

欧元中的大部分会通过现有金融机构兑现。这笔资金中73%为捐赠，27%为优惠贷款，并非无偿援助①。

目前对快速启动资金是否落实的争议主要源于三个方面：第一，各国的报告内容、形式和统计口径均不一致。发达国家称快速启动资金是发达国家的集体承诺，需要出资国作为整体予以落实，但在发达国家公布的出资报告中，报告内容、形式和统计口径均存在差异，给整体统计发达国家的出资承诺造成了困难。例如，在时间的统计上，美国、澳大利亚等国家是以财年计，而日本、新西兰、瑞士等国家的报告则以自然年计。第二，发达国家提供的资金不具额外性。按照公约规定，发达国家应向发展中国家提供"新的、额外的、充足的、可预期的、可持续的"资金支持。但是在发达国家提供的资金落实情况报告中，或将原来的发展援助资金改帖气候标签，"计算"出快速启动资金；或将违反公约与议定书"共同但有区别责任"原则的私人部门通过市场运作的投资、本国购买清洁发展机制项目用以抵消本国碳排放限额的资金，算在快速启动资金内。发达国家认为国内公共财政资金阻力大，难筹集，希望通过国际公共资金渠道将发展中国家纳入供资体系中，迫使发展中国家承担气候变化减排成本。目前热议的五种创新来源：碳税、碳市场交易、新的额外的官方发展援助（ODA）、金融交易税和特别提款权、航空航海税收中，前三种主要针对发达国家的国内税收和财政支出，两种税收机制与发展中国家紧密相关。无论哪一种均在实际操作过程中很难将发达国家和发展中国家出资清楚地区分开来。第三，资金的落实情况缺乏透明度。发达国家提供的资金落实报告存在数据模糊、渠道不清等问题，使得发达国家声称的援助情况与发展中国家接受的实际情况存在差距。例如，澳大利亚列出的"国际气候变化适应行动"项目，2008~2009年该项目的规模为1.5亿美元。2010~2011年追加项目投资1.78亿美元。上述时间和金额数据与澳大利亚将该项目作为快速启动资金列出的2.62亿美元并不匹配。

2012年的谈判，发展中国家更多关注的是如何很好地总结快速启动资金落实过程中的经验、资金落实情况的透明度，并对这部分资金进行"衡量、报告、核查"，毕竟这是有发达国家第一次在公约下对设置了具体筹资规模的履行供资

---

① Climate Action Network Europe. EU Faststart Finance-interim Report June, 2010, June, http://www.climnet.org/component/docman/cat_view/321-external-documents.html.

义务的实践，若含混而过，则今后 2020 年后长期资金的落实、未来气候融资的供给模式都会受到影响。发达国家当然希望过去就不再提，利用各利益集团对公约规定的"新的、额外的"资金定义缺少共识、而无法简单计算快速启动资金承诺是否在真正意义上被发达国家承诺或兑现的事实，继续在公约资金谈判中"打太极"，既可回应主要发展中国家自愿减排、积极推动谈判进程的积极行动，又可摆出积极负责任的态度掣肘发展中大国。

五　展望多哈会议——气候资金治理新篇章

（一）绿色气候基金董事会运行

目前，绿色气候基金的董事会尚未形成，东道国尚未选出，本应在 2012 年 3 月召开的第一次董事会已推迟到 6 月底。基金能否在多哈大会前有所进展、开始运行还有待观察。目前，德国、韩国、瑞士、南非、墨西哥均有意竞选基金东道国。绿色气候基金董事会共设 24 名成员，其中 12 名来自发达国家，12 名来自发展中国家。每名董事配备 1 名副董事，副董事通过董事参加董事会议，无投票权。发展中国家董事会成员来自相关联合国地区组、小岛国和最不发达国家。目前各地区组和选区正就董事会成员事宜进行磋商，而中国所在的亚太区的董事席位选举工作至今尚未敲定。中国、韩国、印度尼西亚、菲律宾、巴基斯坦、印度、沙特七国最终竞选绿色气候基金董事会亚太区发展中国家的 3 个名额。

发展中国家普遍希望将绿色气候基金作为发达国家兑现气候变化资金承诺的主要机制，希望发达国家通过基金向发展中国家提供切实、有效的资金支持。发达国家至今不愿谈基金资金，希望全面掌控基金未来发展方向。基金能否发展成为未来主导性的气候资金机制，尚未可知。多哈大会上，绿色气候基金董事会对缔约方大会的报告必将成为重头戏之一。

（二）巴厘授权长期特设工作组资金议题收尾

按照德班决议，公约长期合作行动特设工作组将延期一年在多哈完成巴厘行动计划授权。2012 年 5 月在波恩召开了会议，各方对以何种形式、如何收尾存在争议。发展中国家认为只有在全面落实巴厘行动计划以后，方可结束工作组工作，发达国家认为没必要按照巴厘授权各要素开展收尾工作，应体现坎昆和德班谈判成果，侧重于如何落实具体问题。对于资金问题，绿色气候基金的建立、快速启动资金的落实、长期资金目标的确立、常设委员会的成立等均为 2008 年后巴厘授权长期特设工作组谈判的亮点，但如何体现未完成事项，如解决 2013 ~ 2020 年资金空当期，对资金支持（特别是快速启动资金落实情况）的测量、监督、核查，资金支持与适应、减缓、能力建设、技术发展与转让之间的联系情况等均将成为多哈会议资金谈判的难点。

（三）德班平台与未来履约资金机制

2011 年底的德班会议决定建立德班平台特设工作组，以期在 2015 年达成全球温室气体减排的"议定书""法律文书"或"具有法律效力的协议"。德班平台特设工作组的建立，首次把主要温室气体排放国置于单一法律框架下，是国际气候变化谈判新的开端。但各方对德班平台特设工作的授权各有解读，2012 年 6 月波恩会议上围绕日程如何设定展开激烈辩论。大部分发展中国家认为工作规划的制定应以全面实施德班决议为原则，充分考虑与现有两工作组的衔接并处理好工作组谈判结束后的遗留问题，应包含减缓、适应、资金、技术、能力建设等巴厘路线图谈判的要求。

至此，德班平台的具体技术谈判正式拉幕。而德班平台中资金问题目标如何确定，德班平台资金部分如何拿捏设计，巴厘授权资金未完成部分如何体现，德班平台与公约资金规定内容如何平衡将是关键。

Gr.5

碳排放权交易的国际经验比较

胡 敏　陈灵艳　刘 爽*

摘 要： 中国正在鼓励更多地利用市场长效机制促进节能和温室气体减排，开展碳排放权总量和交易试点（以下简称碳交易）是其中的主要内容。为设计有中国特色并行之有效的机制，本报告试图选取几个重点问题，比较其他先行国家的经验，尤其是教训和决策过程，并根据国情提出简单的启示。

关键词： 碳排放权交易　总量目标　国际经验

排放权交易的理论基础可以追溯到科斯关于外部性社会成本的论述（Coase，1960）。之后美国经济学家 Crocker 正式提出了总量控制与交易的概念，认为利用市场配置资源可以用最小社会成本实现污染物减排目标（Crocker，1966）。对这一理论的最初实践是美国的"酸雨计划"，1990 年修正的《清洁空气法案》确定了二氧化硫交易机制的法律地位。之后《京都议定书》下的清洁发展机制和欧盟碳交易机制都是对此理论的实践。

碳排放权交易的最终目标是减少排放、降低减排成本，其设计也应完全围绕这一定位，限制碳补偿的比例。碳交易提供了敦促排放主体采取更积极的减排措施的基础性机制，但也只是为实现减排目标的诸多努力之一，与此相对的法律、法规、标准、命令等行政手段，仍然是减排的基础手段，其他财税政策也会发挥很大作用。即将在 2013 年开始实施的美国加利福尼亚州的碳排放权交易机制是其"应对气候行动"的一个组成部分，而超过 75% 的减排量依靠延续和加严交通、建筑、可再生能源等行业的法律和标准等实现[1]。

---

* 胡敏，能源基金会中国可持续能源项目低碳发展之路项目主任；陈灵艳，能源基金会中国可持续能源项目低碳发展之路项目经理；刘爽，能源基金会中国可持续能源项目低碳发展之路项目协调员。

[1] Assembly Bill 32：Global Warming Solutions Act，http：//www. arb. ca. gov/cc/ab32/ab32. htm.

碳交易机制的建立没有可以照搬的最佳规则，不同地区机制的形成背景和所要解决的首要问题各有不同；中国未来的机制也一定会是基于国情、融会各种机制特点的新模式。中国面临的问题是在"十一五"期末出现了不少"限产"和"限电"的现象，实现能效目标的社会成本过高，试行市场手段的呼声由此而生。如何建立长效机制，引导企业实施稳定、可持续的减排行为并能够分担"被考核者"的压力就显得尤为重要。

　　建立碳交易机制重要的是在实践中学习，尽快从简单易行的机制开始，制定阶段性目标，发现问题并不断改善。同时监管者也需要给机制的试点和实践充分的时间和空间；阶段性目标可能仅仅是建立排放汇报体系和数据基础，而不应完全以交易效果论成败。

　　以碳交易为核心内容的市场机制即使不是节能减排的首要手段，也值得在中国不断推进，因为它将至少有助于推动建立温室气体的综合监管机制，从而保障实现总体减排目标。实践表明，推进市场机制有助于加强减排或增量总量目标制定的确定性和科学性，特别是针对特定地区或行业的目标；建立系统化和较为透明的碳排放检测、报告和核查制度，提高企业及其他参与方的排放监测能力；普及应对气候变化和控制温室气体排放的知识、信息和技术等；为发展能效和可再生能源项目所需资金拓展筹资渠道；有助于节能减排咨询服务行业的发展，推动绿色就业。下文针对碳交易制度中的重要设计要素，结合国际上已有的实践进行阐述。

一　总量目标的设定

　　在碳交易机制下，总量目标是由许多因素决定的，这包括（但不限于）：总体减排目标，预计的照常排放情景等。总量目标是碳交易的"灵魂"。因为碳交易的初衷是实现减排的目标，如果没有总量目标的限制，就不会有后续的"交易"。因此碳交易的设计，需要总量目标先行。这个目标会决定整个制度能够实现的减排效果。同时，总量目标还决定了市场上所有配额的总供给，因为供给的高低会对最终配额交易的价格产生影响，它也会间接影响到企业减排的积极性。

　　已有的大部分国际经验都验证了总量目标的重要性。例如，EU ETS 第二期平均每年的配额总量为 20.86 亿吨[①]。但 EU ETS 2009 年实际的总排放量仅为 18.73 亿吨[②]，远低于总量目标。这也导致了 EU ETS 的配额价格从 2008 年的约 25 欧元/吨，一路下滑到 13~16 欧元/吨。

这种不够严格的总量目标不会对实际排放起到限制性的作用。同时因为配额发放量大于实际需要量产生的配额过剩，会使配额交易价格降低，无法为企业提供更多的减排的经济激励。

同样，如图 1、表 1 所示，RGGI 下，经济衰退和天然气价格下降等因素导致实际排放严重下降，远低于设定的总量目标[③]。

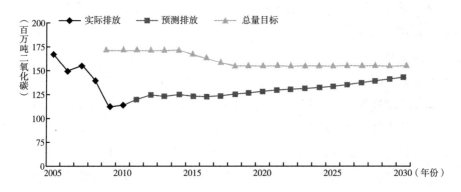

图 1 RGGI 的总量目标与实际排放

资料来源：RGGI Reference Case Results and Assumptions，November 2010。

表 1 各不同机制总量目标的比较

机制	总体减排目标	阶段性碳交易总量目标	阶段性碳交易总量目标
EU ETS	2020 年比 1990 年下降 20%（相当于 2020 年比 2005 年下降 14%）	到 2012 年比 2005 年降低 6.5%（2008~2012）[①]	到 2020 年排放比 2005 年下降 21%（2013~2020）[①]
RGGI		到 2014 年保持 2009 年排放水平[②]	到 2018 年比 2015 年下降 10%（年平均 2.5%）[②]
东京交易体系	2020 年比 2000 年下降 25%[③]	2014 年比 2010 年下降 6%[③]	2019 年比 2015 年下降 17%[③]

---

① European Commission, 2009.

② European Commission, 2010, http：//europa. eu/rapid/pressReleasesAction. do？reference = IP/10/576.

③ Environment Northeast, 2011, May, "RGGI Emissions Trends".

续表

机制	总体减排目标	阶段性碳交易总量目标	阶段性碳交易总量目标
新西兰碳交易制度	到 2012 年降低至 1990 年水平（《京都议定书》目标）④	暂无	暂无
美国加州机制	到 2020 年降低至 1990 年水平（AB32 规定）		2020 年控制在 3.34 亿吨

注：① Pew Center. ② The RGGI CO2 Cap，http：//www. rggi. org/design/overview/cap. ③ Tokyo Metropolitan Government，"Tokyo Cap-and-Trade Program：Japan's First Mandatory Emissions Trading Scheme"，http：//www. kankyo. metro. tokyo. jp/en/attachement/Tokyo-cap_ and_ trade_ program-march_ 2010_ TMG. pdf，2010，May. ④ Ministry for the Environment, New Zealand, 2011.

资料来源：笔者根据各机制设计总结。

二　机制覆盖范围的设计

（一）覆盖行业的选择

首先，从一开始就设计并实施一个覆盖所有经济体的碳交易制度可能并不现实，而且碳交易只是控制温室气体排放所有手段中的一小部分，应根据不同行业的性质，综合考虑多种的减排工具。在碳交易的初始阶段，可以先选定一个或者几个较合适的行业开始实践，之后根据情况可以进一步覆盖更多的行业。在选择哪些行业应该被纳入碳交易时，大多数现行机制在设计时考虑了行业的碳排放强度和减排潜力。如果希望通过碳交易明显降低整个经济体的碳排放量，则需要覆盖那些碳排放强度较高，相应的减排潜力也较大的行业，如电力、工业等能源密集型产业。其次，行业面临的国际竞争压力。碳交易制度不可能独立于其他政策而孤立存在，考虑到将行业纳入交易制度会带来企业负担的增加，大多数政策制定者会从面临国际竞争压力比较小的行业开始实践碳交易制度。此外，行业的减排成本。同样出于企业和整个经济负担的考虑，碳交易倾向于从一些减排较为容易的行业开始，逐步扩展到减排成本相对较高的行业。最后，行业实施碳排放交易机制的行政成本，如 MRV、企业数量等。

在设计覆盖范围时，各国各地区的机制设计者对这些因素给予的权重不同，表 2 对各个机制覆盖的范围及上述因素的考虑进行了简要的总结：

表2 各交易机制覆盖范围及设定依据比较

不同制度		覆盖行业	减排潜力	国际竞争压力	减排成本	行政成本
EU ETS	第一期 第二期	电厂、炼油厂、焦炭、钢铁、水泥、玻璃、石灰石、纸浆、造纸、板材、石灰等行业的二氧化碳排放	排放量占到欧盟二氧化碳排放的50%，温室气体排放总量的40%	面临国际竞争压力最小的电力行业承担了所有的总量减排目标，其他行业按照基准排放总量比照准排放	电力行业可以相对当地将减排成本转移给其下游用户，可以分摊成本	共有约1110个企业参与。为降低行政成本，另设立了"准入门槛"（见下文）
	第三期	额外增加石化、制铝、制氨的二氧化碳排放，以及一些行业的 N_2O 排放；航空业排放	航空业占欧盟温室气体排放总量的3%，且增长迅速（自1990年至今已经翻了一番）。预计将会成为EU ETS下排放最大的行业，仅次于电力行业		航空业可以将增加的成本转移给消费者。但根据估计，即使是航空业将全部成本都转移给消费者，一个欧盟内航班平均价格只上涨1.8～9欧元	
东京交易机制		一定规模的建筑（商用及非商用建筑）和工厂	约占东京地区全部温室气体排放的40%	建筑业基本上没有国际竞争的威胁		共覆盖1100个建筑和200个工厂
新西兰碳排放权交易制度	自2008年1月起	森林	年吸纳二氧化碳2960万吨，相当于同年温室气体总排放的42%	较少国际竞争的威胁		
	自2010年7月起	工业、化石燃料发电、交通	占总排放的45%	有国际竞争威胁		
	自2015年1月起	农业	占总排放的47%	更大的国际竞争威胁		
RGGI		规模以上电厂	约等于参与的10个州总的温室气体排放的30%	基本上不面临国际竞争	可以向下游用户转移成本，即反映在电价当中	仅涉及该区域内200家电厂

资料来源：笔者根据各机制设计总结。

（二）参与企业的规模的设计

任何一种政策或机制的实行都存在着交易成本，一方面是政府执行的成本，另一方面是企业参与的成本。为了控制双方面的成本，在机制设计中可以考虑设定一个"准入门槛"。

在碳交易机制中，"准入门槛"通常是以企业的排放量来规定的，排放量达到一定规模以上的企业才可以参与交易。具体的形式可以体现为电厂的装机容量、工业企业的年能源消耗量等。一方面，政府避免了监管数量众多但排放不大的小型企业带来的成本；另一方面，小型企业也不需要为参与交易付出比大企业大得多的单位交易成本。限制参与企业的规模可以是一个经济有效的方法。

表3　各交易机制的规模限制

机　　制	规　模　限　制
EU ETS	年二氧化碳排放量大于 25000 吨的企业
东京交易机制	年能源消耗大于 1500 千升原油当量的建筑或企业
RGGI	装机容量超过 25 兆瓦的电厂
美国加州	年排放超过 25000 吨二氧化碳的企业，以及年排放超过 2500 吨二氧化碳装机容量大于 1 兆瓦的电厂（暂定）

资料来源：笔者根据各机制设计总结。

三　配额分配

（一）免费分配配额

在这种框架下，被碳排放权交易机制覆盖的企业无须购买与其排放量对应的配额，这些配额由政府按照一定的方法免费发放给需要的企业。EU ETS 二期，新西兰碳交易制度和东京碳交易体系等，都采用了免费分配的方法。

1. 按照历史排放分配

各个企业仅仅依照各自的历史排放获得配额。通常可以选定一个基准期，计

算基准期内若干年排放的平均值，作为分配的依据。

在 EU ETS 第一期，各成员国主要采取的分配方法就是按历史排放的分配法。这主要是因为历史排放法被认为是最简单易行的分配方法，而且时间紧迫。此外，考虑来自其他国家的竞争压力，历史排放法可以尽量降低给欧盟内部企业带来的负面影响。但随着机制的推进，单纯根据历史排放进行分配已经被逐步淘汰。

2. 按照历史产量或产能分配

与按历史排放相似，但指标换成了基准期内若干年的历史产量或产能的平均值。当没有固定的排放检测和统计体系时，这种方法可以用来代替历史排放法。特别是同类型企业生产活动比较相近时，根据产量分配更容易实施。但是按产量或产能分配时，在很多行业中，因为产品存在严重的差异性，很难收集有可比性的产量数据。而且，同按历史排放分配一样，因为配额与企业能效无关，按历史产量分配无法对企业节能产生正向激励。

在新西兰的排放交易体系中，工业领域的配额分配采取了企业的历史产量和未来产量相结合的方法。每个企业获得的配额由以下三个因素决定：①工业行为的能耗程度（LA，Level of Assistance）：分为高能耗 90% 和中能耗 60% 两档；②产品产量（PDCT，Amount of Prescribed Product）：企业可以提供其申请年上一年的产品产量用以得到临时配额，但最终配额的确定需要企业提供申请年当年的真实产品产量；③产品的分配基线（AB，Allocative Baseline）：相关规定中写明的产品的能耗，为固定值。

基本的计算公式是：

$$\text{某企业的配额量} = \text{工业行为能耗程度} \times \sum (\text{产品产量} \times \text{该产品分配基线})$$

这样允许企业用历史产量申请配额，再以当年产量最终确认的做法，为企业减轻了负担，降低了需要提前预估产量的工作量和不确定性。

3. 按照标杆能效分配

根据同类产品或同行业中能效比较高的水平设立一个"标杆"，根据各个企业的产量水平和标杆进行分配。"标杆"决定了企业能够获得的免费配额的最大值，如果企业生产需要排放更多的碳，则需要额外购买配额，或者提高能效降低排放。

常见的用于计算配额的公式为：

EU ETS 的各期都不同程度地采用了标杆能效分配的方法。在标杆的选择上，考虑到数据的可获得性，EU ETS 提供了三个标杆选项和相应的分配依据：产品标杆（以每单位产品的碳排放为单位）、热能标杆（以每单位热能消耗的碳排放为单位）以及燃料标杆（以每单位燃料消耗的碳排放为单位）。

在 EU ETS 的实践中，选取一定基准期内，同类产品生产中能效表现最佳的10%的平均值作为标杆（见图2 EU ETS 标杆分配）。

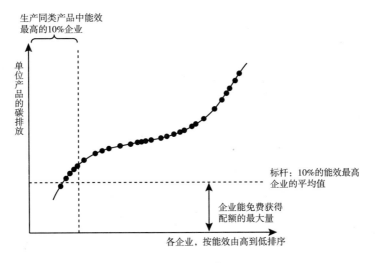

图2　EU ETS 标杆分配

资料来源：欧盟委员会，General Guidance to the Allocation Methodology。

标杆分配最明显的优势在于能够激励企业提高能效减少排放，企业为了获得更多的排放空间，会更有动力靠近标杆水平。但是，这一方法需要大量可靠的数据，这要求政府充分获得并分析各个行业或产品的数据，以计算出可靠的标杆。这中间包含了大量的人力成本，也需要很多的时间。特别是如果期望在较短的时间内出台碳交易制度，需要考虑是否能及时拿到数据，并作出计算。

现行的大多数碳交易机制，特别是在机制实行的初期，都采用了免费分配配额的方法。最大的优势就在于采用免费分配的方式，避免了拍卖配额给政府和参与企业带来的直观的成本。据英国政府估计，仅政府方面每组织一次排放需要的投入就在 15 万 ~ 25 万英镑①。

但是免费分配方式存在着明显的缺点：首先，它违反了"污染者付费"的基本原则。使得温室气体排放者免费获得了本应由他们支付获得的排放权利。这实际上将政府或公众所拥有的配额代表的资产，转移到了排放污染企业上。其次，无论是哪种分配依据，为了保证分配的合理性、公平性和有效性，都需要大量可靠的数据支持，甚至还需要若干年的历史数据进行比对参考。但如何获得并验证如此大规模的数据，是决定实施免费分配方法时必须考虑的问题。

（二）拍卖配额

拍卖被认为是比免费分配配额更有效的，而且不浪费公共资源的分配方式。首先，在拍卖的方式下，因为配额由出价最多的企业得到，所以拍卖已经可以反映企业的减排成本，可以替代免费分配下必须通过"二级市场"进行交易的过程。其次，通过拍卖获得的政府收入可以"回收"利用到能效和减碳项目上，是对公共资源合理有效利用。最后，对企业来说拍卖可以是一种更灵活获得配额的方式，企业只需要对自己的减排成本作出正确的估计，就可以自行出价以获得配额。

RGGI，是现有制度中最成功的使用拍卖分配配额的制度。在 RGGI 实施的前两年中，有大约 86% 的配额通过季度性的拍卖进行分配（RGGI，2011）。每季度 RGGI 会举行一次配额拍卖，对所有符合资格要求的参与者开放。每吨二氧化碳配额现在的拍卖底价为 1.93 美元。

拍卖规定每位参与者每次拍卖中最多不能购买超过当次所有拍卖配额的 25%，以避免恶意囤积。拍卖的具体形式为单一回合，密封投标，单一价格。所有投标者提交密封的标书，其中包含配额出价和数量的信息。

① United Kingdom. EU Emissions Trading Scheme Phase Ii（2008 – 2012），Auctioning Full Regulatory Impact Assessmen，February，2007. http：//www. decc. gov. uk/assets/decc/what% 20we% 20do/global% 20climate% 20change% 20and% 20energy/tackling% 20climate% 20change/emissions% 20trading/eu_ ets/publications/ria-auctioning. pdf.

独立市场监督公司 Potomac Economics 受聘于 RGGI 并对其拍卖环节进行监督。这包括：见证拍卖过程避免违反竞争规定的出标、确保拍卖流程合规，并为各州的管理部门关于拍卖的改进给与建议。

四　数据的监测、报告和核查（MRV）

无论是哪一种碳交易机制，其对排放数据和可交易的配额的界定都离不开"监测—报告—核查"这样一个循环。通常是参与交易的企业负责监测其碳排放，并向监管者报告结果，同时监测结果还必须经过第三方验证机构的核实。图3 展示了简化的测量、报告和核实过程。每一个机制的设计中都会包含详尽的对于监测、报告和核实的要求，而且这些规定会被进一步修订，以反映在实践中出现的实际情况和问题。

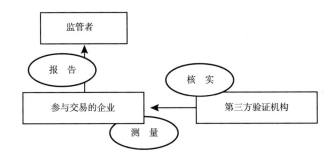

图3　测量、报告和核实

（一）监测的设计

所有的碳交易制度都要求参与的企业对其自己的碳排放进行详细而真实的监测。

碳交易制度中常用的两种监测方法是通过计算得出企业的排放量，以及通过实地实时监测获得企业的排放量。

1. 计算得出的排放量

所谓计算得出的排放量，就是根据企业的生产活动情况、能源使用情况、原材料的碳排放因子、能源消耗的碳排放因子等诸多参数，间接计算得出企业碳排

放量。例如，欧盟、美国加州以及日本东京的碳交易制度都大部分采取了计算得出排放量的方法。与实时监测排放的方法相比，计算法的好处在于成本较为低廉，而且准确度较高（Philipsen，2011）。

2. 实际监测排放量

实际监测排放量是指企业通过安装实时在线监测系统（CEMS）等技术手段，直接监测温室气体的排放量。其应用的成本较高（包括安装、维护和使用设备的巨大投入），而且监测精度与计算方法相比并不高。

例如在 EU ETS 下，除非企业能够证明通过实际监测能比计算获得更准确的数据，否则参与企业不会被允许使用实际检测法。在 EU ETS 第一期，只有20～30 个企业使用了实际检测的方法（Philpsen，2011）。

在 RGGI 下，因为覆盖的企业只包含电厂，排放性质较为一致，因此更多地采取了 CEMS 设备来监测排放。即使在使用实际监测法时，碳交易制度也对需要监测的参数作出了详尽的规定。例如在 RGGI 下，规定需要对二氧化碳浓度、烟气流速、氧气浓度、热值输入以及燃料流速等进行监测①。

（二）报告的设计

1. 需要报告的内容

绝大多数交易制度规定，企业不仅需要报告其排放"总数"；对于计算法，企业还需要详细报告所有计算中所用到的参数和计算方法；对于实际监测法，同样需要报告如二氧化碳浓度、烟气流速等监测的参数。

这样做的目的是提高数据的透明度，以利于通过核查确保企业排放总量的准确性和可信度。同样为了降低企业进行数据报告的成本，很多制度都尽可能对报告形式内容事先作了详尽的规定，企业从一开始就有标准可循。有些制度还提供了报告的电子模板（例如 EU ETS），提供统一的报告模式，提高了数据的一致性和处理的速度。

中国碳交易制度的数据报告可以在已有能源统计体系的基础上建立，如能源统计报表制度等。同时在一些方面作出改善，如要求企业不仅报告能源消费或者碳排

---

① RGGI，"Regional Greenhouse Gas Initiative Model Rule"，http：//www. rggi. org/docs/Model%20Rule%20Revised%2012. 31. 08. pdf，2008.

放总量，还需要提供详尽的关于如何计算和参数如何使用的说明等。

2. 报告的周期

所有的碳交易制度都明确规定参与交易的企业进行排放数据报告的周期。报告的周期越短即频率越高，监管机构能获得的数据越详细，越能更好地监测数据的准确性。但过高的频率既会增加企业的执行成本，也会增加政府收集处理数据的成本，给交易机制带来不必要的负担。因此，报告周期的设定需要在丰富数据和成本之间取得平衡。大多数交易制度规定（如 EU ETS 和 RGGI），企业需要每年向监管机构报告其碳排放。

（三）核查的设计

核查是指在企业监测其排放数据后，由合格的核查机构对其排放数据进行核查，保证数据的真实性。只有在经过核查后，企业的排放数据才会被监管机构接受。引入核查一机制的目的在于保证排放数据测量过程以及数据本身的可靠性和准确性。

1. 核查机构的选定

在现行的所有的碳交易机制中都有关于第三方核查机构的规定。总体来说，它们需要符合以下的两点条件：①有从事核查业务的资质；②必须是第三方独立机构，与交易企业和监管机构没有利益相关。但具体每一家企业选择哪一个核查机构由企业自己决定。

核查机构的资质都是由相关认证机构授予的。相关认证机构既可以是独立于碳排放权交易制度的专门认证机构（例如，英国 EU ETS 就是由英国认证服务部门 UK Accreditation Service 来认证），也可以是交易制度本身的监管机构或是由其制定的机构（例如，美国加州制度中就是由制度的执行办公室，即 Executive Officer，或其指定的机构负责授权给验证方）。

2. 核查机构的责任

核查机构主要的责任是根据碳交易制度监管机构设定的数据核实的要求，对参与交易制度的企业开展数据及数据获得过程的核查。不同的机构对验证机构扮演角色的具体规定或有不同，但验证机构在整个 MRV 体系中的责任大致包括：了解企业的生产及排放数据及信息，包括：生产排放活动、排放源、计数设备、氧化/转换因子等；了解企业的数据管理系统，分析并检查系统内数据质量；根

据企业活动的特性和复杂程度，决定合理的验证水平；分析数据的风险及不确定性；撰写核查计划，反映风险及不确定的分析以及企业活动的复杂情况；根据计划开展核查，包括：搜集数据、获取所有额外需要的信息和证据，并依据数据、证据和信息作出验证结论；检查数据的不确定性，确保其在规定允许的范围内；以及在形成最终核查报告之前，要求企业提供确实的信息，解释排放数据，或重新计算排放数据等。

从这一系列的责任可以看出，第三方核查方在碳排放权交易制度中的位置与中国现在的财会制度中的"审计"类似。都是对企业活动的真实性进行核查和评价的独立性监督活动。甚至在交易制度下设计核查方的核查工作时，可以参考财会制度中审计活动的引入。图 4 以 EU ETS 为例，阐述了完整的一次 MRV 的过程。

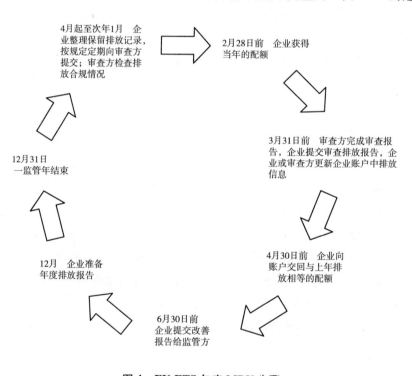

图 4　EU ETS 年度 MRV 步骤

资料来源：欧盟委员会气候行动署网站。

美国加州交易制度要求企业的核实遵循 3 年一次的循环。企业根据规定需要每一年或三年提交一次验证报告。核实工作开展的具体步骤如下：第一，第三方审查方提交一个"自审"报告，指出其自身、合作方及承包方有可能与被核实的企业存在的利益冲突相关。第二，执行办公室（ARB 或者由其指定负责数据报告及核实的机构）授权给审查方；第一年审查方开始制定审查计划，其中包括数据样本的记录和数据检查的程序。第三，审查方必须在第一年开展一次实地考察。这是为了保证所有的排放源都是准确的，而且数据管理系统已经到位。第四，如果需要每年提交一次验证报告，则审查方需要每年检查数据。否则审查只需要在 3 年结束的时候检查数据。第五，审查方撰写核查报告，内容需包括：审查计划、数据检查、样本步骤和结果发现。第六，审查方内部审阅核实报告。第七，企业可以选择在审查报告基础上修正数据后提交排放数据。最后的审查报告意见需要以修正后的排放数据为基础。第八，审查报告和意见需要在排放报告提交截止后 6 个月内提交。第九，企业需要至少每 6 年更换一次审查方，以避免企业与审查方之间可能因为长期合作出现的利益相关。以上为美国加州交易制度的一个审查流程。

（四）充分利用已有的 MRV 制度

为了让企业能够顺利地适应碳交易机制下的 MRV 要求，并避免为满足不同监管机制重复工作，在设计 MRV 时应该充分利用已有机制下的 MRV 工作。例如，现行的能源统计报表制度、重点用能单位能源利用状况报告、千家企业节能行动等制度中，对能源数据的收集、统计和汇报的经验，都可以在设计碳交易的 MRV 时加以利用。

在 RGGI 机制下，就充分利用了美国国家环境保护局（EPA）已有的对企业碳排放监控记录的数据库（Clear Air Markets Division，CAMD）。参与 RGGI 的企业的排放数据将自动从 CAMD 数据库转换到 RGGI COATS，即在 RGGI 机制下承担记录企业配额、排放、合规情况的平台。这样，企业和 RGGI 的监管机构都减轻了工作量，同时保证了可靠的排放数据。

五 市场主体和机构设计

明确需要参与碳交易的市场主体和机构，如参与交易的企业、监管部门和第三方等，同时确定他们各自的分工与职责是整个机制设计中非常重要的部分。明确且理顺他们之间的关系能够从一开始就尽可能地使各方面各司其职，并相互协调，避免各自责任不清而产生的矛盾。

（一）所需机构及各自职能

虽然不同交易制度对机构及其职能的规定各有不同，但所设置的主要机构大多一致（见图5）。尽管各个职能是拆分给不同机构的，但实际操作中为了精简机构和便于协调，有可能出现同一机构承担多个职能的情况。

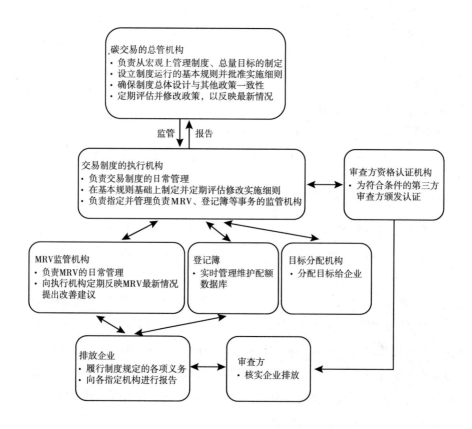

图5　市场主体与机构

（二）各个交易制度中的机构设置比较

表4列出了现有一些碳交易制度下的机构设置，仅作参考。必须注意因为各个国家地区已有的机构框架和职责不尽相同，所以在碳交易制度下的机构设置必须考虑本国或地区的实际情况开展。

表4 不同交易制度下的机构设置

	EU ETS	RGGI	美国加州
主管机构	欧盟委员会	参加的各州政府	加州政府
执行机构	欧盟气候行动署	成立了专门的非营利性公司 RGGI, Inc.	加州环保局下属大气资源委员会(ARB)
配额分配	第一期和第二期,由各成员国指定的 EU ETS 监管机构(通常为其环境、能源管理部门,或为 EU ETS 新成立的管理部门)负责。第三期起,拍卖部分可以由各成员国自行设立拍卖平台,或者参加统一的拍卖平台	州政府决定, RGGI, Inc. 执行拍卖	ARB组织拍卖配额
MRV 监管机构	由各个成员国自行决定,通常为其环境、能源管理部门,或为 EU ETS 新成立的管理部门	州政府管理,联邦政府提供数据, RGGI, Inc. 执行	根据加州气候变化法案 ARB 是强制温室气体排放报告系统的监管者
登记簿	第一期和第二期,每个成员国有各自的登记簿系统,通过欧盟层面的中央枢纽可以互通信息。从第三期起,统一成唯一的登记簿系统	使用 RGGI COATS 系统由 RGGI, Inc. 负责运行	使用西部气候协议(WCI)共同的注册系统,即 CITSS。该系统的运行由 WCIF 的专门成立的非营利机构 WCI, Inc. 负责
认证机构	各成员国自行决定认证机构	州政府和 RGGI, Inc.	ARB 或其指定第三方机构

资料来源：笔者根据各机制设计整理。

　　总而言之，因为各自面临的情况和需要解决的问题不同，各个国家或地区实施碳排放权交易的方式千差万别。中国要进行碳排放权交易的试点，也必然是要根据各试点省市的具体情况进行设计的。尽管如此，有一些保证碳交易成功的原则却是一致的，包括设定严格的总量目标、合理分配排放配额给参与的企业、建立透明的数据监测报告和核查系统以及充分协调各参与机构的工作，尽早开展能力建设等。

　　碳交易的设计不会是一个一蹴而就的过程，不可能出现一个一下子就"完美"的制度，而更多是先有一个较为合理的方案，开始实施，并在实践中发现问题，进行改进。很多问题不是坐而论道就能发现的，只有开始实施碳交易，有更多的参与者，特别是企业的参与，才可以发现真正的问题。

　　推行碳交易制度的好处，并不局限于制度本身实现的直接效果。碳交易带来的制度和能力上的改进也应该在评估时被考虑在内。比如，不同管理部门以及企

业的能力建设，数据管理制度的建立等。

　　尽管实施碳交易有诸多的好处，但它只是控制温室气体排放的诸多手段中的一个。需要综合运用其他已有的措施，如千家企业万家企业节能计划，可再生能源激励措施，并出台更多的包括财税政策在内的手段。这样才能更好地实现节能减排，完成"十二五"能耗和二氧化碳强度的强制性目标。

Ｇ.6
2012 年后欧盟碳交易政策的挑战

王 鑫　Thomas Spencer*

摘　要：本报告分析欧盟碳交易市场（EU ETS）近期面临的主要挑战以及主要解决的提议。过多的碳配额、当前的经济与债务危机以及 EU ETS 与可再生能源、能效等其他气候政策之间的协调不当是造成目前 EU ETS 过低碳价格的主要原因。欧盟目前急需一个可预期的、相对稳定的高碳价格来加强低碳投资力度并且稳固其气候变化领域的国际领导地位。目前正在讨论的解决办法主要以干涉碳价格或者配额数量为中心，并且各具优劣势。欧盟目前并未最终确定解决方案，但将碳配额暂时搁置一边（set-aside）的提议相对于其他方案的可行性更高。中国目前大力发展碳交易政策之际，欧盟在处理碳交易政策与整体经济发展和其他气候政策协调等方面的经验可以起到一定的借鉴作用。

关键词：EU ETS　碳交易　低碳投资　碳价格

相比于指令性政策，碳交易可以以较低成本完成减排目标，因此受到越来越多国家的关注，并准备以碳交易形式对温室气体的排放定价①。欧盟碳交易体系（European Union Emission Trading Scheme，简称 EU ETS）是目前最大、最完善的碳交易体系，并被欧盟视为其应对气候变化政策领域的旗舰政策。和其他碳交易机制相同，EU ETS 遵循着"边做边学"（Learning-by-doing）的原则，不断摸索

---

* 王鑫，法国可持续发展与国际关系研究所（巴黎政治学院）研究员，博士，研究领域为中欧低碳发展政策比较、能源与贸易等；Thomas Spencer，法国可持续发展与国际关系研究所（巴黎政治学院）研究员，研究领域为欧洲气候变化政策。

① Christina Hood（2010），"Reviewing Existing and Proposed Emissions Trading Systems"，*IEA Working Paper*，http：//www.iea.org/papers/2010/ets_paper2010.pdf.

提高政策的运行效率和成本有效性（cost-effectiveness）。EU ETS 目前定为三个阶段（Phase）运行：第一阶段（2005～2007 年）为期三年，作为试点阶段，以收集数据、完善交易机制与配套政策为主要目的，基本免费发放排放配额。第二阶段（2008～2012 年）与《京都议定书》附件 I 国家第一承诺期吻合。基于第一阶段的核实碳排放水平，欧盟委员会将第二阶段配额总量相对于 2005 年的水平减少6.5%，以便确保欧盟有效地完成其减排承诺。第三阶段（2013～2020 年）为期八年，计划通过更紧缩的配额政策确保长期稳定的碳价格，从而有效促进低碳领域投资，提高竞争力。基于对前期运行的观察研究，欧盟委员会于 2009 年 12 月决定从第三阶段起对 EU ETS 作一些必要的调整，包括排放上限、纳入的温室气体种类、配额分配方式以及交易注册等方面①。然而，在此决定作出之后，欧盟遭遇到严重的经济与债务危机②，部分政策焦点从气候变化向经济问题转移。同时，EU ETS 自身也面临与其他气候、能源政策协调不力以及长期政策稳定性与可预期性不足的质疑与挑战。EU ETS 当前的首要任务就是以相对稳定的高碳价格促进可持续低碳投资，带动低碳与绿色增长，同时巩固欧盟在全球气候变化领域的带头作用。目前，欧盟委员会已经于 7 月 25 日提交了一份修改 EU ETS 第三期配额拍卖时间表的提议③，并有望于年底前最终通过。EU ETS 的政策调整不仅会影响欧盟经济发展，同时会涉及今后气候变化谈判的走向问题，并对其他国家的低碳经济发展造成一定影响。因此，需要及时了解 EU ETS 的政策动态，加强互信与合作。

一　EU ETS 市场运行的问题与挑战

2012 年以来，EU ETS 的碳配额现货成交价格一直处于相对较低水平（6～8欧元/吨二氧化碳）④。欧盟委员会最初预期的 2020 年 EU ETS 碳价格情景在 39

---

① 具体内容参见 Directive 2009/29/EC，23 April 2009，http：//eur-lex. europa. eu/LexUriServ/LexUriServ. do? uri = CELEX：32009L0029：en：NOT。

② Thomas Spencer, Lucas Chancel, Emmanuel Guerin（2012），"Exiting the Crisis in the right direction：A sustainable and shared prosperity plan for Europe"，*IDDRI Working Paper*，09/2012.

③ 具体内容参见 http：//europa. eu/rapid/pressReleasesAction. do? reference = IP/12/850。

④ Bloomberg 数据库：http：//www. bloomberg. com/quote/EUETSSY1：IND/chart。

欧元/吨二氧化碳左右，而其近期的预测却大幅度下调到 17 ~ 25 欧元/吨二氧化碳。EU ETS 长期保持低碳价格水平对欧洲应对气候变化以及发展低碳经济会产生很多不良影响，这是目前欧洲绝大多数主流研究达成一致的共识[1]。在这些研究当中，剑桥大学的 Michael Grubb 教授[2]较全面地分析了 EU ETS 目前政策效果的不足。他将 EU ETS 的政策目标分为主要目标与次要目标两档，前者包括有效减排与促进低碳投资，后者包括增加（通过拍卖配额得到的）收入与促进全球气候变化谈判，并最终得出 EU ETS 目前并没有完成其预期目标的结论。

首先，EU ETS 在减排方面有一定的贡献，特别是促进了电力行业从高碳强度能源向低碳强度能源的发电投入转换，以及提高了水泥工业更低碳强度的生产工艺。然而经济危机以及与其他气候政策的协调不利等多重因素最终造成了 EU ETS 碳价格低迷的现状，与 EU ETS 通过强有力的碳价格信号与排放配额的稀缺性不断加强加快减排进度、为低碳投资提供杠杆作用的设计初衷背道而驰。特别值得注意的是，未来十年内欧盟的主要排放部门电力能源行业需要大范围的投资更新，总投资额在一万亿欧元左右。欧盟若想成功发展低碳经济，在很大程度上要减少能源行业的碳排放。当前的碳价格过低并且浮动较大，根本无法达到预期的可以有效提升投资者信心的 40 欧元/吨二氧化碳左右的水平[3]。在经济与债务危机的影响下，欧盟用于低碳投资领域的公共预算更是捉襟见肘，一个较高水平的稳定的碳价格无疑是有效促进低碳投资的重要（甚至是短期内的唯一）手段。

其次，现有过多的碳排放配额以及近期的经济不良走势都会影响 EU ETS 第三期的配额需求。从第三期开始大部分配额将以拍卖的形式有偿配发，会影响 EU ETS 通过拍卖配额而获得的收入预期。既影响了欧盟公共财政低碳投资的能力，又减少了欧盟国际气候谈判承诺的气候融资的来源。较低的碳价格减少了欧

① Thomas Spencer and Emmanuel Guerin（2012），Time to Reform the EU Emission Trading Scheme，*European Energy Review*，23 January 2012，http：//www. europeanenergyreview. eu/site/pagina. php? id = 3478.

② Michael Grubb（2012），Strengthening the EU ETS-Creating A Stable Platform for EU Energy Sector Investment，*Climate Strategies Report*，http：//www. climatestrategies. org/research/our-reports/category/60/343. html.

③ Ralf Martin，Mirabelle Muuls and Elrich Wagner（2011），Climate Change，Investment and Carbon Markets and Prices-Evidence from Manager Interviews，Climate Policy Initiative and Climate Strategies Report，http：//www. climatestrategies. org/component/reports/category/63/299. html.

盟对清洁发展机制减排配额的需求，致使后者价格近期一直保持在 5 欧元/吨二氧化碳的低水平，从而无法有效完成通过《京都议定书》的灵活机制之一的清洁发展机制支持发展中国家低碳项目投资与减排努力这一目标。这些在一定程度上影响着欧盟在全球气候变化谈判与合作领域的主导地位。

二　影响 EU ETS 的主要因素

除了经济债务危机这一外部因素对 EU ETS 碳配额需求减少从而造成低碳价格这一影响以外，欧盟近期可再生能源与能效等气候变化政策的推进都对 EU ETS 碳配额的需求造成了一定影响，从而产生了更多的多余碳配额，加速了 EU ETS 碳价格进一步下滑。本节具体分析影响 EU ETS 的主要因素。

（一）　能效、新能源政策对 EU ETS 的影响

欧盟于 2008 年 12 月通过了能源与气候政策一揽子法案（Energy and Climate Policy Package）并确立了三个"20"目标：第一，基于 1990 年水平，到 2020 年温室气体排放总量减少 20%，并且在达成全球性减排协议的基础上进一步将此目标提升到 30%（约束性目标）。这一减排目标被进一步分配到 EU ETS 涵盖的部门和其他部门。EU ETS 设定了到 2020 年相对 2005 减排 21% 的目标，涵盖主要规模以上工业与电力企业。非 EU ETS 部门主要涉及住房、交通、服务以及轻工业等。第二，可再生能源到 2020 年占全部能源消费的 20%（约束性目标）。该目标基于欧盟成员国的人均 GDP 设定每年 5% 的增速，各个成员国通过国家政策完成该目标[①]。第三，相对于预期的 2020 年一次能源消费水平减少 20%（非约束性目标）。目前欧盟基于该目标的指令包括建筑能效指令（Energy Performance of Buildings Directive，2010[②]）以及致力于逐步采用设备能效标准与标签的

---

① Energy Research Center of the Netherlands (2011), "Renewable Energy Projections as Published in the National Renewable Energy Action Plans of the European Member States：Covering all 27 EU Member States with updates for 20 Member States", http：//www. ecn. nl/docs/library/report/2010/e10069. pdf.

② Directive 2010/31/EU.

Ecodesign Directive①。欧盟目前正在制定能效指令（Energy Efficiency Directive），目的是加强各个能效政策间的协调与统筹发展②。

采纳一揽子政策对整合协调气候政策有一定的作用，其优势在于为排放问题以外的科技创新发展以及提高能效等问题提供不同的具体政策③，同时降低并分散部分政治影响力较大、受减排政策影响较多的工业部门的负面经济利益影响④。德国、丹麦等可再生能源产业发达的国家在欧盟可再生能源政策制定领域有着重要的决定性作用⑤。但是，一揽子政策的执行过程在经济危机背景下同样饱受争议⑥：EU ETS 的配额分发总量的决定先于能效与新能源政策，由于缺乏良好的政策间协调，一揽子政策中新能源与能效政策的不断更新严重影响了 EU ETS 市场中碳配额的需求，导致市场碳价格长期低迷，EU ETS 更有被新能源和能效政策取代领导地位的趋势，这是欧盟不愿看到的。

（二）欧盟长期气候政策对 EU ETS 的影响

缺少明确的长期气候政策也是 EU ETS 碳价格长期低迷与过度浮动的主要原因之一。清楚地认识到这一问题，欧盟首脑议会（the European Council of Heads of State）2009 年表达了到 2050 年减排 80% ~ 95% 的政治意愿⑦。2011 年，欧盟委员会就 2050 年低碳经济情景开展了两项重要的课题研究⑧，证明了在一定科技情景范围内实现低碳发展的可能性。一个稳定的可预期的长期气候政策框架无

---

① Directive 2009/125/EC.
② European Commission（2011），"Proposal for a Directive of the European Parliament and of the Council on Energy Efficiency and Repealing Directives 2004/8/EC and 2006/32/EC", COM（2011）370 final.
③ Christina Hood（2012），"Summing up the Parts: Combining Policy Instruments for Least-Cost Climate Mitigation Strategies", IEA Information Paper, http://www.iea.org/papers/2011/Summing_Up.pdf.
④ David Victor（2011），"Global Warming Gridlock: Creating More Effective Strategies for Protecting the Planet", Cambridge: Cambridge University Press.
⑤ Dieter Helm（2010），"Government Failure, Rent Seeking, and Capture: the design of Climate change policy", *Oxford Review of Economic Policy*, Vol. 26, No. 2: 182 - 196.
⑥ Dieter Helm（2009），"EU Climate Change Policy-a Critique", in Dieter Helm and Cameron Hepburn（eds），"The Economics and Politics of Climate Change", Oxford: Oxford University Press.
⑦ Council of the European Union（2009），Presidency Conclusions, 29/30 October 2009, §7.
⑧ European Commission（2011），"A Roadmap for Moving to A Competitive Low Carbon Economy in 2050", COM（2011）112/4; European Commission, "Energy Roadmap 2050", COM（2011）885/2.

疑会提升投资者信心，稳定较高水平的碳价格。然而，这一目标目前进展并不顺利。2050 年路线图在欧盟环境部长会议（European Council of Environmental Ministers）上经过了两次讨论，如果达成协议便可以对 2050 年路线图目标达成共识，从而为进一步讨论中期 2030 年政策打下良好基础。然而这一进程却两次被波兰单方面的反对搁置。原因很明显：波兰是欧盟成员国中碳强度最高的国家之一，而其人均 GDP 却低于欧盟平均水平的 37% 之多。波兰竭力反对 2050 年路线图，特别是路线图中包括的提高欧盟 2020 年减排目标一项。同时，波兰还强调需要基于达成全球协议和有效研究各个欧盟成员国减排成本的基础制定后 2020 年欧盟气候政策。由于波兰单方面的阻力，欧盟目前在确定气候变化中长期目标与政策方面进展甚微，这对 EU ETS 的长期稳定发展是非常不利的。

（三） 欧盟气候治理结构对 EU ETS 的影响

欧盟在制定气候政策中受到的阻碍很大程度和欧盟的气候治理（climate governance）以及其成员国广泛接受的成本分担（burden sharing）原则有关，EU ETS 今后的发展在很大程度上也决定于欧盟气候治理的加强与完善。

目前欧盟的法律地位并没有立法以及政治上认可的统一定义。欧盟成员国在一些问题上共同遵守同一法律以确保共同市场、统一货币等。但欧盟并没有统一的财政、国防以及外交政策。在气候与能源政策领域欧盟政策统一性同样存在模糊不清的情况。气候能源与环境领域是目前被欧盟和欧盟成员国"共享"的领域（shared competence）：该领域政策即可以在欧盟范围内开展，也可以在欧盟不涉及的以及欧盟决定不使用其权利的领域内以成员国为单位单独制定。比如，《里斯本条约》规定了欧盟共同的能源政策，但是它同样指出这些政策不能影响成员国制定其自身能源结构、开采等方面的政策（参见《里斯本条约》第 194 条）。这一含糊的权利范围界定也决定了欧盟的气候治理需要通过三方面进行[①]：第一，官方正式渠道（Community Method）一般通过欧盟委员会（European Commission）发起提议经欧盟理事会（European Council）和欧洲议会（European

---

① Andrew Jordan et al. (2010)， "Governing in the European Union: policy choices and governance dilemmas"，in Andrew Jordan et al. (eds)，*Climate Change Policy in the European Union: Confronting the Dilemmas of Mitigation and Adaptation*，Cambridge: Cambridge University Press.

Parliament）讨论最终制定气候政策。第二，政府间渠道通常由成员国首脑在欧盟正式框架范围外对某项议程达成共识，从而进一步确保官方程序的顺利进行。比如，德国总理默克尔与波兰总理图斯克（Tusk）2008 年的双边会务为最终达成气候与能源一揽子政策铺平了道路。第三，协调渠道（Coordination Method）通常在欧盟不具备直接政策制定权的领域内进行各成员国的协调工作。

欧盟气候政策的顺利推广同样离不开成本分担原则。前 EU15 成员国相比于东欧国家拥有更高的人均 GDP 和更低的能源强度①。气候与能源一揽子政策的成功实施在很大程度上归功于在不同成员国之间的成本分担，主要措施包括：第一，基于人均 GDP 分配的非 EU ETS 涵盖部门的减排目标以及可再生能源目标；第二，将 EU ETS 配额拍卖收入的 12% 基于人均 GDP 以各国基于 1990 年的减排情况返还②；第三，在不同成员国间交易可再生能源指标、非 EU ETS 部门减排指标以及使用清洁发展机制配额减排的选项。

欧盟的气候治理总体上分析是比较成功的。但是波兰在中长期气候政策的反对立场表明了欧盟需要更好的权衡成员国利益并加强协调。只有这样才能对 EU ETS 的中长期稳定运行提供充分的前提保障。

三　加强 EU ETS 效果的政策选择

欧盟已于 2009 年修改了 EU ETS 指令，计划于 EU ETS 第三期初始——2013 年作出调整。欧盟委员会还于 2011 年 10 月 20 日通过了一项关于加强完善欧盟金融交易市场，包括 EU ETS 的提议③。这些都将在一定程度上提高 EU ETS 的效率与政策效果。然而，经过近期的经济债务危机洗礼以及可再生能源和能效等其他气候变化政策的负面影响，现有政策调整显然不能解决 EU ETS 碳价格低迷的问题。目前欧盟内针对如何改善 EU ETS 的主要讨论与政策建议侧重点与可行性都不尽相同，本节汇总目前主要的政策建议并分析政策可行性与效果。

---

① 具体数据参见 Eurostat。

② Cooper, S. et al.（2011），"Revenue Implications of the EU ETS Phase Ⅲ"，Climate Strategies，2011.

③ 原文标题：New Rules for More Efficient, Resilient and Transparent Financial Markets in Europe，http：//europa. eu/rapid/pressReleasesAction. do？reference = IP/11/1219。

（一）减少 EU ETS 的排放配额总量

减少 EU ETS 的排放配额总量（cap）便会减少 EU ETS 的排放配额，更低的排放配额数量便会产生更多的配额稀缺性，其他条件不变的情况下，可以提高 EU ETS 的碳配额价格。减少 EU ETS 配额总量可以通过两种方法完成。第一，从整体气候变化目标角度出发，提高欧盟温室气体减排目标，并将此目标进一步分配到 EU ETS，从而减少 EU ETS 的配额总量。然而，此目标的顺利执行主要受到如下因素制约：首先，欧盟近期关于加强 2020 年减排目标（从相对于 1990 年水平减少 20% 提高到 25%）的谈判受到了来自于波兰等东欧国家以减排成本过高为论据的阻碍①。这严重阻碍了 2020 年温室气体减排目标进一步的推进。其次，目前欧盟正在讨论是否将到 2020 年相对于 1990 年水平减少 30% 温室气体排放目标作为《京都议定书》第二期承诺。然而，此项讨论也同样面临着很大程度的不确定性。最后，从政策执行角度上讲，即便欧盟通过了更高的温室气体减排目标，将此目标分解到 EU ETS 的减排上限需要一整套的对欧盟 EU ETS 指令的修改程序（参见本报告第三部分第三节），需要较多时间，不利于短期内提高 EU ETS 碳价格。

第二，减少 EU ETS 的排放配额总数也可以绕开欧盟的减排目标，直接对 EU ETS 的排放上限作出调整。这需要对现有 EU ETS 指令中确定的年排放上限以及年排放上限降低率作出直接调整，行政程序繁冗同时需要权衡各成员国减排成本与经济水平，同样不利于提供短期解决方案。一种选项是在其他与 EU ETS 相关或者会对 EU ETS 造成显著影响的欧盟气候政策指令中引入对 EU ETS 排放上限的调整条款。欧盟议会的环境委员会（The Environment Committee of the European Parliament）于近期修整了欧盟能效指令（Energy Efficiency Directive）草案，并引入将 EU ETS 排放配额上限年度递减率从目前 EU ETS 指令中规定的 1.74% 提高到 2.25% 的条款。然而，EU ETS 的核心内容之一便是排放上限，将其纳入其他指令从政策范围来讲有很大的局限性，可接受性不高，此项条款最终

---

① *Sonja van Renssen*（2012），"Poland's Antagonism to Europe's Climate Policy Runs Deep"，European Energy Review Blog，12 March 2012，http://www.europeanenergyreview.eu/site/pagina.php?id=3575.

能否通过还存在很多未知变量。

总之，直接修改 EU ETS 的排放配额可以在中长期提供清晰的政策走向信号，但是目前在政治层次的可行性是较低的，而且并不能在短期内解决 EU ETS 低碳价格的问题。

（二）将多余 EU ETS 配额暂时搁置

所谓搁置（set-aside）即短期内将一部分 EU ETS 配额人为调出 EU ETS 交易市场并于适当时期重新注入市场。这样可以在短期内立即减少过多的排放配额数量，从而有效提高碳价格。搁置的具体操作有多重选择。第一，基于 EU ETS 指令第十条第四款，将被搁置问题通过委员会程序（Comitology Committee Procedure）引入，从而并不严格要求对整个 EU ETS 指令的复审，大大减少行政程序。具体操作可以从调整第三期开始的配额拍卖日程开始，减少初期的配额拍卖总量。但是由于目前的欧盟法律系统要求到第三期结束前所有规定配额必须全部发放，因此这种做法只能提供短期内的配额稀缺，不能提供根本的长期解决办法。实际上，由于可操作性强，欧盟委员会于 7 月 25 日提交的修改 EU ETS 第三期配额拍卖日程的提议就是按照这一思路进行的。如表 1 所示，欧盟委员会提供的三种调整选项都以大幅度减少 2013 ~ 2015 年配额拍卖总量为目标，并将减少的配额平均添加到之后的几年，从而在第三期配额总量上相比原定目标保持不变（即 8468 百万单位）。比如，2013 年原计划的 EU ETS 配额分配总量为 1056 百万单位，大、中、小幅度调整选项计划分别在此基础上减少 550 百万、400 百万和 200 百万单位。这样，调整后的 2013 年配额总量分别为 506 百万、656 百万和 856 百万单位。依此类推，2014 年与 2015 年的配额总量都相应减少，但减少绝对量相比 2013 年逐年递减。2016 ~ 2020 年五年中计划将 2013 ~ 2015 年减少的配额总量平均添加到每年的原计划配额总量中。比如，2016 年原计划配额总量为 1067 百万单位，大、中、小幅度调整选项分别要求在此基础上添加 240 百万、180 百万和 80 百万单位，即 1307 百万、1247 百万和 1147 百万单位配额总量。该提议目前并不具备任何法律效应，还需在欧盟成员国协调以及欧盟议会审议通过后才能生效。

另一种理论上可行的搁置方法是通过欧盟能效指令引入具体搁置问题。欧盟议会的环境委员会在近期修改的能效指令草案中提出 EU ETS 第三期将 14 亿配额搁置。欧盟议会稍后通过了搁置的提议但没有明确具体数额以便为欧盟委员之后的决定预留空间。然而，根据目前的欧盟议程，此提议的可行性变得微乎其微。

表1　欧盟委员会7月25日修改EU ETS第三期拍卖日程提议

单位：百万单位

年　　份	2013	2014	2015	2016	2017	2018	2019	2020	2013~2020年配额调整变化总和
大幅度调整选项预计调整变动	−550	−400	−250	240	240	240	240	240	0
中幅度调整选项预计调整变动	−400	−300	−200	180	180	180	180	180	0
小幅度调整选项预计调整变动	−200	−150	−50	80	80	80	80	80	0
年　　份	2013	2014	2015	2016	2017	2018	2019	2020	2013~2020年配额总和
调整前原计划年配额总量	1056	1044	1092	1080	1067	1055	1043	1031	8468
大幅度调整选项调整后年配额总量	506	644	842	1320	1307	1295	1283	1271	8468
中幅度调整选项调整后年配额总量	656	744	892	1260	1247	1235	1223	1211	8468
小幅度调整选项调整后年配额总量	856	894	1042	1160	1147	1135	1123	1111	8468

资料来源：Commission Staff Working Document, Information provided on the functioning of the EU Emissions Trading System, the volumes of greenhouse gas emission allowances auctioned and freely allocated and the impact on the surplus of allowances in the period up to 2020 Table of contents, http://ec. europa. eu/clima/policies/ets/auctioning/third/docs/swd_ 20120724_ en. pdf。

搁置配额是目前被认为最可行的而且可以短期内立即解决EU ETS低碳价格的政策。但是它同样为投资带来了何时以及以何种频率搁置配额的不确定性，因此需要进一步明确搁置政策执行的和将多余搁置配额重新注入EU ETS的前提条件。

（三）直接干预碳配额价格

EU ETS的设计初衷是提供确定的碳配额而并不是完全可预期的碳价格。对碳价格的直接干预从理论上违背"自由市场原则"，虽然可以在短期内有效提高碳价格，但目前并不被欧盟委员会认可。目前欧盟内讨论的对碳价格的直接干预主要有两种选项。第一，从EU ETS第三期开始设立一个最低拍卖价格。没有成功拍卖的碳配额可以被保留到下次拍卖或者直接被取消。在EU ETS市场买卖碳配额的机构便会以不低于此最低拍卖价格的水平交易，从而形成一种价格下限（price floor）。这种方法对 EU ETS 应对经济危机以及其他气候政策调整产生的负面影响有一定帮助。而且，一部分国家都有设立其主权债券拍卖的最低价格的案例，因而为碳配额拍卖最低价格提供了相近的先例。然而，此种方法同样有一定不足：由于过多的碳配额已经存在于目前碳市场，最低碳价格可能导致无人参与拍卖，从而严重影响 EU ETS 的流动性并为其他欧盟国家层面的价格干预提供先例。第二种选项致力于绕开欧盟法律行政程序，在主要国家间达成对碳价格干预的统一联盟。比如，在政府机构与大公司间签订合同，政府保证一旦 EU ETS 碳价格低于某一固定水平时支付给公司碳价格差额，从而确保私人企业中长期的低碳投资积极性[1]。但是，这对政府预算与管理提出了更多要求，而且减排效果不一定明显。

最后，目前还有一些其他提议，包括在欧盟主要国家间达成协议定期回购多余的碳配额，以及设立欧洲中央碳银行（European Carbon Bank）等。它们的政策可行度与关注度都较低，不在此具体介绍。

---

[1] Georg Zachmann, Michael Holtermann, Jörg Radeke, Mimi Tam, Mark Huberty, Dmytro Naumenko, Anta Ndoye（2012），The Great Transformation：Decarbonising Europe's Energy and Transport Systems, Bruegel Institute, Brussels, 3 Feb. , 2012, http：//www. bruegel. org/publications/publication-detail/publication/691-the-great-transformation-decarbonising-europes-energy-and-transport-systems/.

Gr.7

欧盟将民航纳入欧盟排放交易
体系的政治和金融因素分析

马湘山 周 剑*

摘 要: 2012 年 1 月 1 日起，欧盟正式将在欧盟境内起降的航班排放纳入欧盟排放交易系统。本报告详细解读了欧盟这一法律，指出欧盟排放交易体系是典型的"总量—交易"系统，即通过"规定排放总量"与"进行配额交易"实现减排目标的系统。欧盟此举本质目的是强化气候变化主导权最终为经济谋利、加快完善欧盟碳交易市场以建设欧元货币权力体系。其结果可能引发与《联合国气候变化框架公约》及其《京都议定书》等国际法的法律冲突、购买配额将对民航运输发展造成制约、"监测、报告、核查"将对发展中国家能力建设提出挑战，并将一定程度影响《联合国气候变化框架公约》下的行业减排谈判走向。

关键词: 欧盟排放交易体系 航空 温室气体

一 引言

气候变化是人类当今面临的重要问题之一，包括航空器飞行在内的人类活动日益成为引发全球气候变化的重要动因。2005 年 9 月 27 日，欧盟委员会通过了一个意向性政策文件，提议航空排放应纳入欧盟排放交易体系（EU Emissions Trading Scheme，EU ETS）。2006 年 12 月 20 日，欧委会通过了将国际民航运输

---

* 马湘山，中国民航科学技术研究院、清华大学能源环境经济研究所在站博士后，研究领域为民用航空运输与应对气候变化战略及政策。周剑，清华大学能源环境经济研究所，博士，研究领域为行业减排与市场机制。

排放纳入欧盟排放交易系统的立法建议（Proposal of Directive），该立法建议通过欧盟部长理事会和欧洲议会审批后，进入正式立法程序。2008 年 7 月 8 日，欧盟理事会和欧洲议会通过立法指令（Directive 2008/101/EC），正式以法律的形式规定把所有抵离欧盟境内机场的航空公司全程飞行产生的排放纳入欧盟排放交易体系框架之内，该指令于 2009 年 2 月 3 日正式生效。根据该指令，在欧盟 30 国（欧盟 27 国加挪威、冰岛以及列支敦士登）境内起降的欧盟及非欧盟航空公司将从 2012 年 1 月 1 日开始参与欧盟排放交易体系，通过分配配额形式履行减排任务。

欧盟该法案自提出到立法通过均引起了各方广泛关注。立法期间，因欧盟这种单边、强制性做法有悖于《联合国气候变化框架公约》及《国际民用航空公约》的相关规定，各国普遍持反对态度。为减少实施中的阻力，欧盟在法案中增加了与他国协商的条款。法案通过后，因 EU ETS 推动发达国家与发展中国家共同减排，发达国家表面上虽然依旧反对，但对于排放交易这种市场机制并不反对，并希望通过国际民航组织的渠道解决。在具体反对措施上，美国航空运输协会于 2009 年 12 月带领美国 3 家航空公司在英国法院进行起诉，2010 年转至欧洲法院进行裁决，2011 年欧洲法院最终裁决 EU ETS 并未违反相关法律规定。在各国寄予希望的法律起诉失败后，欧盟气候专员赫泽高在各种场合声称欧盟将坚决执行该法令。包括中国、美国、印度、俄罗斯在内的主要民航大国分别在新德里、莫斯科举行会议，表达了反对欧盟将民航纳入 EU ETS 的共同立场，并要求欧盟停止该做法。

二　欧盟排放交易体系（EU ETS）与航空运输

（一）被纳入的民航活动范围

根据 2008/101/EC 号指令①第二章第 3a 条规定，自 2012 年起抵达或离开

---

① European Union. Directive2008/101/EC，"Amending Directive 2003/87/EC so as to Include Aviation Activities in the Scheme for Greenhouse Gas Emission Allowance Trading within the Community". Jan 2009.

《罗马条约》所适成员国境内机场的所有航班将被纳入 EU ETS。该指令规定了不包括在排放交易系统内的航空活动，例如，用于国事访问、军事以及科学研究的飞行活动；最大起飞重量低于 5.7 吨的机型；飞边远地区的航线，以及连续运输量较小（连续三个以四个月为一期的周期航班数不超过 243 班次，或者二氧化碳年排放量低于 1 万吨）的航空活动。该条也是豁免条款，满足该豁免条件的是航空运输量极小的国家，主要是最不发达国家（LDC）。如果按照这一范围的规定，我国目前执飞欧盟的航空公司将全部被包含在内，不能被豁免。

（二）排放上限与配额分配

按照 2003/87/EC 号指令第 3c（4）条规定，2012 年的排放总量不能超过 2004~2006 年历史排放平均水平的 97%（即减排 3%）；在 2013 年开始年平均排放总量不能超过 2004~2006 年平均排放水平的 95%（即减排 5%）。2013 年配额分配要以排放总量为基准，82% 为免费配额、15% 为拍卖配额、3% 为发展快速（2010~2014 年，运输量数据年均增长率超过 18%）及在 2010 年后首次开通飞往欧盟航班的航空公司的预留配额。2012 年配额分配中无 3% 的预留配额，需指出的是，拍卖比例会随着欧盟整体的环境目标而提高，最多可将比例由现在的 15% 提高为 50%。对于拍卖配额的使用，指令第 3d 条规定"应由成员国决定配额拍卖所得收入的用途"，"这些收入应被用于解决欧盟和第三国的气候变化"，"为研究和开发提供资金，以及支付管理该体系的费用"。

（三）免费配额分配方案

欧委会将对应阶段的目标排放总量按照基准线方法学（Benchmarking）确定免费配额分配给各航空公司，该免费配额即为航空公司每年允许排放量的"总量"。根据基准线方法学，欧委会根据 2010 年基准年运输量水平（吨公里数，2011 年 9 月 30 日公布），按各航空运营人（即航空公司）所占该运输水平的比例，乘以每年免费配额量来分配对应承诺期各个航空排放源的免费排放配额。能够把其当年的排放限制在既定的免费配额限值之内的航空运营人将不需要减排或者从市场购买减排量，他们甚至可以储存（banking）、在欧盟碳交易市场上出售（selling）或者借出他们低于免费配额的差值部分；相反，如果航空运营人当年的实际排放量超过了欧盟所分配的免费排放配额总量，则需要从市场上购买或者借贷减排配额，以抵消其超出配额总量部分的实际排放。如果这些航空运营人不能在规定期内实现目标规定的减排任务，除接受欧盟罚款外，这些未完成的减排指标不仅不会被取消，而且将在下一年的免费配额中被扣除。

（四）实施时间表

根据欧盟 2008/101/EC 号指令，2010 年为分配免费配额的基准期，2012 年为适行期（第一期），2013 年之后为第二期。欧委会于 2009 年 4 月发布了详细的系统时间表进程安排，见下表 1。能够保证 EU ETS 正常运行的重要程序就是 MRV 制度。该制度中将包括两项重要的过程：一是运输周转量（收入吨公里）数据的 MRV：欧委会和成员国根据航空器运营人提交的吨公里数据监测报告，向航空器运营人分配每年的免费配额。二是排放量数据的 MRV：航空器运营人根据每年的排放监测报告，向欧盟上缴相应配额。

表 1　欧盟航空排放交易系统时间表

欧盟航空排放交易系统时间表	第一期																第二期			
	2009年				2010年				2011年				2012年				2013年			
	1月	4月	7月	10月	1月	4月	7月	10月	1月	4月	7月	10月	1月	4月	7月	10月	1月	4月	7月	10月
公布航空运营人名单	◆																			
提交监测计划		◆																		
获得监测计划许可																				
监测期					▥	▥	▥	▥												
撰写吨公里报告								▥												
核证数据					▦	▦	▦	▦	◆											
提交经核证数据									◆											
向欧委会提交申请											◆									
计算分配基准												◇								
公布配额分配方案													◆							
发放配额														◆				◆		

▦ 欧委会　▦ 航空运营人　▦ 成员国　■ 认证机构

资料来源：根据 Directive2008/101/EC 整理。

（五）惩罚措施

根据指令第 16 条规定，如果没有及时提交经核查的排放报告，航空公司的注册表账户将被冻结，管理成员国主管当局可对航空器运营人采取强制措施。对于在每年 4 月 30 日之前未上缴足够配额的航空器运营人，成员国将建立黑名单，并公布其名字，同时要求该航空器运营人支付每吨二氧化碳当量 100 欧元的超额排放罚款，并且在下一年免费配额中进行扣除。若航空公司没有遵守该指令的要求，其他强制措施也未能确保实施时，其管理成员国可请求欧委会作出对相关航空器运营人施加运营禁令的决定。欧委会通过与该航空器运营人的管理成员国主管当局磋商，并向相关航空器运营人披露形成此决定的重要事实和考虑。相关航空器运营人可在 10 个工作日内向欧委会提交书面意见。最后，经欧委会的监管程序，可决定对相关航空器运营人施加运营禁令，各个管理成员国应在其境内执行该决定。

三　欧盟将民航纳入 EU ETS 的政治与金融因素分析

自 2005 年 2 月《京都议定书》生效之后，以实施市场机制为核心的全球碳市场蓬勃发展，已逐渐成为继石油市场后的另一令人瞩目的新兴市场[1]。据世界银行的统计[2]，2010 年全球碳市场交易额为 1420 亿美元，较 2005 年的 110 亿美元增长了近 12 倍。其中，EU ETS 的交易额由 2005 年的 79 亿美元增长到 2010 年的 1200 亿美元，年均增长 72%。EU ETS 占据全球碳市场中的绝对份额，2005 年为 71.8%，2010 年为 84.4%。

在此情况下，欧盟将民航也纳入 EU ETS，其目的除减少航空排放二氧化碳对气候变化影响的科学和道义因素、通过航空帮助完成欧盟提出的 2050 年对比 1990 年减排 80% ~95% 目标的现实因素外，有着以下几点本质原因：

---

[1]　熊焰：《低碳之路——重新定义世界和我们的生活》，中国经济出版社，2010，第 376 ~ 380 页。

[2]　The World Bank，*State and Trends of the Carbon Market 2011*. Washington DC，USA：The World Bank，2011：11 –12.

表2　2005～2010年全球碳市场交易额一览

单位：10亿美元

年份	EU ETS	JI	CDM 一级市场	CDM 二级市场	其他碳 抵消市场	合计
2005	7.9	0.1	2.6	0.2	0.3	11.0
2006	24.4	0.3	5.8	0.4	0.3	31.2
2007	49.1	0.3	7.4	5.5	0.8	63.0
2008	100.5	1.0	6.5	26.3	0.8	135.1
2009	118.5	4.3	2.7	17.5	0.7	143.7
2010	119.8	1.1	1.5	18.3	1.2	141.9

资料来源：The World Bank, *State and Trends of the Carbon Market 2011*. Washington DC, USA：The World Bank, 2011：11 - 12。

（一）强化气候变化主导权最终为经济谋利

欧盟将民航纳入 EU ETS，在未与各国协商或谈判的情况下以法律形式确定下来，是典型的单边、强制性环境行动。虽然各国各界对其合理性、合法性产生质疑，但两国之间航空运输所依据的双边航空运输协定规定航空公司应遵从目的国法律规定，为欧盟将民航运输纳入 EU ETS 提供了属地化管辖的法律支持。欧盟这种先入为主的环境行动或措施，可助其在全球资源和战略竞争中维护垄断利益并最终实现经济利益最大化。

就国家层面而言，将民航运输纳入 EU ETS 虽属于气候变化领域，但将使得航空生物燃油的研发和推广日益重要，航空运输新能源战略将与传统石油战略实现合流，必然导致的逻辑后果是，以气候变化促进欧盟新能源发展以影响石油为主大宗商品的能源需求和定价权，欧盟在气候变化上的主导权可谋求在全球范围的新能源定价权和话语权。此外，将民航运输纳入 EU ETS 可以帮助欧盟完成部分《联合国气候变化框架公约》框架下的出资义务。哥本哈根会议上发达国家承诺 2020 年前每年动员 1000 亿美元资金用于发展中国家，EU ETS 仅 2012 年拍卖 15% 的配额就可为欧盟筹集近 5 亿美元（以每吨配额 10 欧元计），若 2013 年开始拍卖比例继续提升至 50%，则 2020 年前欧盟每年筹资最多可达到 15 亿美元，仅将民航纳入 EU ETS 的拍卖部分就最多可以为其完成出资义务的 1.5%，由此足以预见欧盟极力推动 EU ETS 具有强大动力。

就航空公司层面而言，仅从减排成本角度，EU ETS 可降低欧盟航空公司减排成本，有助于未来全球民航运输业减排格局确定后保持欧盟航空公司的竞争优势①。

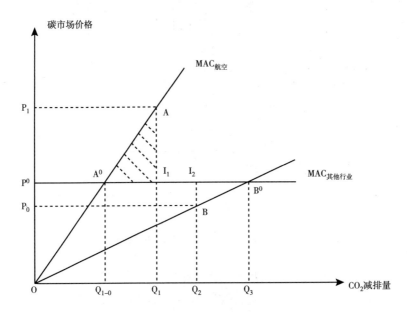

图1　边际减排成本（MAC）比较

资料来源：参考 Ellerman，A. D & Decaux，A. Analysis of Post-Kyoto CO2 Emission Trading Using Marginal Abatement Curves ［EB/OL］，http：// dspace. mit. edu/handle/1721. 1/3608，1998 – 10 – 11 ~ 2012 – 02 – 12 绘制。

因民航减排涉及发动机制造技术、空管技术及设备、航空公司运营管理、机场地面滑行管理等多个领域，相比其他能源密集型行业减排成本巨大，一般认为民航业减排的边际减排成本曲线高于其他行业，如图1所示。如果欧盟航空公司不参加 EU ETS，则其减排总成本为 AOQ_1。若参加 EU ETS，因其他行业减排成本小于碳市场价格 P^0，则其他行业有减排的动力，其减排量可预留出售给航空公司。航空公司在减排成本小于 P^0 时将自主减排，而减排成本高于 P^0 后，将在碳市场购买其他行业的剩余减排量而无须再进行自主减排，固航空公司减排总成本为 $O A^0 I_1 Q_1$，即节约减排成本 $A^0 AI_1$。在国际谈判确定航空减排框架后，特别

---

① Ellerman，A. D & Decaux，A. Analysis of Post-Kyoto CO2 Emission Trading Using Marginal Abatement Curves ［EB/OL］，http：//dspace. mit. edu/handle/1721. 1/3608，1998 – 10 – 11/ 2012 –02 – 12.

是若未来各国均承担减排责任后，欧盟航空公司较未参与排放交易的其他国家航空公司具有减排成本优势，该优势将保证其在市场竞争中继续保持领先地位。

（二）加快完善欧盟碳交易市场以建设欧元货币权力体系

美元金融霸权成为当代金融资本主义世界体系的新枢纽，使美国实现了对全球资源、产地销售和贸易通道的有效控制①。"谁掌握了货币发行权、谁就掌握了世界"，对于欧元货币权力的追逐成为欧洲的选择。目前，欧洲气候交易所已经成为新型碳金融工具——EUA、CER 期货、期权的交易龙头，在国际碳市场中占据主导地位。与此同时，美国国内通过"上限—交易"的联邦法律没有得到足够的支持；日本虽然在国会下院通过了《日本全球变暖基本法》（*Japan Basic Act on Global Warming*），但政府失去在国会上院的控制，使得该法在上院受到迟滞；澳大利亚参议院未能通过"总量—交易"为特征的《减少碳污染计划》（*Carbon Pollution Reduction Scheme*），使得澳大利亚只有暂停该计划；韩国虽然通过了"总量—交易"为主要内容的《低碳绿色增长框架法案》（*Framework Act on Low Carbon Green Growth*），但鉴于国内反对意见较大，韩国政府决定将法案实施时间由 2011 年延迟到 2015 年。以上形势使得欧盟发展自身的碳交易市场具备了"一枝独秀"的内在和外部有利条件。

与石油产品用美元结算相类似，欧盟碳交易市场内的配额价格、交易和拍卖将按照欧元结算。1999 年初欧元启动，欧元作为新的国际贸易支付手段和可选外汇储备币种，凭借欧盟的强大经济支持，成为能与美元相抗衡的唯一强势币种。将民航运输纳入 EU ETS，无疑将增加以欧元结算的碳交易量和交易额，对于建设和加强欧洲金融市场整合、巩固欧元地位、摆脱欧洲主权债务危机，并与美元展开竞争并取代美元的霸权货币地位的助推作用明显。

四　可能引发的后果与思考

（一）法律冲突

欧盟将民航运输纳入 EU ETS 涉及国际、区域及国家三个层次。EU ETS 的

---

① 兰永海、贾林州、温铁军：《美元"币权"战略与中国之应对》，《世界经济与政治》2012 年第 3 期。

建立是基于《欧共体条约》第175.1条，即授权欧委会"在国际层面处理区域或全球环境问题作出促进措施"，而将航空纳入EU ETS，因民航运输的跨国界飞行的区域性、国际性特性，其控制和减少温室气体排放问题除涉及《欧共体条约》的区域法外，也同时涉及《联合国气候变化框架公约》《京都议定书》《服务贸易总协定》《国际民用航空公约》及《双边航空运输协定》等国际法及各国民航法，其具体适用的法律解释难以取得一致看法，法律冲突不可避免。如与民航运输减排适用何种法律的冲突、《联合国气候变化框架公约》的"共同但有区别的责任"原则与《国际民用航空公约》的"非歧视"原则相冲突、与《京都议定书》第2.2条相冲突、与《国际民用航空公约》第15条和第24条相冲突等。目前国际社会对此尚在争论中，欧盟的这种单边行动必将引致各国及行业组织的反对。

值得一提的是，美国航空运输协会（ATA）及美国航空、大陆航空、联合航空在欧洲法院状告欧盟EU ETS超越了欧盟的领土管辖范围，要求欧洲法院必须判定EU ETS指令无效。虽2011年12月21日欧洲法院最终判定EU ETS法案并未违反相关国际习惯法和欧美天空开放协议，仍然有效，但法律方面的争论并未平息。欧盟法院的判决强调该欧盟法案适用于所有选择欧盟境内机场起降的商业性航班，而并非针对飞跃公海或欧盟或其他国家领空的航班，且在欧盟境内对所有可能污染欧盟境内空气、海水和陆地的行为（尽管部分行为在欧盟境外发生）适用欧盟法律并未违反相关法律文件。而以ATA为代表的反对方仍坚持《芝加哥公约》、《京都议定书》相关条款，欧盟则继续认为欧盟并非《芝加哥公约》缔约方，因此欧盟法律不受其管辖。依此可见，两者的争论还将继续下去。

（二）对国际航空运输发展的制约

EU ETS是典型的设定排放总量、允许进行配额交易的绝对量减排措施，无论排放总量或是排放配额分配均由欧盟依据自身的减排目标进行设定。将航空纳入其中，航空公司将依据2010年的运输量申请2012年以后的排放配额，分配的排放配额将不足以抵消实际排放量，必将采取减排措施或通过欧盟碳市场进行购买不足额度。在现有减排技术和运营条件下，航空公司实际减排措施作用有限，出于成本效益的考虑，面临保持发展——购买配额或限制发展（减少航班）——维持现有配额的不同选择。无论何种选择，势必对中欧航线的双方航空公司运营造成影响，也在一定程度上对双边国际航空运输未来的发展造成影响。

（三）对发展中国家能力建设的挑战

MRV 是 EU ETS 成功运行的保证，按照 EU ETS 的相关规定，航空公司需每年上报各自管理成员国收入吨公里和排放量的数据。上报这两个数据表面看似简单，但规定报告中需包含定义、原则、监测计划、数据方法论、不确定评估、表格报告、核查方法等内容，需要组建专门部门、配备专人并安装相应监测硬件设备，否则上报数据难以达到欧盟法律要求。而且，欧盟要求核查人需是欧盟认可的第三方独立核查人，意味着航空公司若要顺利通过配额申请，需另外邀请第三方核查公司对其数据报告进行核查。以上要求对于欧美等发达国家航空公司影响极小，因为其成熟的内部管理及与发达的金融市场的密切联系，为其储备了丰富的人力资源与市场经验。对于加入 EU ETS 的广大发展中国家的航空公司而言，则预示着在能力方面面临巨大挑战：粗放的管理方式、计量国际化程度偏低及专业人员匮乏，导致短期内只能依靠外包服务，在其能力范围内难以按照欧盟规定完成 MRV 工作。

（四）对《联合国气候变化框架公约》下行业减排谈判造成一定影响

当前，《联合国气候变化框架公约》下行业减排谈判前景仍不明朗。自 2009 年哥本哈根会议以来，行业减排谈判仍在谈判遵循原则、囊括行业范围、谈判主渠道等框架问题，远未触及减排目标、措施、核查等具体问题。欧盟通过将民航运输纳入 EU ETS 这种"自下而上"的行业减排模式，试图推动建立"自上而下"的国家承诺，达到模糊发达国家与发展中国家的不同减排责任的目的。以行业减排形式为先导，最终形成不加区别的国家共同减排模式，为 2012～2015 年的国际减排谈判格局预做准备和铺垫，在一定程度上引导了未来谈判方向。

国内低碳融资的实践与探索

Domestic Practices and Explorations on Low-carbon Finance

G.8

碳交易市场与能源改革及金融创新

梅德文　邵诗洋　饶淑玲*

摘　要：本报告介绍了中国碳排放交易市场的现状，以及碳市场与能源改革和金融创新之间的关系。中国碳市场的一个最新动态是，发展的重心和方向即将从基于具体项目的清洁发展机制市场和自愿减排市场转向基于总量限制和配额交易的碳排放权交易区域试点。但是，中国碳市场在融资方面仍然面临诸多挑战，从根本上讲这主要是因为中国对碳市场的作用认识不足，少有将其放到能源和金融的高度来考虑，然而参考欧洲的经验可以发现，碳交易市场需要并且能够促进中国的能源改革和金融创新。

关键词：碳交易　中国碳市场　碳融资　能源改革　金融创新

在应对气候变化的各种政策工具中，碳交易是一种基于市场、效率较高且在

* 梅德文，北京环境交易所总经理，中国社会科学院金融所在读博士；邵诗洋，上海社会科学院环境与资源法研究中心，客座研究员，研究领域为碳市场机制设计与碳金融；饶淑玲，北京绿色金融协会副主任。

当前国际社会广受关注的制度选择。近年来全球碳市场发展迅猛，2011年的交易总额超过了1760亿美元，碳市场作为应对气候变化的一种市场化制度工具越来越受到各国青睐。从交易标的的区分来看，碳市场可以分为两大基础类别：基于总量控制的配额交易市场（如中国即将开始的"6+1"区域碳交易试点），以及基于项目基线的信用交易市场（如清洁发展机制项目市场和自愿减排市场）。从目前的国际实践来看，具有强制减排性质的碳交易市场基本都是以配额交易为基础，碳配额交易是主流，项目交易一般是作为配额交易的辅助和补充而存在。

碳交易市场进入中国已近八年，从一个减排项目国际资金机制逐渐发展成为足以影响能源和金融改革的市场化资源配置工具。本报告首先从中国碳交易市场的发展现状着手，重点介绍了中国碳市场未来的发展重心——区域碳排放权交易试点——的最新发展，并且从融资角度对中国碳市场目前面临的挑战进行分析，提出建立健全中国碳市场融资体系的几点浅见。然后将碳交易市场与能源问题和金融体系结合起来，通过欧盟排放交易体系的相关经验和中国的实践，可以发现碳交易市场不仅仅是应对气候变化的制度选择，它更应该成为低碳创新背景下的资源配置基础性制度之一。

一 中国碳交易市场的发展现状

从2005年《京都议定书》正式生效以来，中国碳交易市场一直是以基于项目的清洁发展机制（CDM）和自愿减排量（VER）交易市场为主。2010年底，情况开始发生转变。2011年3月"十二五"规划提出逐步建立碳排放权交易市场。2011年11月9日，国务院常务会议通过了《"十二五"控制温室气体排放工作方案》，明确了中国控制温室气体排放的总体要求和重点任务。2011年11月21日，国家发展和改革委员会在北京召开了启动碳排放交易试点工作会议，确定北京、上海、天津、广东、重庆、湖北和深圳为7个首批碳排放权交易试点省市，表明中国碳排放市场将从基于项目的信用市场逐步发展为以总量控制与配额交易为主的标准化碳市场。

（一）CDM及VER市场

随着2012年后欧盟采购经核查减排量（CER）更多转向最不发达国家

（LDC），中国市场项目业主、咨询公司和国际买家加快步伐，希望在2012年底前抢注尽可能多的CDM项目。CDM市场前景黯淡，欧洲碳价跌至谷底，欧洲碳交易量却由于这轮抢注风波呈现大幅上升趋势。北京环境交易所2012年上半年撮合成交的CDM量达到80万吨以上，超过前三年（包括市场最繁荣时期）成交量总和的一半。

CDM项目主要有7种融资模式[①]：①远期购买方式；②CER购买协议或合同；③订金-CER购买协议；④国际基金；⑤期货；⑥直接投资；⑦融资租赁。其中以订金-CER购买协议和国际基金两种融资模式为主。CDM市场中，中国企业通过出售CER，获得国际资金或设备、技术支持。CER通过国家买家或中间机构，进入二级市场。

VER市场中，注册在中国的中资或外资企业，通过购买黄金标准（GS）、自愿碳标准（VCS）或熊猫标准（PS）开发的自愿减排量，践行社会责任，提升公司品牌形象。由于缺乏刚性的需求，VER市场交易量一直低位运行。2012年6月13日，国家发展和改革委员会正式对外颁布《温室气体自愿减排交易管理暂行办法》，该办法对VER项目、项目减排量、减排量交易、审定与核查等进行了规定。该办法将对自愿减排市场的规范性发展发挥重要作用，但难以改变自愿减排市场供给远大于需求的失衡局面。

（二）"6+1"区域碳交易试点

根据国家发展和改革委员会制定的时间计划表，从2013年开始，中国5市2省（又称"6+1"，即北京市、天津市、上海市、重庆市、湖北省、广东省及深圳市）将相继正式启动碳交易试点。目前，7省市正在紧急部署，其中步伐较快的有北京市、天津市、上海市和深圳市（简称"北上天深"），而重庆市、湖北省暂时进展较缓。

2012年3月28日，北京市率先召开北京碳排放权交易试点启动会，启动了北京市碳排放权交易电子平台，成立了北京市应对气候变化专家委员会，成立了北京市应对气候变化研究及人才培养基地，成立了北京市碳排放权交易企业联盟、中介咨询及核查机构联盟和绿色金融机构联盟。

北京市对外公布的碳试点方案创新性地提出了直接排放权和间接排放权，同

---

① 郑照宁、潘韬、刘德顺：《清洁发展机制的项目融资方式》，《商业研究》2005年第2期。

时将中国温室气体自愿减排交易活动产生的中国核查减排量（CCER）作为可用于抵消的交易品种。北京辖区内 2009~2011 年年均直接或间接 CO_2 总量 1 万吨及以上的固定设施排放企业（单位）强制参加，同时鼓励非强制市场参与者实施温室气体减排项目交易，获得的 CER 可以出售给强制市场参与者。2013 年排放配额全部免费发放，2014 年将开始预留少部分配额进行拍卖。根据目前公开资料，整理得出"北上天深"试点方案特点（表1）。

表1 "北上天深"试点方案特点

	总量 设置原则	配额 分配原则	是否引入 抵消机制	交易主体 的标准	交易主体 的数量
北京	祖父原则	免费发放＋拍卖	是	年均直接或间接 CO_2 总量 1 万吨及以上的固定设施排放企业（单位）	400~500 家
上海	祖父原则与基准线原则相结合	全部免费发放	是，不超过20%	年均 CO_2 总量 1 万吨及以上的排放企业（单位）	200 家左右
天津*	祖父原则与基准线原则相结合	全部免费发放	是，不超过10%	年综合能耗 1 万吨标煤以上的企业	100 家左右
深圳	祖父原则与基准线原则相结合	免费发放＋拍卖	是，不超过20%	不同行业，不同标准	500~1200 家

* 天津还未正式出台碳排放权交易试点工作细则。
资料来源：根据公开资料整理。

中国国内碳交易市场正处于前期的市场建设阶段，需要各级财政提供资金支持。同时，各省（自治区、直辖市）努力拓宽融资渠道，吸引国内外各类赠款、基金支持市场基础建设。不同于欧盟在方案设计之初就引入期货等金融要素，各省市方案中除提到金融机构为减排项目提供融资服务外，鲜少考虑到金融机构的介入。部分省（自治区、直辖市）计划筹备建立政府引导性基金，目前只有湖北省真正开始启动相关工作。湖北省将开始建立两只市场平准基金，来调配市场配额供给，两只基金直接由湖北省发展和改革委员会管理。

二　中国碳交易市场的融资

中国碳交易市场处于交易体系建设初期，国家发展和改革委员会、各级试点省市、地方发改委及相关市场利益相关者正利用各种融资渠道为市场建设筹集资

金。本节内容主要集中于通过碳交易市场的产品交易与服务，或衍生的产品交易与服务所获得的融资。

（一）现有的主要融资方式

1. 中国清洁发展机制基金

2006年8月，国务院批准建立中国清洁发展机制基金及其管理中心。中国清洁发展机制基金（以下简称"CDM基金"）的资金来源包括：①通过CDM项目转让温室气体减排量所获得收入中的属于国家所有的部分；②基金运营收入；③国内外机构、组织和个人捐赠；④其他来源。其中①是资金来源的主要渠道。截至2012年3月，CDM基金的规模已超过105亿元，安排赠款近3亿元，有偿使用业务中安排清洁发展委托贷款15.37亿元。

CDM基金是中国第一只由政府主要通过碳交易市场的收入筹集的基金。除了用于CDM市场发展和推动中国碳交易市场的基础建设，CDM基金通过多种融资模式创新如委托贷款、融资担保、现金理财等方式积极发挥"种子资金"作用，在为节能减排和新兴产业发展直接提供资金支持的同时，还撬动更多社会资金共同行动。截至2012年3月，CDM基金委托贷款支持的31个项目，以15.37亿元撬动社会资金约93亿元。同时，CDM基金积极探索与国际金融机构的合作，开发新的融资模式，通过融资担保最大限度地撬动市场资金支持节能减排。CDM基金已与世行旗下国际金融公司（IFC）、地方财政厅就三方合作进行贷款损失分担创新试点达成了合作意向，旨在利用公共资金撬动商业银行资金支持节能减排项目。此外，把现金理财与低碳理念相结合，也是基金创新融资模式的一大特色。2010年，CDM基金与浙商银行开展首笔6000万元的专项理财，2011年到期后实现减排温室气体20万吨二氧化碳当量，环境效益明显，充分体现政策性基金对低碳发展的引导和示范作用①。

2. 商业银行主导的融资行为

目前，国内金融机构中主要是商业银行开展了碳市场业务，形式较为单一。当前商业银行主导的碳业务主要有以下几种模式：

---

① 陈欢：《建设国家应对气候变化创新机制服务经济发展方式转变》，《中国财政》2012年第11期"司局长论坛"栏目。

（1）碳减排项目融资模式

这一模式是为企业的碳减排项目提供贷款，主要包括以碳减排企业固定资产和未来业务收入为抵押的项目贷款。环境效益良好、预期未来收入稳定但企业固定资产规模小，现期经营收入偏少缺乏传统意义上的抵押担保条件的"轻资产"型科技环保服务公司，难以通过贷款获得融资。而碳减排项目融资模式能很好地解决这些企业的融资问题。2011 年 4 月，兴业银行给福州市闽侯县兴源水力发电有限公司提供了以获得未来的碳资产为质押的贷款①。

（2）中介商模式

中介商模式是商业银行利用自身在国际业务和投资业务以及相关信息方面的优势，作为交易双方的中介，开展为碳排放交易卖方联系买家，或帮助交易双方实现更准确高效的沟通，协助双方达成交易协议，或对 CDM 项目开发和 CER 交易可行性进行评估，为 CDM 开发和碳市场交易没有经验的客户提供包括市场和CDM 开发咨询的全程服务以及充当双方财务顾问等中间业务。在国内，浦发银行则是该模式的首创者。2009 年 7 月，浦发银行在国内银行界率先以独家财务顾问方式，成功为陕西两个装机容量合计近 7 万千瓦的水电项目引进 CDM 开发和交易专业机构，并为项目业主争取到了具有竞争力的交易价格，协助 CERs 买卖双方成功签署《减排量购买协议》②。

（3）"传统产品 + 碳"模式

商业银行将理财产品和信用卡两大传统业务与碳产品相挂钩。例如，深圳发展银行通过挂钩在欧洲气候交易所上市交易非常活跃的"欧盟第二承诺期的二氧化碳排放权期货合约（2009 年 12 月合约）"，在 2008 年推出的"二氧化碳挂钩型"本外币理财产品——"聚财宝"飞越计划 2008 年 2 号人民币理财产品和"聚汇宝"超越计划 2008 年 3 号美元理财产品③。2009 年，兴业银行和光大银行相继与北京环境交易所合作，推出低碳信用卡，持卡人可通过碳排放计算器计算出

---

① 《兴业银行首笔碳资产质押授信业务落地福州》，http：//news. cntv. cn/20110415/108403. shtml。

② 《浦发银行：国内首单 CDM 财务顾问签约》，http：//www. carcu. org/html/qingjiefazhanjizhi/20090721/3259. html。

③ 《参与环保分享收益深圳发展银行再次推出"二氧化碳挂钩型"本外币理财产品》，http：//www. sdb. com. cn/website/page/66696c6573/77636d73/534442/7072696d617279/7a685f434e/534442496e666f666f/e6b7b1e58f91e5b195e5bfabe8aeaf/3230303830393136e5a496e5b881e79086e8b4a22e68746d。

每年预计产生的碳排放量，并购买相应的碳减排量实现个人碳中和。截至2012年6月底，兴业银行和光大银行信用卡共计发卡数量25万多张，实现碳减排量2万多吨。

（二）中国碳市场融资面临的挑战

中国碳交易市场融资过程中面临诸多挑战。主要可归纳为：

1. 市场需求严重不足

国内商业银行已开始涉足与碳产品相挂钩的理财产品、以CER收益权（发达国家向发展中国家购买碳排放权）作为抵押的贷款等业务。但是，由于CDM第一承诺期2012年即将结束，国际市场对中国CER需求下降。CDM市场发展的不可持续性，VER市场一直供大于求的严重失衡，导致商业银行在与CER、VER相关的碳产品方面的创新也是昙花一现。

2. 市场机制有待完善

碳市场是一项系统的工程，包括总量设置、配额分配、核查认证、交易和惩罚五个主要环节。国内碳交易试点刚刚展开，各方面处于基础建设阶段。目前，各省（自治区、直辖市）已完成总体方案设计，正在进行企业温室气体排放清单制定，核算、交易规则等尚处于研究阶段。市场行为的融资自然是无从谈起。

3. 相关政策滞后缺失

2012年初，中国银行业监督与管理委员会颁布《绿色信贷指引》，为节能减排项目贷款提供指引，其中将碳减排纳入节能减排大范畴内。为避免业务监管冲突，《绿色信贷指引》将银行涉及的碳产品统一纳入银行理财产品内。而从2006年开始，国内商业银行就已开始涉足与碳相关业务。此外，在各省（自治区、直辖市）碳试点方案设计之初，各试点方案制定工作组中鲜有金融专家参与，方案中甚少考虑到金融要素。

4. 金融机构创新动力不足

在国际碳市场上，银行、证券、保险以及信托在内的各种金融机构在碳融资交易体系中发挥了市场主体的作用[1]。除了参与现货产品买卖，各金融机构进行了大量创新，提供的产品或服务有应收碳排放权的货币化、碳排放权交付保证、套利交

---

① 廖茂林：《融资体系推进低碳产业发展的国际经验》，《银行家》2012年第5期。

易工具、保险/担保和与碳排放权挂钩的债券等①。在国内市场，由于"北上天深"各试点区域内可预计的交易量小，市场规模小，难以调动以盈利为主要诉求的金融机构的兴趣。加之政策上的障碍，目前金融机构涉足碳市场的动力明显不足。

（三） 建立健全中国碳交易市场的融资体系

中国碳交易市场需要建立健全的融资体系，来支持和完善碳交易市场的发展，实现节能减排的"内涵促降"，推动低碳产业的发展。

1. 加大财政资金投入，促进碳市场建设

中国碳市场处于建设初期，迫切需要财政资金支持。要充分利用以下的资金渠道：

（1）中国清洁发展机制基金

中国清洁发展机制基金作为国家层面应对气候变化的专项基金，应该在我国探索建立碳市场建设方面发挥先锋、引导作用。

（2）与节能相关的财政奖励资金结合

国家已有的财政奖励资金项目包括节能技术改造财政奖励资金、淘汰落后产能中央财政奖励资金、合同能源管理财政奖励资金等。这些财政奖励资金项目与碳减排项目密切相关，可以寻找其中的结合点以支持碳减排项目。

（3）成立地方级碳市场专项扶持资金

为提高企业参与的积极性，提倡"先减排先受益"，为带头参与减排和交易的企业给予相应的财政补助，促进碳减排技术的研发、推广与应用。

2. 建立碳市场平准基金，引导商业资金进入

所谓"碳市场平准基金"，有别于一般的碳投资基金，它是一种类似于外汇平准基金的政府储备基金，主要用于调剂碳市场配额的供给，以便稳定碳价，同时能增强市场参与者的信心，引导市场资金进入成立商业性碳基金，以提高碳市场的交易量和流动性，促进碳市场繁荣。

自 2000 年世界银行设立首个碳基金以来，2009 年国际碳基金的总数已达 87 只，资金规模为 161 亿美元（约合 107.55 亿欧元），此外还有若干只酝酿中的基

---

① 李萌：《碳金融——中国金融业的新机遇》，《赢周刊》，http：//www.ceoun.com/news_info_past.asp? Id = 3995。

金，资金规模为32.3亿美元①。这些基金为对欧洲对主的全球碳市场的发展起了重要作用。

3. 加强与金融监管机构的沟通，鼓励金融机构积极参与

加强与金融业监管部门的沟通，提倡金融机构为碳减排项目提供贷款优惠。进一步推动碳金融理念，逐步建立支撑碳金融发展的政策体系，鼓励金融机构积极参与碳市场，加快碳金融产品创新，建立卓有成效的碳金融融资体系。发达国家的金融机构围绕碳减排权，已经形成了包括直接投资融资、银行贷款、碳基金、碳指标交易、碳期权期货等一系列金融工具。

4. 强化基础建设，保障融资安全

碳市场建立之初就要严格强化 MRV 诚信体系，为碳试点区域、国内外碳市场之间的链接做好准备，力求碳市场长期、稳定地发展。同时，完善金融监管机构与碳市场主管机构之间的部际联席监管协调机制，健全宏观审慎政策框架。引导并激励金融机构自我保持稳健和风险监控。加强市场资金监测分析，制定应对碳市场特有风险的解决方案，保障资金的安全。

5. 加强人才培养，储备中坚力量

碳市场具备高科技性和高复杂性，从业人员需要具备相当高的专业能力。要培养碳市场和金融领域的双向人才，为碳市场发展储备足够的人力资源。

三 碳交易市场与能源改革

能源问题是中国经济发展所面临的关键命题之一，是影响国家战略和社会民生的重点难点之一；能源改革，作为中国深化市场经济体制改革的重要组成部分，也因其特殊的重要性和复杂性成为中国改革进程中的一个重大挑战。气候变化问题是21世纪全世界所共同关注的最大热点之一，它的影响极其深远，应对气候变化引发的低碳发展模式已经成为席卷全球的又一次变革。将能源问题放到应对气候变化的背景框架之下进行探讨，便对中国的能源改革提出了一个新的挑战，即如何通过有效手段尽量减少高碳排放、不可持续的化石能源的使用，代之以清洁、低碳、可持续的新能源。

---

① 严琼芳、洪洋：《国际碳基金：发展、演变与制约因素分析》，《武汉金融》2010 年第 10 期。

碳排放交易，作为一种新兴的、基于市场的应对气候变化主流的政策工具，对于能源改革（尤其是以低碳为目标的能源改革）能够发挥相当的积极作用，并且已经表现出来较为可观的推动效果。比较突出的两个案例是欧洲排放交易体系（EU ETS）与欧洲电力体系改革的相互促进，以及 CDM 对发展中国家可再生能源发展的促进。

（一）EU ETS 和欧洲电力自由化同步推进

对于碳排放交易体系而言，碳减排约束造成的碳定价可能导致发电成本上升，如果是在一个电力自由化的环境，电力企业可以通过电价的调整得到部分补偿，这样将导致电力企业的利润更有保障，不会导致电力投资的减少、影响电力供应，或是抵制排放交易体系的运作、导致政策失败。一言以蔽之，碳定价诱导发电结构向更清洁的方向转变，而一个自由灵活的电力定价机制则避免了电力供应投资的不足及电力生产企业的消极应对。

EU ETS 设计并实施的同时，欧盟正在积极推进批发和零售电力市场的自由化改革。2005 年，一些欧盟成员国的电力部门已经达到或者基本接近了完全的电力市场自由化（包括批发和零售市场），如英国、荷兰和北欧国家，电力生产企业在非管制的竞争性电力市场中赚取收入，他们的收益是竞争性批发电价和他们的生产成本之间的差额，而批发电价的变化可以相对比较快地反映在零售电价上，这意味着无论电力公司需要为减排或购买碳排放配额支付多少成本，他们都可以通过电力市场价格的调整来完成成本的转嫁。也就是说，在去管制的电力市场中，电力公司得到的市场价格能够反映在那一特定时间和地点电力生产的边际成本，反过来这个边际成本也包括了碳排放配额的市场价值。因此在电力完全市场化的成员国中，配额的市场价值包含在电力的市场价格中，不管他们的配额是无偿分配的还是拍卖得到的。亦因此，这些国家的电力公司可以很轻松地获得免费分配排放配额而带来的"意外之财"（windfall profits）。电力公司和消费者都可以快速地知道成本、价格和碳定价或者其他由竞争性电力市场价格变动引起的利润效益增减。但是这些成员国一般都会特设一个部门专门监管电力市场，主要职能是调整零售价格以适应电力批发市场价格情况，同时也减缓碳价对零售电价和电厂利润的冲击。

在其他自由化进程比较缓慢的欧盟国家（如法国、西班牙和意大利），主要是电力零售市场还处于管制状态——电力生产企业受"输电合同"的约束必须按照规定的价格在一定时期里向各种零售用户供电，这个价格与电力批发市场上的竞争性价格是脱节的，零售端的电力用户因为受管制的"输电合同"而被排除在电力批发价格的市场波动之外。在这种管制的、非自由化的电力体系中，电力公司需要确保对已经发生的生产运营成本和投资费用在一个固定价格下完成成本的回收，而无法轻易地将额外产生的碳排放成本传递给下游的终端用电客户。因此，免费分配的配额引起电力价格上升的效应远远不如在更自由化的电力市场中；同样的，免费分配的配额给被管制的电力企业带来"意外之财"的效果也远远不如在更自由化的电力市场中，但电力企业可以通过出售多余的配额获取碳收益的补偿①。

电力自由化改革和排放交易体系建立相伴相生，从世界范围来看这是一个普遍的现象。这是因为高度管制的电力体系存在垄断，这种垄断在排放交易市场也必然会体现为强大的市场势力（market power），那么排放交易市场的流动性可能将因此而变得极低，排放交易体系就失去了效果和意义。再者，在高度管制的电力体系中，电力价格不能够反映碳价，容易出现电力企业消极应对甚至抵制碳排放交易，或者电力供给投资不足的问题，甚至可能加剧供电不足的危机（比如"电荒"）。中国的电力体系市场化改革刚刚起步，尤其是"市场煤"与"计划电"之间的冲突、煤价与电价没有实现联动，已经使得电力行业的发展受到了阻碍，发电企业薄利经营甚至大面积亏损，因而主动限发、停发以至于出现人为的"电荒"，这一点需要特别注意欧洲的这一经验，利用碳排放交易市场这一政策手段促进电力体系市场化改革加快进程。

另外，从抑制通货膨胀、维护社会稳定的角度来看，可能会有碳价导致电价大幅上涨影响民生的担忧，但从欧洲的经验来看，排放交易体系产生的碳定价导致的发电成本及电力价格的上升是可以接受的，特别是当碳的价格和燃料价格相比时，燃料价格对于电价波动是更大的主导性因素。

（二）CDM 促进可再生能源发展

《京都议定书》所规定的清洁发展机制是目前中国唯一能够参与的《京都议定书》框架下的国际碳排放交易机制。CDM 的主要目的是让发达国家能够以较

---

① A. Denny Ellerman, Paul L. Joskow, "The European Union's Emissions Trading System in Perspective", Prepared for the Pew Center on Global Climate Change, 2008.

低成本达到本国温室气体排放量的削减目标，允许他们购买在发展中国家的减排项目产生的经核查的温室气体排放削减量作为本国的减排指标使用，并且促使发达国家转让先进的节能减排及清洁能源利用技术或者提供相应资金给暂不承担减排义务的发展中国家。

根据联合国气候变化框架公约（UNFCCC）的统计，截至 2012 年 8 月 10 日在联合国成功注册的 5144 个 CDM 项目中，来自能源工业的项目（包括可再生能源项目与非可再生能源项目）占了大约 70%（图 1），构成了全球 CDM 项目中占据绝对优势的类型。而且，UNFCCC 发布的《清洁发展机制成效报告 2011》中，也将促进可再生能源利用、减少对化石燃料的依赖作为 CDM 贡献可持续发展的重要衡量指标之一。CDM 建立起来的全球碳排放交易市场，成为协助发达国家将技术、资金投入发展中国家的可再生能源项目的平台和桥梁。

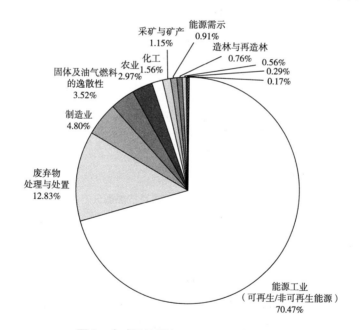

图 1　全球已注册 CDM 项目按类型分布

资料来源：UNFCCC 网站 http：//cdm. unfccc. int（2012 年 8 月 10 日）。

中国一直积极参与 CDM，几乎占据了全球 CDM 已注册项目和已签发减排量的半壁江山。CDM 自从进入中国，一直是以新能源项目为主，截至 2012 年 8 月 10 日已成功注册的 2166 个来自中国的 CDM 项目中，超过 82% 是新能源和可再生能源项目（图2）。中国的可再生能源行业，成为全球知名、量大质优的碳资产和碳减排量供给源，在中国乃至全球的碳市场版图中发挥着举足轻重的作用。更重要的是，国际碳交易给中国相当一部分可再生能源项目带来了额外收益，在可再生能源发展较为艰难的前期使国内可再生能源项目的经济可行性得到了进一步提高，可以说在一定程度上间接催热了新能源发电行业的蓬勃发展，其中尤以中国的风电行业最为突出。

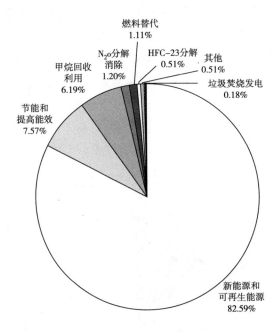

图2　中国已注册 CDM 项目按类型分布

资料来源：中国清洁发展机制网 http：//cdm.ccchina. gov. cn（2012 年 8 月 10 日）。

目前中国鼓励扶持可再生能源发展的核心政策是可再生能源上网电价补贴，这一政策出台之后极大地提振了企业投资可再生能源发电的热情和信心，也是这几年中国可再生能源产业及市场迅猛发展的主要根源之一。然而，业界也存在一种担忧，即这种纯粹依赖国家财政的补贴政策能否持久、会否稳定？有鉴于此，碳交易市场可以在促进中国可再生能源发展上发挥更加显著的作用，因为通过给碳定价可以将对可再生能源电力的补贴以一种合乎市场规律的方式合理合法地固定下来，既避免了对"朝令夕改"的担忧，且能够进一步将传统化石能源电力与可再生能源电力之间的价差缩小，提高可再生能源的市场竞争力和经济可行性。

四　碳交易市场与金融创新

碳排放权，作为一种虚拟的、人为设计的、标准化交易产品，成为继石油等大宗商品之后又一新的价值符号，具有促使环境外部成本内部化的重要功能。在有效运转的大规模碳排放权交易市场中，金融创新往往是其不可或缺的特点和成功经验。例如全球规模最大、运作最成功的 EU ETS。

（一）EU ETS 的金融化与金融创新

如表 2 所示，根据世界银行 2012 年 5 月发布的《碳市场现状与趋势报告（2012 年）》[①]，2011 年 EU ETS 的总交易额约为 1478 亿美元，占全球碳市场总份额的 84%，加权平均交易价格也远远领先于其他碳市场，可见 EU ETS 在国际碳市场中具有强大的领导力。而其中，欧盟排放配额（EUA）现货的交易额仅有 28 亿美元，占 EUA 年度总交易额的比例只有 2%；期货交易占欧盟碳市场总交易额的 88%，期权交易约占 10%，相比 2008 年均有较大增长。由此可见，金融衍生品的交易已经占据了欧盟排放交易市场乃至全球碳市场的绝对主流。

表 2　2011 年全球碳市场交易量与交易额

	交易量 （百万吨 CO_2e）	交易额 （百万美元）	加权平均价格[①] （美元/吨 CO_2e）	交易额所占比例 （%）
配额市场				
EUA	7853	147848	18.83	84.00
AAU[②]	47	318	6.77	0.18
RMU[③]	4	12	3.00	0.01
NZU[④]	27	351	13.00	0.20
RGGI[⑤]	120	249	2.08	0.14
CCA[⑥]	4	63	15.75	0.04
其他	26	40	1.54	0.02
小计	8081	148881	18.42	84.58

---

① The World Bank, *State and Trends of the Carbon Market 2012*, 2012.

续表

	交易量 （百万吨 CO₂e）	交易额 （百万美元）	加权平均价格① （美元/吨 CO₂e）	交易额所占比例 （%）
现货与二级抵消信用市场				
二级 CER	1734	22333	12.88	12.69
二级 ERU⑦	76	780	10.26	0.44
其他	12	137	11.42	0.08
小计	1822	23250	12.76	13.21
远期(一级)项目交易				
2013 年前的一级 CER	91	990	10.88	0.56
2012 年后的一级 CER	173	1990	11.50	1.13
一级 ERU	28	339	12.11	0.19
自愿市场	87	569	6.54	0.32
小计	378	3889	10.29	2.21
总计	10281	176020	17.12	100

注：①由于存在换手，该价格并不表示实际交易价格，而是总的交易额与总交易量之间的比值。

②分配数量单位（AAU），是根据《京都议定书》的国际排放贸易机制（IET）得出的附件Ⅰ国家得到并且可以交易的排放配额。

③清除单位（RMU），是根据《京都议定书》利用造林、再造林、土地利用等碳汇项目消除温室气体排放所得到的配额。

④新西兰排放配额单位（NZU）。

⑤美国区域温室气体减排行动（RGGI）。

⑥加州碳排放配额（CCA）。

⑦减排单位（ERU），是根据《京都议定书》的联合履约机制，由减排项目所产生的减排单位。

资料来源：The World Bank, *State and Trends of the Carbon Market 2012*, 2012。

另外，从欧洲几大碳交易所推出的交易产品也可看出金融化与金融创新的重要。例如，欧洲气候交易所（ECX）是欧盟交易量最大、品种最多的交易所，吸引了欧洲碳市场上 85% 的场内交易量。从 2005 年成立之初开始，欧洲气候交易所就根据市场需求不断创新交易品种、上市新产品，已涉及碳排放期货、期权和现货等各类产品（见表3）。

尤其值得一提的是，ECX 主要是因其在衍生品交易方面的领先而取得了如今在欧洲乃至全球碳交易市场上的影响力和地位。无独有偶，欧洲的其他主要碳交易所也非常重视金融化产品，例如诺德普尔交易所（Nord Pool ASA）自成立时即将 EUA 列为标准化交易合同，2007 年开始 CER 交易，整个产品范围包括

表3　欧洲气候交易所上市交易产品

时　间	ECX 上市产品	时　间	ECX 上市产品
2005 年 4 月	欧盟排放配额 EUA 期货合约	2008 年 5 月	核查减排量 CER 期权合约
2006 年 10 月	欧盟排放配额 EUA 期权合约	2009 年 3 月	欧盟排放配额 EUA 现货
2008 年 3 月	核查减排量 CER 期货合约		核查减排量 CER 现货

资料来源：ECX 网站，https：//www.theice.com/emissions。

EUA 和 CER 现货合同、期货交易、远期合约和期权合约，另外提供 EUA 和 CER 场外交易的清算服务。

　　欧洲碳市场的金融化为欧盟排放交易体系的有效开展发挥了重要的作用。从市场的技术层面来看，欧盟碳市场的迅速金融化吸引了大量投资资本参与碳交易，刺激了交易的发生，增加了碳市场的流动性。从战略层面来看，碳市场的金融化清晰表明了欧洲和全球金融界与投资界对于碳配额市场价值的肯定性判断，认可了欧盟排放交易体系在低碳转型中的重要作用，向欧洲企业界释放了强烈的碳价格信号，增强了欧洲企业界投资低碳技术的信心。可以说，EU ETS 的金融化和不断的金融创新为繁荣欧洲碳市场和促进低碳技术创新发挥了极其重要的作用。

　　金融是经济的血液；金融的资金融通效应是行业发展不可或缺的一环。中国要实现经济低碳转型离不开金融资本向低碳领域的转移与聚集。碳市场作为低碳经济发展的指示性和引领性市场，同样离不开金融资本的参与和支持。EU ETS 的金融化实际上为中国碳市场指明了一个吸引和聚集金融资本、为产业界低碳发展提供金融保障的方向，提供了碳市场如何金融化以及金融化的效果的鲜明例证。

（二）碳金融是一种创新的金融体系

　　湖南大学"我国低碳经济发展与碳金融机制研究"项目组的研究表明[1]，碳排放权实质上是一种新的金融形式，不仅具有金融资产属性，而且具有金融资源属性和金融功能属性——其金融资产属性体现在碳排放权的"准货币化"特征、碳排放权作为金融资产的特殊性和广泛性方面；金融资源属性体现在其具有稀缺

---

[1]　乔海曙、刘小丽：《碳排放权的金融属性》，《理论探索》2011 年第 3 期。

性和战略性两方面；金融功能属性主要体现在特殊的减排成本内部化和最小化、产业链低碳转型、气候风险转移和分散功能三方面。基于碳排放权这种金融属性而开发出来的、服务于减少温室气体排放的各种金融制度安排和金融交易活动即为碳金融，它包括碳排放权及其衍生品的交易和投资、低碳项目开发的投融资以及其他相关的金融中介活动。

碳金融是在共同应对气候变化、低碳经济发展模式席卷全球的背景下应运而生的时代产物，它起源于《联合国气候变化框架公约》和《京都议定书》这两个国际法的生效，成长于以欧洲排放交易体系为核心的全球碳排放权交易市场的蓬勃发展。依托于碳市场这一新兴的商品交易市场，各种金融衍生品以及与碳交易相关的贷款、保险、投资等金融产品相应产生，初步形成了以减排和促进低碳发展为目的、以碳排放权交易为基础、以各类金融机构为主要推动力量的碳金融体系（见表4）。碳金融是一种创新的金融体系，首先便是因为它所包含的各种要素有相当一部分是新问题、新发现、新产品，对监管者和金融机构的应变和创新能力提出了较高的要求。

当前世界经济的主旋律是以新能源等低碳技术产业为代表的第三次工业革命、实现经济增长方式由高碳向低碳转变，这一过程需要巨额资金的投入，而金融体系本身在社会经济活动中就起着集聚和流通资金、优化资源配置和产业结构、提高经济效益的重要作用，因此低碳转型必然会产生对金融产品/服务的新需求，进而推动银行等金融机构的产品和服务创新。中国以传统化石能源为主的能源结构和低碳经济快速发展的势头，对碳金融创新提出了更为迫切的需求。

并且，中国将于2013年1月1日正式启动的"五市二省"碳排放权交易试点，将正式拉开中国建设碳排放交易体系、参与国际主流碳交易市场的序幕。而在欧、美、日等发达国家，包括商业银行、投资银行、证券公司、保险公司、基金公司等在内的众多金融机构，已经成为国际碳市场上的重要参与者，其业务范围渗透到交易的各个环节，这些金融机构的参与使得碳市场的容量扩大，流动性加强，同时日趋成熟的市场又会吸引更多的企业、金融机构甚至私人投资者参与其中，且形式也更加多样化。因此，即将扬帆起航的中国国内碳配额交易市场，也极为迫切地要求对现有金融体系进行改革和创新，要求加快发展中国的碳金融体系。

表4　碳金融体系

定义	广义碳金融:与减少碳排放有关的所有金融交易活动
	狭义碳金融:以碳排放权期货和期权为代表的金融衍生产品
主要功能	1. 发挥中介功能、降低交易成本
	2. 发现价格,提供决策支持
	3. 减排成本内部化和最小化
	4. 加速低碳技术的转移和扩散
	5. 风险转移和分散
交易工具	基础工具:碳排放权(包括碳排放配额与碳减排信用)
	衍生工具:碳掉期、碳期货期权、碳保理、碳债券、碳证券、碳基金等
主要交易产品	配额类:如EUA等
	信用类:如CER、VER等
主要参与者	交易所:依托证券交易/产权交易/大宗商品交易场所或是独立设立的碳排放权及衍生产品专门交易场所,提供场内交易平台和其他相关服务
	项目业主:包括负有强制减排义务的企业和减排项目开发商等
	银行:为减排项目提供信贷支持、开展碳交易账户管理与碳交易担保服务以及开发碳金融相关的银行理财产品等
	保险公司:开发与碳排放相关的保险产品、提供碳排放风险管理服务以及作为机构投资者投资于各类碳金融产品等
	证券公司:开发设计碳排放权证券化产品、充当碳投融资财务顾问以及进行碳证券资产管理等
	信托公司:开发设计碳信托理财产品、充当碳投融资财务顾问以及从事碳投资基金业务等
	碳基金:设立碳基金投资计划、充当碳投融资财务顾问以及进行碳基金管理等
	期货公司:开发设计碳期货产品、进行碳期货资产管理以及开展碳期货经纪业务等
	碳资产管理公司:对以碳为核心的资产进行管理
	投资者:专业的碳投资公司,以及投资于碳排放权产品和碳减排项目的机构、个人等
	中介服务机构:交易经纪公司、咨询服务机构、审核认证机构等

资料来源:根据公开资料整理。

G.9
中国碳交易市场建设进展与展望

钱国强　金琳*

摘　要： 本报告系统介绍了中国建设国内碳交易市场的相关政策背景、主要思路、已取得的进展和面临的主要问题。2011年11月国家发改委办公厅下发《关于开展碳排放权交易试点工作的通知》，正式拉开了国内碳交易试点建设的序幕。同时，规范全国自愿减排交易活动的《中国温室气体自愿减排交易活动管理办法（暂行）》也有望在年内得以发布实施。未来阶段，全国层面的自愿减排交易市场和各试点层面的地方碳交易市场将齐头并进，并逐步向全国统一的碳交易市场过渡。无论是全国自愿减排市场还是各碳交易试点的实施运行，其本身就是一个"摸着石头过河，逐步积累经验"的过程，应围绕碳市场建设的各项基本要素不断总结和积累经验，为最终建立全国统一的碳交易市场做好充分准备。

关键词： 碳交易试点　进展　展望

一　前言

自2005年《京都议定书》生效以来，碳排放交易制度作为一种以较低经济成本实现温室气体减排的市场化手段，已被越来越多的国家接受。目前，欧盟、新西兰、澳大利亚、韩国、美国加州、加拿大魁北克省等都已通过引入碳排放交易机制的立法，将碳排放交易作为实现其温室气体减排目标的重要政策工具。

中国确立了到2020年实现单位国内生产总值（GDP）二氧化碳排放比2005

---

* 钱国强，北京中创碳投科技有限公司战略总监，主要从事低碳和碳市场相关领域的研究和咨询工作；金琳，北京中创碳投科技有限公司高级研发经理。

年减少40%～45%的控制温室气体排放目标。"十二五"规划进一步明确了到2015年实现单位GDP二氧化碳排放比2005年降低17%的阶段性目标。为实现这些目标，政府也将在吸取"十一五"经验教训的基础上，探索利用市场化手段，发挥市场机制对资源配置的基础作用，使控制温室气体排放从单纯依靠行政手段逐渐向更多利用市场手段转变。

"十二五"规划纲要提出要"完善温室气体排放的统计、监测与考核体系，逐步建立碳排放交易市场"，《"十二五"控制温室气体排放综合实施方案》进一步明确了开展碳排放交易试点、加强碳交易支撑体系建设等具体任务。在此基础上，2011年11月国家发改委办公厅下发《关于开展碳排放权交易试点工作的通知》，正式批准在北京、天津、上海、重庆、湖北、广东、深圳"两省五市"开展碳排放权交易试点工作，推动运用市场机制以较低成本实现中国控制温室气体排放的行动目标，加快经济发展方式转变和产业结构升级。当前，各试点地区正在紧锣密鼓编制各自的碳交易实施方案，以满足国家发改委提出的2013年开始在试点地区启动碳交易机制，2015年争取建立全国统一碳交易市场的目标。

由于碳交易在中国是一项新的制度，中国建立国内碳交易市场，将主要基于以往开展《京都议定书》下清洁发展机制（CDM）项目国际合作所积累的经验，对照发达国家已经建立和运行的碳交易市场的基本要素，充分吸纳发达国家的经验和教训，结合中国实际情况，从无到有系统地进行制度和方案设计。

二 碳交易市场建设基本思路

"十二五"期间，中国碳排放交易市场建设将主要遵循"地方试点先行、逐步向全国推广"的"自下而上"模式。这遵循了中国自改革开放以来在推进相关制度、政策的改革与创新方面的一贯实践做法。同时，考虑到中国各省之间差异较大，如何克服地域差异，最终建立起适用于全国范围的统一碳交易市场，也需要首先选择一些差异较大的省市开展试点，总结发展阶段和经济结构各不相同的地域开展碳交易的经验和教训。此外，国家发改委为推动建设全国统一碳交易市场，也在国家层面做了一些基础工作，这使中国碳交易市场的建设也带有一定"自上而下"的特点。

（一）地方试点层面开展的工作

根据《关于开展碳排放权交易试点工作的通知》的要求，"各试点应切实加强组织领导，建立专职工作队伍，抓紧组织编制碳排放权交易试点实施方案，明确总体思路、工作目标、主要任务、保障措施及进度安排。同时，各试点地区要着手研究制定碳排放交易试点管理办法，明确试点的基本规则，测算并确定本地区温室气体排放总量控制目标，研究制定温室气体排放指标分配方案，建立本地区碳排放交易监管体系和登记注册系统，培育和建设交易平台，做好碳排放交易试点支撑体系建设，保障试点工作的顺利进行"。① 归纳起来，各碳交易试点实施方案编制主要包括两个层面的问题。

1. 制度设计层面

碳交易试点管理办法是在各试点引入碳交易机制的"基本法"，将重点在立法层面上解决引入碳排放交易的相关法律依据和约束性问题。管理办法是基础性法规，主要功能是明确基本规则，为开展碳交易提供基本制度保障。在此基础上，还需就碳交易机制运行过程中遇到的其他具体技术问题制定相应技术规范和实施细则。此外，可能还需在金融、税收、财务等领域建立相应的配套政策制度体系。各试点最终将形成一套以管理办法为基本法和上位法、以其他技术规范和实施细则等规范性文件为具体规则和下位法的政策法规体系，对碳交易市场进行全方位规制，并对相关活动进行具体指导。

2. 技术方案层面

对照碳交易市场的基本要素，需要解决的技术性问题主要包括，明确主管部门及其职责，进行排放摸底并确定被纳入碳交易体系的行业、企业范围及纳入核算的温室气体种类，为纳入企业设定相应排放总量控制目标，明确排放配额的分配规则，建立排放监测、报告与核查（MRV）体系，建立交易登记注册系统，建立交易平台、制定交易规则、强化交易安全监管，明确抵消机制的作用与相关规则，建立企业合规评定与奖惩机制，碳交易制度评估、调节与完善机制等。

---

① 《国家发展和改革委办公厅关于开展碳排放权交易试点工作的通知》（发改办气候〔2011〕2601号），http：//www.sdpc.gov.cn/zcfb/zcfbtz/2011tz/t20120113_456506.htm。

碳交易在中国尚属新事物，对以上法律制度和技术层面的问题缺乏相关经验，各试点地区将在借鉴国外经验并考虑地方特色的基础上，先行先试，取得相关经验后，逐渐向全国推广。

（二）国家层面在推进的工作

为建立国内碳交易市场，国家发改委在积极推进试点工作的同时，也在全国层面做了许多准备工作。自2009年以来，国家发改委就开始着手组织研究、起草关于自愿碳交易行为的《中国温室气体自愿减排交易活动管理办法（暂行）》。该管理办法将规范中国境内的项目级温室气体自愿减排交易活动，保证自愿减排市场的公开、公正和透明。虽然从名称上看，该管理办法仅规范自愿减排交易活动，但也可理解为这是政府朝建立全国范围的基于温室气体"总量控制与交易"（cap and trade）强制碳市场的一种过渡行为。

国家对项目级自愿减排交易活动进行规范化管理，对未来建立全国强制性碳交易市场的意义至少有三方面：一是有利于实践国家级碳交易市场的完整交易框架，包括交易流程、监管框架和技术支撑体系，并同时培育市场参与方；二是建立全国自愿减排市场的登记注册系统，该系统虽在功能上不一定能完全满足未来强制减排交易的需求，但将在基础设施建设方面迈出重要第一步；三是基于项目的自愿减排交易实践为未来在全国强制碳交易市场下引入相应项目级抵消机制积累经验，该管理办法规范的自愿减排项目本身就可能成为未来全国强制碳交易市场下合格的抵消项目。

此外，国家发改委组织开展的对电力、水泥、钢铁等重点行业温室气体排放核算的相关标准和指南的研究，一方面可为地方碳交易试点MRV体系的建设和完善提供指导，另一方面也可为建立未来全国统一碳交易市场的MRV体系作好相应铺垫和准备。

三 碳市场建设进展与主要问题

当前，北京、上海、天津、重庆、深圳、广东、湖北七个碳交易试点的实施方案编制工作都取得了实质进展。虽然进度有快有慢，但基本都形成了一个完整的初步方案，并明确了试点工作的基本思路、重点工作内容和建设时间表。目前各试点的实施方案都还在进一步修改、完善过程中，具体细节和相关技术性问题仍有待进一步明确和细化，以便为 2013 年启动交易作最后的准备。

总体上各试点的基本思路是，将各自辖区内的重点排放企业纳入碳交易体系，并为纳入企业设定排放总量控制目标，排放超标的企业必须到市场上购买相应的排放配额，否则将面临一定处罚。按照上海市人民政府最新公布的《关于开展碳排放交易试点工作的实施意见》（沪府发〔2012〕64 号），钢铁、石化、化工、有色、电力、建材、纺织、造纸、橡胶、化纤等工业行业 2010～2011 年中任何一年二氧化碳排放量两万吨及以上的重点排放企业，以及航空、港口、机场、铁路、商业、宾馆、金融等非工业行业 2010～2011 年中任何一年二氧化碳排放量一万吨及以上的重点排放企业，都将被纳入试点范围。其他地方也基于自身情况初步确定了拟纳入试点范围的行业，如广东打算纳入电力、建材、化工等行业[①]，重庆打算纳入电解铝、铁合金、电石、烧碱、水泥、钢铁等行业[②]。纳入企业的排放量也通常在一定规模以上，如北京初步划定的门槛是年排放量超过一万吨二氧化碳当量的企业，天津则初步划定能源消耗超过一万吨标煤的企业[③]。具体排放配额分配方案、可操作的 MRV 体系、登记注册系统、交易规则等方面的问题，仍在研究和细化过程中。

由于碳交易机制是一项非常复杂的运用市场化手段减少温室气体排放的政策工具，国内没有现成经验，各试点从方案设计到实施运行的过程中难免遇到各种各样的问题。

从宏观层面看，需要平衡经济增长与低碳转型之间的关系。中国还是发展中国家，未来保持经济的高速增长主要还将依靠能源利用总量的持续增加，低碳转型难度大。在这种情况下推行碳排放交易，需处理好经济发展与能源消费总量增加、碳排放配额总量设置之间的相互关系，特别是在初期阶段碳排放配额总量设得不宜过低，以避免对经济规模和发展速度形成一定潜在制约和影响。

---

① 《广东获准开展碳排放权交易试点，电力建材先行先试》，《南方都市报》（网络版），http://nf.nfdaily.cn/nfdsb/content/2012-01/16/content_36513154.htm。

② 《推进碳排放权交易，重庆年内开展森林碳汇交易》，华龙网，http://cq.cqnews.net/html/2012-04/26/content_15106342.htm。

③ 《全国碳交易试点步伐加快》，《中国环境报》（网络版），http://www.cenews.com.cn/xwzx/hjyw/201205/t20120518_717688.html。

从微观层面看，各试点实施方案的编制涉及大量操作层面的技术性问题，随着方案编制进入具体细节领域，相关问题也随之出现，主要问题集中在四个方面。

（一）如何合理确定配额分配方案

合理确定排放配额总量并分配到各企业是碳交易机制顺利运行的基础。这需要比较充分地掌握相关行业和企业的排放数据、技术水平、减排潜力、未来增长需求等方面的情况。由于碳排放统计体系建设的滞后和基础数据的缺失，各试点在确定排放配额分配方案过程中需要克服这些困难，并确保排放配额以一种相对公正、合理的方式分配给各企业。

以上海试点为例，原则上将基于2009～2011年试点企业二氧化碳排放水平，兼顾行业发展阶段，适度考虑合理增长和企业先期节能减排行动，按各行业配额分配方法，一次性分配试点企业2013～2015年各年度碳排放配额。对部分有条件的行业，按行业基准线法则进行配额分配。至于如何准确获取这些企业的历史排放数据，可能还有很多具体工作要做，关于如何适度考虑合理增长和先期行动，也还存在一定的弹性操作空间。

（二）如何建立强有力的 MRV 体系

可信赖且操作性强的 MRV 体系是碳交易制度得以成功运行的重要保障。目前各试点 MRV 体系都有待建立，相关报告与核查指南也在开发过程中。各试点在 MRV 体系的建设过程中，需结合准备纳入的行业特点，注重相关指南的科学性与可操作性。试点在考虑纳入行业和排放源范围时，要尽量考虑 MRV 的可行性。如果一开始纳入行业、排放源和气体种类过多，会导致 MRV 体系过于复杂而影响操作上的可行性。

同时，MRV 体系需要引入独立第三方核查机制，以确保企业报告数据的真实可信。目前各试点在这方面的工作进度不一，有些地方起步较早，如北京成立的中介咨询和核查机构联盟①，这将有助于推进第三方独立核查体系的建设。上

---

① 《三大联盟助力碳排放权交易》，《北京日报》（网络版），http://bjrb.bjd.com.cn/html/2012 - 03/29/content_ 65966. htm。

海也将建立企业碳排放监测、报告和第三方核查制度，企业应于规定时间内提交上一年度企业碳排放报告，第三方核查机构对试点企业提交的碳排放报告进行核查。

（三）如何确保对企业的约束力

从立法角度看，各碳交易试点的管理办法一般以"地方性法规"或"政府规章"的形式予以颁布实施。问题是，地方性法规立法难度较大，政府规章在设置行政处罚方面的权限相对有限。在这种情况下，如何确保交易机制对纳入企业的约束力和强制性，能否赋予政府主管部门相应的其他行政手段以解决企业约束力的问题，仍需进一步研究。

同时，电力企业排放量大且数据相对容易获取，通常被认为是纳入碳交易的理想行业，但中国电力企业在电价问题上缺乏自主权，难以将碳交易带来的潜在增量成本通过电价向下游转嫁，这可能会影响电企参加碳交易的积极性。另外，参与地方碳交易试点的重点企业，有相当一部分是中央企业。这些央企既受国资委归口管理，同时也受地方政府属地管辖，因此各试点在为央企设定配额总量的时候，需要考虑到这种特殊情况。

（四）基础能力薄弱和人才缺失

碳交易从制度设计到具体实施运行都带有专业技术性强的特点，相关环节对专门人才也提出了很高的要求。无论是政府管理部门，纳入企业，还是第三方独立核查机构，都需要配备相关专业人才。各试点将普遍面临人才欠缺、基础能力相对薄弱的问题，需要建立有效的专业人才培训体系。

四　未来展望

从国际发展趋势看，建立碳交易市场已成为各国实现温室气体减排目标的主要政策工具，但碳交易本身不是各国实现温室气体减排和低碳转型的唯一手段。碳交易本身不是万能的，一般而言，碳交易主要适用于数据相对容易获取的大型固定排放源，家电、交通等相对分散的小型排放源则更适合通过制定能效标准或排放标准的方式实现减排，碳交易虽然有助于促进可再生能源的发展，但也无法替代可再生能源目标及相关扶持政策在推动可再生能源发展方面的作用。因此，中国建立碳交易市场，应准确定位碳交易的功能及其在国家整个低碳发展战略中的作用，同时注重发挥碳交易机制和其他低碳政策之间的协同作用，一方面为碳交易市场建立和运行制定有利的配套政策，另一方面也要注意避免相关政策之间的矛盾。

可以期待，2012～2015年将是中国开展碳交易试点的关键阶段，在此期间全国层面的自愿减排交易市场和各试点层面的地方碳交易市场将齐头并进，并逐步向全国统一的碳交易市场过渡。目前上海已明确了碳市场建设时间表，即将在2012年完成各项试点前期准备工作和基础支撑体系建设；2013～2015年，启动并正式开展试点交易，维护并确保交易体系的正常运行；2015年以后对试点工作进行整体分析评估，根据国家统一部署推进碳排放交易工作。在建立全国碳交易市场的过程中，可能会出现这样或那样的问题，但试点本身就是"摸着石头过河，逐步积累经验"的过程，因此现阶段不应对各试点本身寄予过高的期待，要允许"犯错误"。

各试点在当前实施方案编制的最后阶段，不宜过多纠缠于具体问题的技术细节，重要的是要设计出能在中国特殊国情下可真正运作起来的体系，而不是在一开始就去刻意追求一套完美的体系。总体而言，各试点要对其正在编制的实施方案合理定位，在敲定实施方案相关内容取舍和技术细节的决策过程中，应基于试点的基本功能定位，并充分考虑到以下三方面因素：

（一）边做边学、逐步完善

碳交易体系除搭建一个政策体系框架外，其运行的条件是否都已经具备，数据是否可靠、配额设置是否合理、监管体系是否到位、系统安全是否有保障等，都只能在实践中结合实际情况不断摸索，逐步完善。

（二）抓大放小、由易而难

从排放大户入手，有利于降低管理成本，各试点在考虑覆盖范围的时候，除考虑规模因素外，还应兼顾可操作性，一开始应尽量从方法上相对简单、可行的行业和企业入手，同时纳入核算的气体种类也不宜过多。

（三）逐步收紧、减轻阻力

为平衡经济发展与减排之间的关系，一开始不必过分强调环境目标。可先尽可能多地争取参与企业的支持，将交易机制建立起来，之后再逐步强化。为减轻企业负担，可让企业有一个适应的过程，配额总量的设置一开始可宽松些，并可将大部分配额免费发放，之后再逐渐减少，并逐步扩大拍卖比例。

同时，未来在试点实施运行过程中，应特别注意围绕碳市场建设的各项基本要素，不断积累经验。要重视对基础数据的收集与完善，这是科学、合理确定配额分配方案以及建立强有力MRV体系的必要条件。碳交易试点是对促进中国低碳转型及建设国内碳市场的最大潜在贡献之一，可为建设一套科学、合理化排放数据收集、报送、核算及MRV体系投石问路。企业约束力问题，也是当前阶段难以完全通过立法本身可有效解决的，各试点能否为企业建立其他有效的激励和约束机制，还需要通过在实践中的摸索，找到创新办法。登记注册系统的安全性和碳交易市场相关监管工作，也需要在实践过程中不断摸索和完善。

最后，要尽快加强对政府部门、企业及相关从业人员的能力建设，为碳交易机制的顺利运行提供人才保障。第一步是应急培训，以满足碳交易试点顺利启动和运行需要为目的的。第二步是推进人才体系建设，制定和完善相关人才培训政策，明确碳市场相关从业人员的职业资格与管理体系，确保碳市场的长期、健康、稳定发展。

G.10
低碳转型的公共融资机制

石英华*

摘　要：本报告首先分析了公共融资促进低碳转型的作用机理，从政府直接投入、税收优惠、政府采购等方面介绍了促进低碳转型的公共融资政策的现状，在评价现状的基础上，分析了未来低碳转型的公共融资机制面临的主要约束因素，提出对策建议：增加低碳技术的研发投入，建立低碳转型财政投入的稳定增长机制；建立与经济发展相适应的、成本低、可操作、有效率的公共融资政策工具体系；创新财政投入方式，注重运用市场机制引导和促进低碳转型；注重顶层设计和政策间的协调。

关键词：低碳　转型　公共融资

低碳经济是未来经济发展的趋势。我国发展低碳经济不仅是应对全球气候变化和承担国际责任的需要，更是国内经济结构调整和优化升级的需求。促进低碳转型，实现低耗能、低排放、低污染的经济增长，关乎未来的国家竞争力和可持续发展能力。充裕的资金是低碳转型的保障。实现中高碳经济向低碳经济的转型，需要建立多层次、多渠道的融资机制。其中，公共融资机制是低碳转型的重要保障。

一　公共融资是促进低碳转型的重要手段

融资解决的是如何取得所需要的资金，包括在何时、向谁、以多大的成本、融通多少资金等问题。低碳融资是指有关投资主体为了进行低碳转型投资或其他

---

* 石英华，财政部财政科学研究所研究员，博士，研究领域为财政理论与财政政策。

低碳经济活动，从社会各方得到资金支持的行为和过程。公共融资是指有关投资主体为了进行低碳转型投资或其他低碳经济活动，从政府或公共组织得到资金支持的行为和过程。本部分讨论的公共融资主要涉及政府支持低碳转型的直接投入、间接投入和其他财政支持政策，也可称为政府内源性融资。与之相对的外源性融资，即通过市场的融资机制来实现（见本书其他部分）。

（一）实现低碳转型是未来我国实现经济可持续发展的必然选择

长期以来的以"高投入、高能耗、高排放、高污染"为特征的粗放型经济增长模式，给我国经济的持续、健康发展带来了资源与环境压力。当前，中国正处于工业化、城镇化的加速发展时期，煤炭、石油等能源消费总量已居世界前列，今后必将面临资源能源需求量持续上升、缺口日益扩大的问题。巨大的资源能源消耗，必将带来大量的温室气体排放。传统的经济增长模式已难以适应可持续发展、构建和谐社会目标的要求。党的十七届五中全会明确提出，面对日趋强化的资源环境约束，要加快构建资源节约、环境友好的生产方式和消费模式，增强可持续发展能力，并指出"十二五"发展的主线是转变经济发展方式。实现低碳转型，符合科学发展观的要求，是未来我国实现经济可持续发展的必然选择。

（二）公共融资是促进低碳转型的重要手段

低碳转型具有正外部性。例如，低碳技术创新投资额巨大，回报不确定性强，投资风险高，具有显著的正外部性，其社会收益大于其私人收益，这些特点决定了私人部门可能无意愿、无能力完全承担该领域的投资。低碳技术创新领域存在市场失灵，需要政府的参与和介入，需要政府直接投入资金。可见，公共融资机制是政府促进低碳转型的重要保障。

（三）公共融资通过多种政策工具促进低碳转型

低碳转型中的公共融资主体包括中央和地方政府，参与主体包括政府、企业、居民用户、投资商、银行等，融资资金来源包括政府财政投入、土地收入、国有企业股权投入以及地方融资平台贷款等。公共融资的运作机制是，围绕促进低碳转型的政策目标，政府通过预算投入、财政补贴、政府采购、税式支出

（税收优惠）等财政支持政策手段，一方面直接增加低碳投入，促进低碳转型；另一方面，向市场发送稳定、连续的政策信号，引导私人资本投资低碳经济，实现公共融资对低碳转型的传导作用。具体而言，财政资金是低碳转型资金的主要渠道，其来源包括一般预算收入和非税收入。加大财政预算资金投入，能够最直接有效地促进低碳经济发展。随着政府财政实力的提升和市场资金进入低碳领域，财政资金绝对额相应提高，但相对比例不断下降；实施税收优惠政策，能够引导生产者投入低碳技术研发和产业化，引导消费者建立低碳、环保、健康的生活理念和消费方式；实施节能产品政府采购，为低碳技术、高能效产品提供坚实的市场潜能，对市场释放积极的引导信号，激励低碳产品和技术提供者，降低其市场风险，进而促进低碳转型。

二 促进低碳转型的公共融资现状

政府的投入和扶持政策是促进经济低碳转型发展的关键手段。近年来，围绕淘汰落后产能、节能减排、促进可再生能源发展、加快培育节能服务产业、节能建筑、低碳交通等方面，政府出台了一系列财政补贴、税收调节和政府采购政策。这些政策为扶持低碳经济发展，促进低碳转型发挥了积极作用。

（一）政府直接投入

1. 政府投入的总体情况

近年来，在淘汰落后产能、促进节能减排、可再生能源发展、绿色建筑和低碳交通等方面，中国政府出台了多种具体的补贴和支持政策，不断加大财政投入。在直接投入方面，"十一五"期间，政府共安排中央预算内投资894亿元、中央财政节能减排专项资金1338亿元，共计2232亿元用于节能环保工程①。2011年，全国财政支出中用于节能环保支出达2618亿元，其中，中央预算支出1623亿元，含中央本级支出74.19亿元，对地方转移支付1548.84

---

① 《"十一五"期间中国单位GDP能耗预计下降19.06%》，新华社，2011年2月10日，http：//energy. people. com. cn/GB/13888788. Html。

亿元。中央预算支出主要用于强化重点节能工程建设，支出节能减排资金944亿元。实施天然林资源保护二期工程，巩固退耕还林、退牧还草成果，支出474.56亿元。推进新型能源建筑应用示范工程，强化生物质能源综合利用，开展可再生能源建筑应用示范，鼓励发展循环经济，支出139.43亿元。2012年，中央预算支出中用于节能环保的支出就达到1769亿元，较上年增长9%。其中，中央本级支出63.44亿元，对地方转移支付1705.66亿元。推进重点节能工程建设，加强重点领域节能，加大节能产品惠民工程实施力度，淘汰落后产能，强化重金属污染防治和农村环境综合整治，推进城镇污水处理设施配套管网建设，安排节能减排资金1069.19亿元，增长13.3%。巩固天然林保护、退耕还林、退牧还草成果，安排资金474.56亿元，与上年持平。加快发展新能源、可再生能源和清洁能源，推进能源清洁化利用，大力支持循环经济发展，安排资金141亿元①。此外，还有大量资金包含在基建项目资金中。

2. 政府直接投入的主要形式

从具体的政策手段看，政府公共融资政策包括财政专项补贴、奖励、价格补贴、担保、贴息等形式。其中，财政补贴是国家财政向企业或个人提供的一种补偿。专项补贴、奖励、价格补贴、贴息等都属于财政补贴的具体形式，只是政策着力点略有不同。

（1）财政专项补助。

近年来，中央财政多以专项补贴资金的方式对相关项目予以支持，如实施了"节能产品惠民工程"财政补贴、节能与新能源汽车示范推广财政补助资金、"金太阳"工程财政补贴、国家财政支持实施太阳能屋顶计划、再生节能建筑材料生产利用财政补助、节能与新能源汽车示范推广财政补助资金等。为调动地方的积极性，中央一些专项资金支持政策要求地方配套相应资金。例如，节能与新能源汽车示范推广财政补助资金中，中央财政重点对购置节能与新能源汽车给予补助，地方财政重点对相关配套设施建设及维护保养给予补助。促进低碳转型的主要财政专项补助资金详见表1。

---

① 《关于2011年中央和地方预算执行情况与2012年中央和地方预算草案的报告》，财政部网站，2012年3月12日。

表1 促进低碳转型的主要财政专项补助资金

政策领域	专项补助资金
节　能	"节能产品惠民工程"财政补贴
	再生节能建筑材料生产利用财政补助
	高效照明产品财政补贴
	工业企业能源管理中心建设示范项目财政补助资金
	国家机关办公建筑和大型公共建筑节能专项资金
	新型墙体材料专项基金
减　排	三河三湖及松花江流域水污染防治财政专项补助资金
	中央财政主要污染物减排专项资金
发展可再生能源	可再生能源发展专项资金
	"金太阳"工程财政补贴
	太阳能光电建筑应用财政补助资金
	风力发电设备产业化专项资金
	秸秆能源化利用补助资金
	生物能源和生物化工原料基地补助资金
	节能与新能源汽车示范推广财政补贴
	实施太阳能热水系统建筑应用的城市级示范补助
	可再生能源建筑应用专项资金
	绿色能源示范县建设补助资金
循环经济	循环经济发展专项资金
资源综合利用	煤层气开发利用补贴
支持淘汰落后产能	支持淘汰落后产能专项资金

（2）财政奖励资金。

随着相关专项政策的实施，财政补助政策不断完善。为提高财政资金配置效率，很多财政专项资金以"以奖代补"方式实施，如2007年开始实施的节能技术改造财政奖励资金，奖励金额根据项目技术改造完成后实际取得的节能量确定。再比如，2010年开始实施的合同能源管理财政奖励资金，用于支持采用合同能源管理方式实施的工业、建筑、交通等领域以及公共机构节能改造项目的合同能源管理，财政奖励资金由中央财政和省级财政共同负担，其中：中央财政奖励标准为240元/吨标准煤，省级财政奖励标准不低于60元/吨标准煤。促进低碳转型的主要财政专项奖励资金详见表2。

表 2　促进低碳转型的主要财政专项奖励资金情况

政策领域	专项奖励资金
节能	节能技术改造财政奖励资金
	合同能源管理财政奖励资金
	北方采暖地区既有居住建筑供热计量及节能改造奖励资金
减排	城镇污水处理设施配套管网以奖代补资金
发展可再生能源	生物能源和生物化工非粮引导奖励资金
支持淘汰落后产能	淘汰落后产能中央财政奖励资金

（3）价格补贴。

价格补贴是指国家向某种商品的生产经营者或消费者无偿支付补贴，以维持一定价格水平的措施，其实质是对这些生产经营者或消费者的经济利益损失的补偿。近年来，为促进节能减排和可再生能源发展，国家通过价格补贴的方式给予扶持。例如，实施脱硫电价补贴政策。为加快燃煤机组烟气脱硫设施建设，提高脱硫效率，减少二氧化硫排放，加强环境保护，2007 年，国家发改委和国家环保总局联合制定了《燃煤发电机组脱硫电价及脱硫设施运行管理办法（试行）》，现有燃煤机组按照《二氧化硫治理"十一五"规划》要求完成脱硫改造。安装脱硫设施后，其上网电量执行在现行上网电价基础上每千瓦时加价 1.5 分钱的脱硫加价政策。再比如，2009 年发布的《关于 2008 年 7～12 月可再生能源电价补贴和配额交易方案的通知》明确，可再生能源电价附加资金补贴范围为 2008 年 7～12 月可再生能源发电项目上网电价高于当地脱硫燃煤机组标杆上网电价的部分、公共可再生能源独立电力系统运行维护费用、可再生能源发电项目接网费用。对纳入补贴范围内的秸秆直燃发电项目继续按上网电量给予临时电价补贴，补贴标准为每千瓦时 0.1 元。

（4）贴息和担保。

财政补助不仅直接投入项目，而且用于贷款贴息等。财政贴息是政府提供的一种较为隐蔽的补贴形式，即政府对承贷企业的银行贷款利息给予的补贴。例如，2008 年中央财政安排的再生节能建筑材料生产利用财政补助，专项用于支持再生节能建筑材料生产与推广利用。其中，补助资金也可用于再生节能建筑材料企业扩大产能贷款贴息。此外，地方政府成立信用担保公司，或通过政策性银行，为企业低碳转型项目提供融资贷款的担保、贴息，间接支持企业投入节能减排、可再生能源发展、绿色建筑、低碳交通等低碳转型项目。

（二）通过税费减免政策间接引导与支持

近五年来，中国先后调整和完善节能减排、环境保护等税收政策，目前我国已出台的支持节能减排的税收优惠政策包括：企业所得税减免和抵免优惠、增值税减免、汽车消费税和购置税调整、调整出口退税政策、推进资源税改革，开展资源税改革试点等。目前已累计减免相关税收一千多亿元。具体政策包括以下四点。

1. 出台相关的增值税和企业所得税优惠政策，鼓励和支持资源综合利用

如对销售再生水、以废旧轮胎为全部生产原料生产的胶粉、翻新轮胎、生产原料中掺兑废渣比例不低于30%的特定建材产品自产货物及污水处理劳务免征增值税。此外还实行多项增值税即征即退、先征后退、按一定比例返还已入库增值税等。对企业以《资源综合利用企业所得税优惠目录》规定的资源作为主要原材料，生产国家非限制和禁止并符合国家和行业相关标准的产品取得的收入，减按90%计入收入总额。

2. 出台相关企业所得税、增值税、消费税政策，促进节能环保

例如，企业从事符合条件的环境保护、节能节水项目的所得，包括公共污水处理、公共垃圾处理、沼气综合开发利用、节能减排技术改造、海水淡化等，自项目取得第一笔生产经营收入所属纳税年度起，实行"三免三减半"。此外，还实行设备购置抵免政策。对造成污染、消耗不可再生资源的产品征收消费税。降低和取消"高能耗、高污染、资源型"（两高一资）产品的出口退税率，提高了部分"两高一资"产品出口关税税率。

3. 出台相关的企业所得税和增值税政策，支持节能服务公司

例如，对节能服务公司实施符合条件的合同能源管理项目，将项目中的增值税应税货物转让给用能企业，暂免征收增值税。享受企业所得税"三免三减半"政策。对符合条件的节能服务公司实施合同能源管理项目，取得的营业税应税收入，暂免征收营业税。

4. 出台相关的增值税、消费税优惠政策，扶持新能源开发与利用

例如，对核力发电企业生产销售电力产品，15年内按一定比例返还已入库增值税；对国家批准的定点企业生产销售的变性燃料乙醇实行免征消费税政策。

除中央出台各种税收激励政策外，地方政府还出台很多税费减免、土地出让减免等优惠政策，以促进低碳转型项目的投资建设和扩大产能。

（三）通过政府采购政策间接支持

政府采购制度是政府调控经济的有效手段。"十一五"时期，全国节能环保产品政府采购金额达 2726 亿元，约占同类所有产品政府采购金额的 65%[①]。2011 年全国政府采购规模突破 1 万亿元，占全国财政支出的 10%。2011 年，发布第十批《节能产品政府采购清单》，对空调机、照明产品、电视机、电热水器、计算机、打印机、显示器、便器、水嘴等九类节能产品实行强制采购。明确政府采购工程项目应严格执行节能产品政府优先采购和强制采购制度。目前，列入清单的节能产品已有 28 类 3.1 万种，环境标志产品已有 24 类 1.5 万种[②]。促进节能减排的采购政策，有力地支持了国内相关产业和行业发展。强制采购节能产品制度基本建立，节能环保清单管理不断优化。

（四）现行公共融资政策的简要评价

上述财政投入、税收优惠、政府采购等财政政策相互配合，推进了节能和能源利用效率的提高，促进了可再生能源的发展，优化了能源结构，促进了经济发展方式的转变和产业结构的调整，引导增加了低碳经济发展的社会资金投入，对低碳转型起到了积极的推动作用。2011 年，中国利用中央资金大力支持节能减排重点工程建设，可形成 2200 多万吨标准煤的年节能能力；加大节能产品惠民工程实施力度，推广节能电机 500 多万千瓦、高效节能空调 1600 多万台、节能灯 1.6 亿只，淘汰 1.5 亿吨水泥、3122 万吨炼铁、1925 万吨焦炭的落后产能；实施三河三湖及松花江流域水污染防治等重大减排工程，建设城镇污水处理设施配套管网 2 万公里，在 17 个省份约 1 万个村庄开展农村环境连片整治示范[③]。新增污水日处理能力 980 万吨/日，垃圾处理能力 11 万吨/日[④]。在中央多项财税扶持政策的支持和引导下，各级政府和企业也相应增加了投资。据统计，"十一五"

---

① 王保安：《立足国内改革和对外开放，推动政府采购工作再上新台阶》，全国 GPA 谈判应对工作及政府采购工作会议上的讲话，2011 年 5 月 26 日。

② 王保安：《立足国内改革和对外开放，推动政府采购工作再上新台阶》，全国 GPA 谈判应对工作及政府采购工作会议上的讲话，2011 年 5 月 26 日。

③ 《关于 2011 年中央和地方预算执行情况与 2012 年中央和地方预算草案的报告》，财政部网站，2012 年 3 月 12 日。

④ 相关数据引自《"十二五"节能减排综合性工作方案》，2011 年 8 月 31 日。

期间，政府近2000亿元节能减排投资带动了将近2万亿元的社会投资①。

尽管如此，与促进我国经济低碳转型的需求相比，现行财政政策还存在一些不足：一是用于新能源、节能、环保等领域的研发投入力度尚待加强。二是投入机制不够健全。目前，有关财政资金分散在节能、环保等多个方面，没有建立统一的国家低碳经济发展资金或基金，没有为低碳经济发展建立长期、稳定的财政投入机制②。三是财政资金使用与管理绩效有待提高。四是税收优惠政策尚待细化，配套措施不够。五是政府采购规模的快速增长没有体现政府机构节能的发展要求，政府采购行为引导节能产品推广的作用不明显。六是财政政策通过市场化机制的激励和引导不足。七是现行部分促进低碳转型的财政政策与其他扩张经济的政策目标不相一致。如扩大内需的部分政策与低碳转型目标相背，政策效应受到影响。据报道，受今年上半年经济数据欠佳影响，最近几个月以来，广西、贵州、陕西、河南、宁夏等省（自治区）纷纷对高耗能企业或行业放行电价优惠政策③。

三 完善低碳转型公共融资机制的约束因素分析

构建完善的低碳转型公共融资机制面临诸多约束因素：工业化、城镇化发展所处的阶段决定了我国今后一段时期经济发展不可能做到完全低碳；政府财力增长放缓；低碳转型投资需求巨大；财政管理水平和管理绩效有待提升等。

（一）工业化和城市化加速发展的经济阶段

低碳转型公共融资机制的建立和完善受制于我国当前和近中期的经济发展。当前，欧美日等发达国家的社会经济结构已从工业化社会转型为信息和服务型社会，大批传统高能耗、高污染的产业已经或正在加速转移到包括中国在内的新兴发展中国家。中国处在工业化发展加速阶段即重化工业阶段，钢铁、汽车、造船、机械工业的发展需要消耗大量的物质材料和能源；中国处于城市化的加速发展时期，现有城市的快速扩张和新城镇的不断建立，产生了大规模基础设施建设

---

① 中国新闻网，2010年11月22日。
② 苏明、石英华、王桂娟、陈新平、许文：《中国促进低碳经济发展的财政政策研究》，《财贸经济》2011年第10期。
③ 武文静：《对高耗能企业电价优惠犹如"饮鸩止渴"》，《中国产经新闻》2012年8月2日。

需求，带动了巨量的能源和碳密集型原材料的生产；在外向型经济中我国处于国际产业与贸易分工的低端，与进口的高附加值产品和服务形成鲜明对比，出口的主要是能源密集的制造业生产的产品。上述因素决定了中国能源消费呈现迅速增长的态势，以煤炭为主的能源消费结构短期内难以改变，在向低碳发展模式转变的过程中，中国将比其他国家受到更多的资金和技术压力，因而低碳转型应在发展经济的同时逐步进行，而"高碳"成分的工业在相当长的时期内仍会保持快速增长。低碳转型公共融资机制的完善应充分考虑经济发展阶段的约束。

（二）政府财力增长放缓

长期以来，在中国经济高增长态势下，政府财政收入持续高增长。但是，近年来，受国际金融危机、全球经济衰退、国内经济下滑、经济结构性矛盾等因素影响，财政收入增速放缓，甚至可能出现下滑，影响各级政府的可支配财力。而从财政支出看，当前是各种社会矛盾凸显期，需要财政保障的领域广、重点多、资金量大。按照科学发展观的要求，财政投入要更多地向民生、向社会事业领域、向农村地区、向低收入群体倾斜。围绕改善民生、推动国民收入分配格局调整，要依法增加对教育、卫生、农业、科技、文化事业的投入，增加对社会保障和就业、保障性住房、维护稳定的投入。财政收支间矛盾的长期存在，对构建低碳转型的公共融资机制有一定的制约影响。

（三）低碳转型的投资需求巨大

低碳转型的投资需求巨大，仅就节能减排而言，就需要大量资金。根据节能减排"十二五"规划，在"十二五"期间，节能改造工程、节能产品惠民工程、节能技术示范和产业化工程、合同能源管理推广工程、绿色照明工程、水污染防治工程、规模化畜禽养殖污染治理工程、重点行业烟气脱硫脱硝工程、机动车污染治理配套工程、节能减排能力建设工程等节能减排十大重点工程的投资需求总计近 15000 亿元[①]。从资金角度看，需要与可能的矛盾较为尖锐。因此，应妥善处理需要与可能之间关系——财税政策必须找准着力点，力争放大资金使用的连锁效应、引导效应和激励效应，进而缓解资金供求矛盾。

---

① 根据《节能减排"十二五"规划（征求意见稿）》相关数据计算整理。

（四） 财政管理水平和管理绩效尚待提升

20 世纪 90 年代后期以来，中国公共部门推行了一系列财政管理改革，包括政府采购、部门预算编制、国库集中支付、收支两条线、预算收支分类、财政支出绩效评价等。以上各项改革已经全面推开，适应市场经济发展的较为规范的财政管理体系框架也已初步形成，但是各项财政管理制度效应的充分发挥尚待时日，财政管理水平，资金使用和管理绩效尚待提高。

四　完善低碳转型公共融资机制的对策建议

为节约能源资源、保护环境，进一步提高经济发展的质量和效益，"十二五"规划纲要中提出，面对日趋强化的资源环境约束，必须增强危机意识，树立绿色、低碳发展理念，以节能减排为重点，健全激励与约束机制，加快构建资源节约、环境友好的生产方式和消费模式，增强可持续发展能力，提高生态文明水平。2012 年 7 月发布的《节能减排"十二五"规划》，要求形成加快转变经济发展方式的倒逼机制，建立健全有效的激励和约束机制，大幅度提高能源利用效率，显著减少污染物排放，确保到 2015 年实现单位国内生产总值能耗比 2010 年下降 16%，化学需氧量、二氧化硫排放总量减少 8%，氨氮、氮氧化物排放总量减少 10% 的约束性目标。完成上述目标，要从调整优化产业结构、推动提高能效水平、强化主要污染物减排、深入开展节能减排全民行动等方面着手，促进低碳转型。资金筹措是推进低碳转型的关键和难点，突破低碳转型的融资困境，需要构建完善的公共融资机制。

（一） 增加低碳技术的研发投入，建立低碳转型财政投入的稳定增长机制

1. 增加低碳技术的研发投入

应在整体提高科技研发投入的同时，增加政府低碳技术研发预算投入，逐步提高节能投资、新能源投资占预算内投资的比重，如明确在国家财政每年投入的研发资金中，有 5% 以上专门用于基础性、应用性节能技术、新能源技术的研发。

2. 建立支持低碳转型的财政投入稳定增长的机制

整合目前用于节能的各项财政资金投入，如节能领域中央预算内投资资金、节能技改财政奖励资金、淘汰落后产能专项资金、国家机关办公建筑和大型公共建筑节能专项资金、高效照明产品推广财政补贴资金等，建立国家低碳转型专项资金，形成规范、稳定的投入渠道，发挥政府财政投入在推动经济低碳转型方面的保障、支持和引导作用。

3. 完善财政转移支付制度，支持地方低碳经济发展

要继续完善转移支付制度，加大对地方发展低碳产业、推进节能减排、进行可再生能源开发和利用等的国家财政资金支持力度。通过加大一般性转移支付，加大中央对地方低碳转型的支持，弥补地方政府财力的不足。

（二）建立与经济发展相适应的、成本低、可操作、有效率的公共融资政策工具体系

1. 以完善财政补贴政策工具设计为重点，逐步建立与经济发展相适应的、成本低、可操作、有效率的公共融资政策工具体系

财政补贴是扶持低碳转型的主要政策工具，应用得当可发挥宏观引导和调控作用。如果运用不当，补贴范围过宽、数额过大，不仅会超出财政的承受能力，还会造成公共服务的价格扭曲和企业经营机制混乱，使之从调节社会经济活动的杠杆变为抑制经济发展的包袱。因此相关财政补贴的设计，补贴标准不宜过高，补贴范围不应超出本国的生产者和消费者，补贴不应损害产业的出口竞争力和就业岗位贡献力。应调整和完善国家财政促进低碳转型的补贴政策，建立包括投资补贴、产出补贴、消费者用户补贴等多层次的财政补贴政策，促进节能。科学设计财政补贴环节和补贴金额，明确不同环节适用的财政补贴，增强政策的针对性。进一步加强补贴资金分配使用各环节的监管，提高补贴政策的可操作性和效果。完善"以奖代补"机制，把奖励资金与资金使用绩效挂钩。

2. 关注公共融资的投入产出效应，提升使用绩效，财政投入资金首先要讲求社会效益、宏观效益，同样，从机会成本的角度考量，财政投入也要讲求投入产出效益

公共资金投入如果没有效益，就是整个社会福利的损失。低碳转型项目如果需要高额的财政补贴和投入，除了应运于研究和试验外，并不一定适宜于示范和

推广。因此应注重公共融资资金的使用绩效，将绩效评价结果与未来年度的资金安排相挂钩，强化资金使用单位的绩效管理意识。

（三）创新财政投入方式，注重运用市场机制引导和促进低碳转型

促进经济低碳转型，财税扶持政策应主要发挥四两拨千斤的作用。兼顾财力可能与投资需求，政府在直接投入支持的基础上，应更多地通过建立引导和激励机制，运用财税政策刺激市场主动投资，为社会资本投入低碳转型发挥作用创造条件，最终促成多层次、多渠道的低碳融资体系，从而与多层次需求有效对接。

1. 进一步完善我国相关税制，强化引导低碳转型功能

低碳相关税制政策，有利于提高对资源的合理利用与环境保护，以约束人们浪费资源与破坏环境的行为。一是完善资源税，将森林、草原、海洋、水资源等纳入资源税的征收范围。二是进一步强化消费税引导节能环保的功能，要鼓励发展环境保护型、节能减排型、高附加值型产业的发展，引导居民消费节能环保产品。三是研究探讨开征碳税。开征碳税，以碳排放量作为税基，能够将企业的外部成本内部化，提高排污企业的成本。从长远看，有利于建立促进低碳转型的长效机制，提高资源利用率和社会生产效率。从近期看，在当前经济增长减速的背景下，开征碳税可能会出现低收入居民难以承担，企业竞争力下降等问题。因此应在资源税完善的基础上，科学设计实施方式，选择合适时机开始试点。碳税的实施方式可考虑在现行资源税和消费税基础上，以化石燃料的含碳量作为计税依据进行加征。四是完善企业所得税相关优惠政策，对投资于低碳技术设备给予投资抵免、税前还贷、加速折旧等多种形式的支持；对低碳经济转型的融资给予税收优惠等。

2. 实施"低碳"政府采购政策，由政府购买和使用符合低碳认证标准的产品和服务

一是扩大政府采购的节能产品的范围和比重。从取得认证的节能产品中，选择那些社会需求量大的、节能效益显著的产品，将之纳入政府采购，完善节能产品政府采购目录，增加节能产品采购占政府采购规模的比重。二是完善节能产品的采购方式。继续加强节能产品的认证工作，适时调整政府强制采购节能产品清单，选择部分节能效果显著、性能比较成熟的产品予以强制采购。三是出台"政府机构节能服务公司目录清单"。将通过资质认证的节能服务公司纳入节能

服务公司目录清单，并逐年更新，通过目录选定一批经过资质认定的节能服务公司，为政府机构的能源审计和节能改造活动提供优质服务。

3. 探索建立政府投入、企业运作的低碳公共融资机制

目前，我国以市场机制为主的低碳经济发展的相关基金和担保机制尚待完善，可借鉴英国碳信托基金的方式，由政府出资，采用企业化运作方式。政府可拨出财政专款，设立低碳转型产业风险基金，财政每年投入该基金，成立专门机构按照市场化方式运营，投资具有一定风险的低碳项目。

4. 促进碳排放权交易机制和市场的形成

我国目前自主的碳排放权交易市场尚未建立，也没有形成较为完善的节能服务市场，这些因素影响了财政政策效果的发挥。鉴于目前我国的能源市场尚未完全放开，资源价格改革尚未完全到位，要建立完全市场化的碳市场交易机制还会受到很多因素的制约，因此应逐步创造条件，建立引导和促进完善的碳排放权交易机制和市场形成的财政政策，加强与政策性金融的合作，积极引入"碳排放权交易"等市场融资机制，促进碳排放交易机制和市场的形成。

（四）注重顶层设计和政策间的协调

财税政策是低碳转型公共融资的基本内容，既事关低碳转型总体目标的实现方式选择，也影响各类制度安排的落实程度。因此，必须从战略和顶层设计角度去认识和制定财税政策体系。应系统构建和完善促进低碳经济发展的财政投入、税收政策、政府采购等财政政策与价格、排放权交易等政策、制度和规定，实现财政政策之间，以及财政政策与金融政策、产业政策等有关政策之间的协调配合，形成共同合力，促进经济低碳转型。调整现行与低碳相违背的财政政策，充分发挥政策效应。

当然，低碳公共融资机制作用的有效发挥，有赖于企业和社会资本的积极参与。对企业而言，应及时了解国家政策支持的总体导向，以及各级政府支持低碳转型的相关政策，做好项目筛选和申报，积极争取政府的财政补助和税收优惠，加强与政策性金融机构和商业银行的合作，用好用足公共融资资源，在低碳转型背景下寻求企业的良性发展之路。

⑥.11

商业银行在低碳融资领域的探索

梁平瑞*

摘 要: 节能减排、绿色环保,是我国经济社会发展的大方向、大趋势,商业银行业务的发展必须围绕宏观大趋势进行布局,因势而为、随势而变。近年来,商业银行把低碳信贷作为适应绿色经济发展新趋势、把握低碳经济发展新机遇的一项战略性业务。本报告介绍了商业银行在低碳金融领域的战略选择、观念转变、能力建设以及产品创新等探索与实践。

关键词: 商业银行 碳金融 赤道原则

节能减排、绿色环保,是中国经济社会发展的大方向、大趋势,商业银行业务的发展必须围绕宏观大趋势进行布局,因势而为、随势而变。近年来,中国的商业银行把低碳信贷作为适应绿色经济发展新趋势、把握低碳经济发展新机遇的一项战略性业务,致力探索,不断实践,以期在新时期的发展转型中寻找到一条更广阔的路径。

一 商业银行发展低碳金融的战略选择

从世界经济的发展趋势来看,金融危机过后,由于绿色经济与应对气候变化、能源安全、环境保护、社会发展等息息相关,涉及的产业多、关联度大,越来越成为引领世界下一轮经济增长的新引擎。从国内发展形势来看,2006 年,我国"十一五"规划提出单位 GDP 能耗降低 20%、主要污染物排放总量减少10% 的约束性指标;2009 年,我国提出到 2020 年单位 GDP 二氧化碳排放强度比

---

* 梁平瑞,兴业银行可持续金融部总经理。

2005 年下降 40%～45% 的行动目标；2011 年我国"十二五"规划明确，坚持把建设资源节约型、环境友好型社会作为加快转变经济发展方式的重要着力点，深入贯彻节约资源和保护环境的基本国策，节约能源，降低温室气体排放强度，发展循环经济，推广低碳技术，积极应对全球气候变化，促进经济社会发展与人口资源环境相协调，走可持续发展之路。

可持续发展在经济层面集中体现为绿色经济。绿色经济是低碳经济、循环经济和生态经济三者的融合，经济决定金融，金融服务于经济，经济发展的大方向和大趋势，也必然是金融发展的大方向和大趋势。对商业银行而言，低碳金融大有可为，适应绿色经济、低碳经济的新趋势，加大低碳金融业务发展的布局具有重要战略意义，在国际、国内绿色经济的快速发展中，低碳金融迎来了重大的发展机遇。

商业银行的战略选择：一方面，银行以低碳金融的角度，重新审视和优化经营理念、管理政策和业务流程，将环境保护、资源有效利用等作为衡量经营成效的标准之一，通过经营活动引导各经济主体发展绿色经济、促进经济社会可持续发展，这是银行应尽的社会责任。近年来，加强环境和社会风险管控已经越来越成为监管机关对银行经营活动的重要要求；同时，社会舆论越来越多地关注环境和社会问题，商业银行需要承担更多的环境和社会责任也成为社会各界的共识。另一方面，商业银行通过发展绿色金融产品和服务，将绿色理念融入商业模式，可以切入中国新兴的节能环保融资市场，发掘新的市场机会，开发、培育新的客户群体，树立绿色金融品牌，为在新时期的发展寻找到一条更广阔的路径，打造在可持续发展领域的差异化竞争优势；还可以依靠绿色金融的理念和工具，选择优质项目和客户，降低环境和社会风险，提高专业经营和管理能力。

在银行业产品和服务同质化严重的今天，商业银行在传统行业和产品的竞争异常激烈。绿色金融对于银行而言，既可以开辟新的业务领域、实现新的业务增长，又是商业化形式履行社会责任的最佳结合，更是商业银行形成自身经营特色和品牌，实行差异化竞争策略和实现自身可持续发展的重要契机。因此，作为金融行业中承担资源配置重要角色的商业银行，敏锐地抓住发展绿色经济带来的绿色金融发展机遇具有重要的战略意义。

二 商业银行引入赤道原则与绿色信贷实践

（一）商业银行引入赤道原则的国际经验

目前，赤道原则在可持续金融领域受到广泛关注。2002 年，国际上一些主流银行和金融机构，比如花旗银行、巴克莱银行、国际金融公司等，在英国的格林尼治共同探讨银行在项目融资过程中，就如何关注环境的问题、社会的问题，应该遵循哪些原则进行讨论，并对此达成一定的共识，这个共识当时被称为"格林尼治原则"。后来一些非政府组织认为，这个原则不应该仅仅是发达国家富人俱乐部的原则，也应该是发展中国家共同遵守的原则。因为发达国家大部分处于北半球，而发展中国家很多处于南半球，既然有南北之分，这个原则就放在中间，叫做赤道原则，无论是发展中国家和发达国家共同遵守。赤道原则具体包括十大原则声明、八大绩效标准和八大类、六十二个具体行业的环境、健康、安全指南，既有一整套完备的原则、标准，也有实施这些原则、标准的具体覆盖范围、业务流程和操作方法。与我国现行的环境信贷政策相比，赤道原则具有以下特点：①我国目前的环境信贷政策主要是单项的政策制度，尚未形成一整套的体系；而赤道原则提供了一整套原则、标准以及实施的范围、流程和方法，更为全面、系统。②中国目前的环境信贷政策的关注点主要集中在环境保护方面；而赤道原则除了注重环境保护外，还涵盖了社会风险问题，如职工的权益保护、征地拆迁涉及的社会问题以及社区保护、文化古迹保护等。③目前中国的环境信贷政策作为国家政策，需要银行被动地、强制地执行；而赤道原则是一套非官方规定，由世界主要金融机构根据国际金融公司的环境、社会政策和指南制定，旨在用于确定、评估和管理项目融资过程中涉及的环境和社会风险，也就是说，赤道原则是国际项目融资市场的行业基本准则，是一道市场准入门槛，更多的靠自觉遵守。④中国目前的环境信贷政策强调银行单方面履行环境保护的社会责任；而赤道原则则要求银行的客户在项目执行的全过程履行环境与社会风险管理义务，努力缓解项目对员工、周边环境、社区、生态、弱势群体及文化遗产等环境与社会因素的影响，它强调的是银行与社会、环境的共同可持续发展，三者是一种互动的关系。⑤中国目前的环境信贷政策主要从项目的准入与退出角度对银行投融

资行为进行政策性引导；而赤道原则更多的是一种项目生命周期的全过程管理，需要银行持续地关注项目对环境与社会的影响状况。

2010 年 10 月 31 日，兴业银行正式公开承诺采纳赤道原则，成为全球第 63 家、中国首家也是目前唯一一家"赤道银行"。除了按照赤道原则的要求，对总投资 1000 万美元项目融资业务进行赤道原则评审，识别融资项目的环境与社会风险，兴业银行还参照赤道原则为绿色金融提供的一整套理念、方法和工具，建立了本行从决策到执行、从制度到流程、从能力建设到信息披露等全面的环境与社会风险管理制度和体系。

截至 2012 年三季度末，兴业银行共对 714 笔贷款项目进行了赤道原则适用性审查，所涉项目总投资 9814 亿元。其中，认定属于适用赤道原则的项目共计 148 笔，项目总投资额为 2060 亿元，涉及 145 个客户，其中已放款 43 笔，涉及兴业银行 21 家分行。此外，兴业银行首笔由企业自愿适用赤道原则的项目共计 1 笔，项目总投资为 3.2 亿元，已在陕西西安成功落地。

（二）中国商业银行的绿色信贷实践

1. 绿色信贷的政策支持

绿色信贷的概念源于"赤道原则"。"绿色信贷"是指商业银行等金融机构依据国家的环境经济政策和产业政策，对高耗能、高污染的环保不达标企业和新建项目进行贷款额度限制并实施惩罚性高利率；而对从事环境保护、新能源与可再生能源开发利用、循环经济、绿色制造等低碳行业提供贷款扶持并实施优惠性的低利率。

2007 年，中国国家环保总局、银行业监督管理委员会（以下简称银监会）和中国人民银行（以下简称央行）联合发布的《关于落实环保政策法规防范信贷风险的意见》标志着绿色信贷业务在中国的开始。2007 年 11 月，银监会发布了《节能减排授信工作指导意见》（以下简称《意见》），对严格控制高耗能高污染行业的信贷投放、信贷管理作了具体规定。2008 年 3 月，环保总局与银监会签订了"信息交流与共享协议"，进一步完善环保与金融部门的信息沟通和共享机制。2008 年 11 月，由环保部与世界银行国际金融公司合作编译的适合中国国情的《绿色信贷指南》正式出版，使金融机构在执行绿色信贷时有章可循。2010 年 5 月 8 日，中国银监会联合人民银行出台《关于进一步做好支持节能减排和淘汰落后产能金融服务工作的意见》。各商业银行积极响应，开展符合国家产业政策与环保要求的信贷业务，防范环保风险，优化信贷结构，为促进绿色信贷发展提供了制度保障。2012 年 2 月，为贯彻落实《国务院"十二五"节能减排综合性工作方案》（国发〔2011〕26 号）、《国务院关于加强环境保护重点工作的意见》（国发〔2011〕35 号）等宏观调控政策，中国银监会制定并印发了《绿色信贷指引》，对银行业金融机构有效开展绿色信贷，大力促进节能减排和环境保护提出了明确要求，配合国家节能减排战略的实施，充分发挥银行业金融机构在引导社会资金流向、配置资源方面的作用。

绿色信贷由中国人民银行、银监会和环保部共同推动，既由多部门联合对商业银行进行行政监管，又通过金融手段在市场中鼓励发展可持续融资，这一系列的管理办法和实施方案等政策文件，为绿色信贷的实施奠定了坚实的基础。

2. 中国商业银行的绿色信贷实践

自《意见》发布以来，中国银行业金融机构对绿色信贷给予了积极的响应和支持，按照国家宏观调控政策和可持续发展原则，有效配置资源，支持节能减排和环境保护政策的贯彻落实。

各银行金融机构对环保产业优先贷款，持续支持循环经济、节能减排项目的开展。2011 年，全年银行业对产能过剩行业的贷款余额同比下降 0.14 个百分点，支持节能环保项目数量同比增长 28.79%，发放的节能环保项目贷款余额同比增长 25.24%[1]，通过认真落实"有保有压"的绿色信贷政策，创新绿色金融产品和服务，有效促进了"两高一剩"产业升级和节能环保产业发展。

目前，多数商业银行逐渐接受了绿色信贷的概念，对绿色信贷政策的贯彻执行已有积极的表现。兴业银行、中国工商银行、招商银行、中国建设银行、中国交通银行、上海浦东发展银行等更在国家政策基础上有所创新，建立了各自的绿色信贷政策和判定标准。如：制定了针对"两高"行业的具体措施，环保一票否决制，实行企业名单制管理，控制、减少或不提供贷款；加强贷后管理，跟踪监测和控制贷后风险。

兴业银行在绿色信贷方面的表现较为突出。作为中国首家赤道银行，兴业银行近年来，围绕发展绿色金融的需要，根据赤道原则的基本要求，进行了一系列

---

[1] 中国银行业协会：《2011 年度中国银行业社会责任报告》。

探索和实践。早在 2006 年兴业银行就在国内率先推出节能减排项目贷款,并陆续发布一系列制度规定,举办多场专业培训。兴业银行在 2008～2010 年投入约 100 亿元,专门用于支持中国节能减排项目,并与 IFC 合作,推出能效贷款产品。2009 年初设置了专门负责能效金融、环境金融和碳金融的产品开发与市场推广机构——可持续金融中心。2010 年,兴业银行的《兴业银行年度信用业务准入细则》明确优先支持节能减排业务,先后推出"8＋1"融资服务模式,在排放权金融服务方面,涵盖了碳交易的前、中、后各个环节,推出了清洁发展机制(CDM)项目开发咨询、购碳代理、核查碳减排量(CER)履约保函、碳资产质押授信等产品,均已成功落地实施,并与数十家国外碳交易商和国内主流环境权益交易所建立广泛的合作关系。

截止到 2012 年 9 月末兴业银行绿色金融融资余额已突破千亿,达到 1064 亿元。如将上述数据具体转化为节能减排指标,兴业银行绿色金融项目可实现在我国境内每年节约标准煤 2305.54 万吨,年减排二氧化碳 6618.55 万吨,年减排化学需氧量(COD)87.94 万吨,年减排氨氮 1.45 万吨,年减排二氧化硫 4.36 万吨,年减排氮氧化物 0.69 万吨,年综合利用固体废弃物 1466.29 万吨,年节水量 25579.06 万吨。上述年减排量相当于关闭了 151 座 100 兆瓦的火电站,或者是北京 7 万辆出租车停驶 45.5 年。

中国工商银行作为全球最大的商业银行,于 2007 年 9 月出台了《关于推进"绿色信贷"建设的意见》,严格控制信贷市场准入。2008 年,工行将企业环保信息逐步录入本行的 CM2002 系统中,在全行范围内初步建立了对境内有融资余额法人客户环保信息的识别、监控、反馈与处置机制。2010 年,工行先后制定了《关于加强绿色信贷建设工作的意见》《关于进一步做好信贷支持节能减排工作的意见》《关于对境内公司贷款实施绿色信贷分类及管理的通知》等多项制度。目前,工行已将全面建设"绿色信贷"作为一项长期经营战略,建立配套的长效机制。

2008 年起,中国建设银行开始实施信贷"环保一票否决"制,坚持有保有压、扶优限劣的信贷政策,大力发展绿色信贷。依据产业指导目录,严格限制环保不达标项目及产业项目贷款,加大对"双高"行业贷款的监控。截至 2011 年末,建行累计从"两高一剩"领域退出信贷余额 230.54 亿元。

此外,招商银行实行了绿色信贷综合信贷服务方案,具体包括节能收益抵押贷款、引入法国开发署（AFD）专项资金，为各类企业的节能减排和可再生能源项目提供个性化项目、绿色设备买方信贷、绿色融资租赁、CDM融资综合解决方案等多方位的绿色金融服务。北京银行将产品进一步细分为节能服务公司（EMC）合同能源管理融资模式、最终用能企业节能技术改造项目融资模式、设备供应商合作融资模式、公共事业服务商合作融资模式四大品种。同时，该行还建立了一支专业的节能减排客户团队，为节能减排类企业提供专业化服务等。

四　商业银行在低碳金融领域的能力建设

（一）商业银行的经营观念的转变

中国低碳经济转型加速，要求商业银行在经营过程中积极实现观念的转变并适时促进理念的提升。

首先，是观念的转变。在全球应对气候变化和国家推进节能减排事业这一大背景下，商业银行积极探索以商业模式创新履行社会责任，把履行社会责任融入银行对外提供产品与服务的过程之中，实现银行商业利益与社会环境效益的和谐发展。

最后，是理念的升华。随着低碳信贷探索实践的不断深入，低碳金融、可持续发展逐步升华为商业银行公司治理与企业文化的一个核心价值理念，进而逐步传导、落实到银行规章制度、组织架构、业务流程、产品创新等各个方面。具体来看，体现为三个方面的转变：一是成为公司治理的共识。低碳金融、可持续发展逐步升华为商业银行公司治理理念，贯彻落实科学发展观，积极探索以多种方式推动商业银行践行社会责任，构建人与自然、环境、社会和谐共处的良好关系，已经成为商业银行的共同认识。二是由被动接受约束转变为主动寻求商业机会。从最初的被动接受外部约束，转变为把服务节能减排的低碳融资项目作为创造差异化优势、挖掘新商机的有利工具。三是由单一低碳融资产品的开发推广转变为商业模式和业务流程的全面再造。

（二）商业银行的制度建设

以观念转变、理念提升为先导，并借鉴赤道原则等国际实践与经验，持续推动完善战略、流程、机制、体系等的建设和配套，商业银行在低碳信贷领域逐渐

探索不断前行。

第一，确立战略导向，推动低碳信贷发展。通过建立健全社会责任工作机制，商业银行加强对低碳信贷业务的组织协调和推动，系统推进低碳信贷工作。在将低碳信贷上升为战略性重点业务的同时，全面制定落实低碳信贷发展战略和整体规划，加强对低碳信贷的组织协调和推动。

第二，推进流程再造，提升低碳信贷服务效率。低碳信贷业务的持续深入发展，需要商业银行组织架构及制度的配套与流程的改造。为了加快推进低碳信贷业务，商业银行需要制定配套的管理办法等规章制度，指明业务发展方向，提供制度保障。在制度配套的同时，加快低碳信贷的业务流程改造。在尽职调查、审查审批、授信后检查各环节落实低碳信贷要求，建立低碳信贷的长效机制；在信贷审查审批工作中切实增强合规经营意识，将节能减排环保情况作为审批贷款的必备条件之一；将信贷项目的节能减排和对环境的影响作为授信后管理的一项重要内容；强化通过对节能减排动态跟踪、解读和传导，信息披露和业务审批授权等强化业务管理，为金融支持节能减排和淘汰落后产能打好基础。

第三，着力落实机制保障，打通低碳信贷业务的"绿色通道"。一是将低碳融资业务纳入银行经营与发展综合考评与经营计划，扩大银行分支机构审批权限，鼓励分支机构融入区域经济主流，助力区域节能减排事业。二是在银行信贷规模比较紧张的情况下，给予低碳信贷业务大力支持，同时配置优惠价格的专项资金。三是持续加强产品经理团队建设与业务培训力度，不断提升具体经营机构的专业水平和业务能力。

五　商业银行在低碳金融领域的创新

近年来，商业银行以低碳信贷为抓手，创新信贷产品，调整信贷结构，积极支持节能减排和环境保护，取得了初步成效。许多商业银行将支持节能减排和环境保护作为自身经营战略的重要组成部分，积极创新低碳金融的相关产品，丰富低碳金融服务。

（一）基于 CDM 的业务创新

在整个 CDM 交易市场的建立健全过程中，商业银行不仅要适时适地提供技术和资金等多方面援助，还要鼓励和帮助 CDM 项目开发设计者，为其提供信用增级，在市场条件成熟时，将 CDM 交易延伸至 CERs 相关的金融创新成品。此外，还可开展 CDM 项目账户管理服务、CDM 项目设备融资租赁服务、CDM 项目财务顾问服务等创新项目。

目前，兴业银行、中国农业银行、北京银行、上海浦东发展银行已推出 CDM 项目开发咨询服务、项目融资等业务。兴业银行更是在 CDM 业务创新中作了积极探索，鉴于 CDM 申报过程冗长、规则复杂、联合国审批效率低下、且减排量实质产生很长一段时间后方可收到售碳收入等原因，兴业银行推出了碳资产质押授信业务，适用于我国已获得联合国 CDM 理事会注册的项目（截止 2011 年 3 月为 1300 个），覆盖提高能源效率类、新能源和可再生能源类、工业废气类减排项目等形成温室气体减排的项目类型。2011 年 4 月，兴业银行首笔也即国内首笔碳资产质押授信业务在福州落地。办理碳资产质押的借款人为闽侯县兴源水力发电有限公司，融资金额为 108 万元。借款人旗下运行的闽侯旺源 20 兆瓦小水电项目的 CDM 开发于 2010 年 6 月 10 日获得联合国注册，预计年减排量为 43603 吨 CER。通过碳资产质押业务，企业提前盘活了未来的碳资产，获得的资金支持将用于优化该小水电项目的运行管理，从而保障了未来减排量的产量。

（二）参与构建碳排放权交易平台

目前，全球碳排放权交易的基础设施还在建设中，与碳排放权交易相关的结算、清算以及其他金融交易（如碳信用的出借、回购等）的平台远未完善。国际商业银行已经开始尝试为自愿减排市场提供"碳银行"服务，即进行碳信用的登记、托管、结算和清算工作，并尝试进行碳信用的借贷业务，从而极大地促进了自愿减排市场的发展。我国商业银行应积极参与到全球碳排放权交易的平台建设中去，熟悉国际碳金融市场的交易规则，从而增强我国金融机构的话语权。

（三）推出与碳排放权挂钩的理财产品

该服务为中国商业银行开辟了一个新的利润增长空间，也为个人及机构投资者提供了更多理财选择。中国银行、交通银行和深圳发展银行则先后推出了"二氧化碳挂钩型"本外币理财产品。

综上所述，低碳金融的发展既是大势所趋，更大有可为。未来几年，应重点

从以下三个方面着力：

一是整合市场资源以提升资产管理能力。以提升专业领域的资产管理能力为目标，优化业务基础、整合市场资源。联合各领域的专业机构、凝聚各方共识，主动发起、参与或影响市场规则的制定，推动中国低碳金融理念和业务模式的传播与发展。

二是持续创新以推动规模化发展。持续在市场理念、产品与服务、组织架构、资产结构、市场运营等方面推陈出新。逐步完善总分行一体化协同推进体系，继续强化专营机构经营管理职能；不断提升低碳信贷资产占比，推动低碳信贷业务规模化发展；构建丰富的产品线、健全的业务链条和多样化的业务模式。

三是优化流程以塑造竞争优势。聚集专业人才、创设新型产品与服务、聚焦专属领域，做精做实有效流程，构建专业化的全流程服务。优化对外服务流程，提供一体化服务，提升专业服务能力和市场竞争能力；整合内部服务流程，提高对市场需求的快速响应能力和解决能力；业务覆盖绿色经济的主流领域、典型项目，循序渐进、不断扩展和丰富。

Ｇ.12

利用碳金融推广节能产品的实践与探索

——引入规划类清洁发展机制（PCDM）推广节能灯的案例实践与分析

王文强　卓　岳　郭　伟*

摘　要： 推广节能产品是当前各国实现节能减排、低碳发展的重要手段。中国政府长期重视节能产品的推广普及，但由于推广机制的原因，目前取得的成绩非常有限。在国际国内碳市场发展的背景下，借助在清洁发展机制（CDM）基础上发展和建立的规划方案下的清洁发展机制（PCDM）作为推广低碳节能产品的手段被视为非常有前景的碳金融推广模式。本报告介绍了 PCDM 的特点及其与传统 CDM 的区别，并结合节能灯推广的案例讨论了借助碳金融推广节能产品的商业模式，分析了该类型商业模式的特点。碳金融推广节能产品作为一种全新的市场手段，其未来发展值得关注，本报告结合国际国内碳市场的发展讨论了其未来的发展前景。

关键词： 低碳　碳金融　节能产品　PCDM　CDM

在低碳发展意识越来越被强调的今天，节能减排成为应对气候变化的有效措施。澳大利亚和欧盟主要国家率先提出了淘汰白炽灯的倡议，希望通过照明系统节电，带动全球应对气候变化的实际行动。中国政府高度重视节能产品的推广应用。2007 国家发改委和财政部联合发布《高效照明产品推广财政补贴资金管理暂行办法》，安排专项资金，支持高效照明产品的推广使用。据统计，2008 年至

---

* 王文强，北京中创碳投科技有限公司高级项目经理，主要从事碳资产项目开发、企业低碳战略和地区低碳规划等研究；卓岳，北京中创碳投科技有限公司项目经理；郭伟，北京中创碳投科技有限公司副总经理。

今中央已通过财政补贴方式推广节能灯数量超过 4 亿盏，取得了良好的环境效益。但在推广节能灯的实践过程中，"淘汰难，推广难"的问题仍然不可避免，尤其是在我国广大的农村地区和经济欠发达地区，由于成本收益的原因，通过照明设施的科学使用来实现节能减排没有得到足够的重视。

本报告论述了将节能灯推广与 PCDM（规划方案下的清洁发展机制）相结合的商业模式，并对这种模式的发展前景进行了分析，以促进节能灯等节能产品的推广应用。

一　节能灯推广的主要方式及其存在的问题

节能灯，又被称为省电灯泡、电子灯泡、紧凑型荧光灯或一体式荧光灯，是指将荧光灯与镇流器（安定器）组合成一个整体的照明设备。节能灯的正式名称是稀土三基色紧凑型荧光灯，20 世纪 70 年代诞生于荷兰的飞利浦公司，这种光源在达到同样光能输出的前提下，只需耗费普通白炽灯用电量的 1/5 ~ 1/4，光效 50 流明/瓦，从而可以节约大量的照明电能和费用，因此被称为节能灯。

节能灯在 20 世纪 80 年代被国家纳入 863 推广计划，但是由于早期成本比较高，推广难度比较大，直到近几年，节能灯在城市地区才得到普及，然而在广阔的农村地区的推广应用依然面临很大阻力。

在节能灯推广方面，中国政府主要采取了以下政策与措施：①政府补贴差价。政府提供远低于成本价格的节能灯向市民出售，中间的差价则由政府提供补贴。②实行以旧换新政策：如市民可凭 3 只废旧灯兑换新节能灯 1 只，5 只废旧灯兑换 10W 新节能灯 1 只。③政府补贴更换。如北京市，共为 112 万户乡村家庭更换节能灯泡，共 560 万盏。每盏灯北京市政府分别补贴 9 元和 6 元，农户交 1 元钱。

上述措施主要在经济发达地区的城市实施。由于政府有充足的财政收入，可以承担推广节能灯的成本和费用。然而在广大农村地区，上述政策措施的实施则变得障碍重重。在农村地区，按各厂家的节能灯中标价 10 元计算，每盏灯中央财政补贴 5 元，居民还得支付 5 元。相比只需 1 元就能购买到的白炽灯，节能灯并不具有市场竞争力。

此外，高质量的节能灯难以与质次价廉的产品竞争，缺失公平、合理、健康的市场竞争机制，也使得节能灯的普及在很多地区只能靠财政补贴的政府行政手段去推广，而并没有形成良性的市场机制。

解决上述问题的核心在于有效地减少政府在推广节能灯过程中因财政补贴而产生的经济负担。通过建立合理的市场机制来带动节能灯的普及应用是真正可持续的方式。而通过碳资产开发将节能灯的节能减排潜力通过经济方式量化出来，缩小乃至填平与白炽灯的成本落差，是用市场机制推广应用节能灯的重要思路。这种思路，对于其他节能产品和服务的推广应用同样具有指导意义。

二 规划类清洁发展机制（PCDM）介绍

PCDM（规划方案下的清洁发展机制）是对 CDM① 的发展和完善，它将在 CDM 情景下作为单个 CDM 项目去开发经济效益低、市场开发潜力小的清洁技术，如农村户用小沼气技术、户用高效照明技术等小规模 CDM 项目，以规划实施的形式，把实施主体由点扩展到面，形成规模效益，促进清洁技术在社会经济各领域的推广和普及。PCDM 为小型、分散、单一开发成本高的小规模 CDM 项目提供了一套新的项目注册和认证流程。

PCDM 将活动划分为两个层面：第一是规划（PoA），规划可以是政府发起，也可以是企业自愿发起；规划所覆盖的地域范围不限，甚至可以跨越国界；第二是规划下子项目（CPA），项目则会受到规模上的限制，但每个项目的实施方可以不同。联合国 CDM 执行理事会只针对规划进行注册前的审批，对后续纳入规划下的子项目完全放权给了指定的第三方审定机构（DOE）。只要 DOE 认可并将项目资料上传，项目即纳入规划并视为注册。相比常规 CDM 项目开发模式，PCDM 拥有以下优势：

---

① 清洁发展机制（Clean Development Mechanism，CDM）是国际社会为减缓气候变化，基于市场建立的重要创新机制之一。其核心是允许附件 I 国家缔约方（即发达国家）与非附件 I 国家（即发展中国家）合作，在发展中国家实施温室气体减排项目。主要内容是指发达国家通过提供资金和技术的方式，与发展中国家开展项目级的合作，在发展中国家进行既符合可持续发展政策要求，又产生温室气体减排效果的项目投资，由此换取投资项目所产生的部分或全部减排额度，作为其履行减排义务的组成部分。

表1　PCDM 的优势总结

项目	PCDM 的优势
开发成本	PoA 开发成本高,但在 PoA 注册后,后续申请进入 PoA 的 CPA 开发成本比单个 CDM 项目开发低
收益分析	由于对可纳入规划的项目数量不限,整体可得收益会比单个 CDM 项目高很多,当然每个项目的减排量收益不变
项目地理边界	常规 CDM 局限在一个点或较小区域,而 PCDM 项目可以包含一个国家多个地区甚至是不同国家的项目(根据 PoA 对范围的定义),覆盖范围更广
项目参与	常规 CDM 项目一般只有一个业主,而在 PCDM 项目开发模式下,理论上可以有无限多个业主共同参与,只要有统一的协调管理机构(CME)

如表 1 中的描述,PCDM 项目相比常规 CDM 项目增加了一个重要实体——协调管理机构（Coordinating and Managing Entity，CME）。协调管理机构指的是设计和提出规划方案,并获得所有项目参与东道国 DNA 的授权,与 DOE、联合国 CDM 执行理事会沟通,并负责分配已签发 CERs 的机构。协调管理机构可以是私人实体,也可以是公共实体。具体来说,主要的协调管理机构类型可以分为设备/技术提供商、咨询中介、金融资本机构和政府。

要使得 PCDM 项目成功完成,协调管理机构需要提供（或协同其他各方共同提供）以下服务:

第一,项目纳入与管理。CME 除了需要准备规划活动材料申请注册外,还要在 PoA 注册后管理规划方案中的所有子项目（CPA）。按照规划方案中的要求纳入和管理大批量子项目的实施本身就给 CME 带来了一定的挑战,因此 CME 必须要有稳健的项目管理体系,以帮助其降低项目管理的成本和风险。

第二,CERs 的管理和市场商业化。在 PCDM 项目中,整个规划方案的 CERs 是签发给 CME 而不是项目业主,而这一点也是 PCDM 项目与常规 CDM 项目的主要区别之一。这便要求 CME 能够运用科学的风险投资回报的方式来管理 CERs,以帮助项目投资方获取更多的回报。

基于这些特点和优势,PCDM 项目及其伴生的碳金融模式可以有效推动节能灯的推广。子项目的集中及其规模效应,一方面使得规划下子项目的整体开发和交易成本降低;另一方面也让规划下所有项目的碳资产集中于协调管理机构,使规划基于碳资产抵押的提前融资成为可能。

三 碳金融推广节能灯的基本商业模式分析

PCDM 是 CDM 主要针对小型、分散项目在项目注册和认证流程上的发展和完善，拥有常规 CDM 的基本特点及要素。因此，在 PCDM 项目商业模式分析前，有必要理清常规 CDM 项目的商业运作流程。

以中国首个在联合国注册的"强凌节能灯发放"CDM 项目为例。项目在江苏省淮安市涟水县向农村居民免费发放约 100 万盏节能灯，产品额定寿命期内可节省电量达 3 亿度，相应产生碳减排量超过 20 万吨。如图 1 所示，居民在项目活动过程中除了要将同等数量的白炽灯交予节能灯厂家销毁外，并不需要支付任何费用，包括因项目省下来的电费。节能灯厂家的回报完全来自于 CER 收益，即国际买家购买经联合国 CDM 执行理事会签发的 CER，以此向节能灯厂家提供资金支持。项目业主与国际买家签订 CER 购买协议，据估算本项目 7 年计入期内能为节能灯厂家实现总收益达 2000 万元人民币。这意味着，项目每发一盏节能灯可获得 20 元的资金补偿。

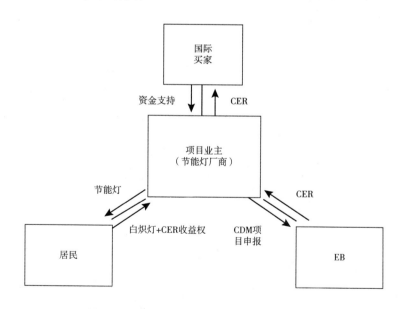

图 1 节能灯发放 CDM 小项目商业模式

资料来源：联合国清洁发展机制执行理事会（the Executive Broad of CDM）。

一个项目 100 万盏节能灯，作为项目业主的节能灯厂家可以垫付；但中国首个在联合国注册的"江苏省节能灯发放规划"PCDM 项目①，预计节能灯发放总量达 5000 万盏，若想在同一时间段内大范围推广出去，资金压力成了该 PCDM 项目商业模式设计中面临的首要问题。为解决这一问题，金融领域常用的贴现概念成为新商业模式的关键。

如图 2 所示，代表规划下所有项目的协调管理方统筹安排 PCDM 项目申报、实施、ERPA 谈判与 CER 收益分配，与买家签订 CER 贴现和购买协议。综合考虑风险和收益，买家愿意为项目预期一定比例的 CER 收益提供现金流贴现。而在每次 CER 交付时，买家可以优先扣除用于归还预付款的 CER，直至贴现额全部返还。虽然通过提供贴现可以给买家带来额外收益，但风险也不可小视。若 CER 签发交付时市场价格过低，很可能造成买家的巨额亏损。因此，模式中需要担保方为预付款的返还提供担保，降低买家风险。

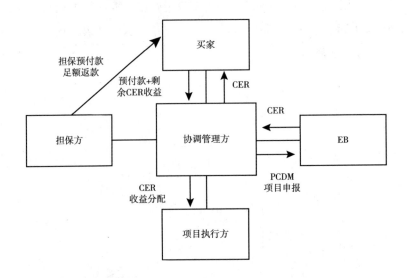

图 2　节能灯发放 PCDM 项目商业模式

---

① 江苏节能灯发放规划类项目（CFL Distribution Programme in China）是我国在联合国注册的首个节能照明类 PCDM 项目，项目规划在江苏省免费发放 5000 万盏节能灯，超过 1000 万户农村家庭将获得减少电费开支、提高生活品质的实惠，同时该项目实施预计可产生的节电量大约可折算成 1000 万吨的二氧化碳减排量，在推动江苏省完成国家下达的节能减排目标的同时，也为我国减少温室气体排放和保护全球气候作出了积极贡献。

由于加入了 PCDM 项目自身的特点，相比常规 CDM 项目商业模式，其商务模式在一定程度上增加了复杂性和多样性。而项目参与方的增加以及主导机构的变化是其复杂性和多样性的关键因素之一。如上所述，项目的协调管理方或主导机构可以由以下几方承担：节能灯企业、咨询中介、金融资本机构、政府。伴随主导机构的不同，PCDM 项目在开发和实施过程中所拥有的优势和面临的挑战也将不同，进而促使节能灯推广商业模式的变化，如表 2。

表 2　不同主导机构的 PCDM 模式变化

主导机构	项目开发与实施过程中承担的基本角色	其主导给项目带来的优势	面临的挑战
节能灯生产企业	项目节能灯的供应	控制项目节能灯的生产成本、供货时间和质量	生产资金积压；获取地方支持的能力有限，可能导致项目的实施成本大量增加
咨询机构	PCDM 项目的设计、实施与管理咨询；碳资产的出售及抵押融资咨询	基于其专业经验与行业资源，控制项目活动满足国际规则，碳资产的生产与认证、签发与出售专业化。	如果集成其他三方资源的能力有限，将很难将项目推动起来
金融资本机构	项目开发与实施的资金支持	通过金融运作，确保项目开发与实施的资金充足	如果商业模式不能与其他三方形成捆绑，风险很高
政府机构	项目开发与实施的能力支持	借助行政网络，确保项目能够充分获得地方政府和居民的认同与配合	很难实现商业运作

在"江苏省节能灯发放规划"PCDM 项目中，节能灯生产企业是整个项目的协调管理机构和主导方，这也是现阶段国内基于碳金融推广节能灯中较为成熟的一类模式。而由咨询机构或金融资本机构来主导的模式，可以充分地发挥其在运作经验、管理能力、专业性等方面的优势，能够有效地提高项目质量、发掘市场潜力。今后随着碳市场的发展以及基于碳金融的产品推广模式不断成熟和完善，市场竞争会逐步加剧，因此由更具实力的咨询机构或者金融资本机构介入该模式将成为可能。对于由政府机构主导的 PCDM 模式，目前除一些由于特殊原因必须要求由政府主导推动的项目活动外，政府机构在 PCDM 中的身影将在今后越来越被淡化，中国 PCDM 申报相关的规则也明确提出了政府机构不得作为 PCDM 协调管理机构的要求。今后政府机构主要职能将放在建立和培育良好的市场环境上。

四 前景展望

在节能减排，低碳发展的大环境下，国家对节能产品的推广应用给予了越来越高的重视。在政策方面，国家逐步实施了一系列推广节能产品的鼓励政策，并且不断地出台了一些新的激励措施。在市场方面，考虑到当前中国节能产品的市场普及率，以及民众对节能产品认可程度的逐渐增加，未来节能产品将具有很大的市场需求空间。然而，在上有政策激励，下有市场需求的利好背景下，目前节能产品的普及应用却并未呈现出欣欣向荣的局面。正如前文所述，造成这一局面的根源在于，政策和市场的衔接机制存在着一定的障碍，也就是利用行政手段的节能产品推广方式无法有效地解决在推广过程中产生的收益小于成本这样一个市场问题。

以节能灯为例，2011年11月1日，国家出台了《关于逐步禁止进口和销售普通照明白炽灯的公告》，决定从2012年10月1日起，按功率大小分阶段逐步禁止进口和销售普通照明白炽灯。该措施的出台，对于节能灯的推广和普及无疑是重大的政策支持，但由于节能灯的价格高于普通白炽灯，缺乏市场竞争力，目前并不被民众普遍接受，另一方面政府也无力承担高额的补贴成本，因此政策实施效果的体现还需要采取有效措施予以落实，而利用好PCDM和国内即将形成的碳市场机制便能够成为有效地解决目前机制障碍的一个抓手。作为配合国家低碳发展战略实施的具体措施，结合碳金融的节能产品的推广发放模式，为"十二五"实现碳减排目标提供了一种全新的市场手段。

充分借助碳金融手段助力节能产品、低碳产品和技术的推广，为中国实现减排目标做出贡献，在当前被视为一种非常有潜力的商业模式。对于这种建立在碳金融手段上的推广模式，一个快速健康发展的碳市场显得尤为重要。因此分析和讨论未来碳市场的发展将有助于清楚地判断基于碳金融推广节能产品的发展前景。

不可否认，目前国际碳市场处于低谷时期，国际气候谈判也仍然处在各国博弈的僵局中，随着《京都议定书》第一承诺期的即将结束，包括PCDM在内的国际碳交易均出现一定的衰退。然而，尽管在这样悲观的预期下，利用PCDM来推动低碳技术的应用与发展依然被主要买家和开发机构视为优质的项目类型，并得到了联合国清洁发展机制理事会的积极评价。欧盟已明确对 2012 年底前注册的 PoA，执行后续 CPA 可以在 2012 年后继续纳入，且其产生的减排量欧盟依然接受①。因此可以说这类项目是后京都时代最被看好的 CDM 项目。

另一方面，从长远看，全球碳市场也不会消失。国际社会应对气候变化的进程不太可能出现停滞或倒退，各国应对气候变化与推进低碳绿色发展的政策行动已没有回头路可走。从 2011 年底召开的德班气候大会所达成的成果来看，主要发达国家对继续承担《京都议定书》第二承诺期的减排已经做出了政治承诺，尽管量化的减排方案还没有确定，但是可以明确的是《京都议定书》所创造的碳市场机制将合法延续。作为目前最大的碳市场，欧盟仍然将继续按其既定目标实施减排方案，这个最大的碳市场依然存在。此外诸如新西兰、澳大利亚、韩国、美国加州等地区的一些新兴碳市场也在快速建立。更重要的是，在德班会议上启动了一个确定 2020 年后国际气候安排的谈判进程，计划在 2015 年完成任务，最终达成一项全球参与减排的议定书或取得有法律效力的结果。这个信号显示出，未来一个全球碳市场的预期已经形成。总体而言，国际碳市场发展处在长期看好，短期存在不确定性的特殊阶段。

对于当前碳市场的发展，最值得我们期待的是中国国内碳市场的建立。"十二五"规划中明确提出中国将逐步建立碳排放交易市场，在《"十二五"控制温室气体排放工作方案》和《关于开展碳排放权交易试点工作的通知》等政策的指导下，目前国内碳交易市场建立的宏观政策环境已逐渐形成，具备了碳交易的需求前提和供应前提、具备了利用市场手段完成减排目标的政策前提。各试点省市已经完成了碳交易方案的制订，并提交国家批准，预计在 2013 年国内碳市场将建立起来。

作为世界上最大的温室气体排放国，中国的碳排放交易潜力巨大，需要有更完善的交易机制来使中国碳交易机制高效地服务于节能减排的目标。我们不仅需要有风电、光伏发电之类的大规模减排项目用以引导新能源产业的发展，也同样需要一些单个减排量小但数量大、影响人群范围广的减排项目，使低碳发展得更好，带动社会发展的各个层面，因此从 PCDM 的特点来看，其极有可能成为这样

---

① 《欧盟关于在 EU ETS 第三阶段使用国际碳减排指标的官方解答》，http：//ec. europa. eu/clima/policies/ets/linking/docs/q_ a_ 20111114_ en. pdf.

一个市场工具。

考虑到中国宏观的低碳转型和发展的战略目标，以及碳市场对于节能低碳产品和技术的巨大需求，PCDM一方面能够成为落实政府低碳规划与政策的有效的执行工具；另一方面，也能有效地启动国内对低碳产品的巨大消费市场。当然，受各国政治博弈的影响，PCDM能否在2012年后继续得到国际支持存在诸多不确定性；但作为一种市场机制和商业模式及其应用所带来的积极效用，值得中国各级政府研究，并在国内碳交易市场的建设过程中予以充分借鉴和利用。

综上所述，在目前碳市场的发展予以保证的情景下，借力基于碳金融的节能产品推广模式，将节能产品与国家的低碳发展长期目标相结合无疑是非常具有前景的。在具体的操作层面上，进一步分析这一模式的优缺点，完善并建立起合理有效的碳金融节能产品模式将成为该领域今后的一个重点。

中国绿色气候基金的创新与实践

——以中国绿色碳汇基金会为例

李怒云　李金良*

摘　要： 中国绿色气候基金的探索者——中国绿色碳汇基金会是中国第一家以增汇减排、应对气候变化为目标的全国性公募基金会。该基金会为企业和公众搭建了一个通过林业措施"储存碳信用、履行社会责任、提高农民收入、改善生态环境"四位一体的公益平台。该基金会在运行模式、标准建设、项目管理、碳汇交易、科学研究、宣传推广等方面进行了积极探索和创新实践，创造了企业捐资造林、履行社会责任与提前储存碳信用、自愿减排相结合的公募基金会运行新模式。本报告以该基金会5年的创新实践为案例，展示了其运行模式、成功做法和实践经验，同时提出了以公募基金会的方式支持应对气候变化公益事业的建议。

关键词： 绿色气候基金　中国绿色碳汇基金会　植树造林　增汇减排
应对气候变化

一　前言

2011年11月底，在南非德班召开的《联合国气候变化框架公约》第十七次缔约方大会暨《京都议定书》第七次缔约方会议（以下简称为德班大会）的重

---

* 李怒云，国家林业局气候办常务副主任、中国绿色碳汇基金会秘书长，博士，教授，研究领域为林业应对气候变化、碳汇交易与生态服务市场、林业项目社会影响评价；李金良，中国绿色碳汇基金会总工程师，博士，研究领域为林业应对气候变化、森林可持续经营管理、林业项目管理等。

要成果之一是决定正式成立"绿色气候基金",旨在用于支持《联合国气候变化框架公约》(下简称《公约》)缔约方发展中国家,特别是最贫困国家的政策和活动,以帮助这些国家采取低碳及其他措施适应气候变化。德班大会决定"绿色气候基金"作为《公约》资金机制的实施主体,要求尽快启动该基金下的相关管理工作,制定一个工作计划来管理对发展中国家的长期资助,且到2020年之前,每年的目标是调动至少1000亿美元的资金。德班大会的决定还敦促绿色气候基金等公约下的资金机制尽快为发展中国家开展减少毁林排放等行动提供资金支持。然而,关于这个绿色气候基金的运行模式和管理制度等关键问题,在德班气候大会上尚未确定,国际上也无成功经验可供借鉴,需要在后续的国际气候大会中进一步谈判。鉴于国内外鲜见专门以应对气候变化为目标的公益基金成功运行的报道,本报告以中国绿色气候基金的探索者——中国绿色碳汇基金会(以下简称碳汇基金会)为案例,介绍中国率先开展应对气候变化公益行动的全国性公募基金会的运行和实践,旨在为德班绿色气候基金的运行管理提供有效模式和经验参考。

二 中国绿色气候基金的成立背景

以变暖为主要特征的全球气候变化是当今人类社会面临的最大威胁之一。应对气候变化已成为全球政治、经济、外交和生态环境等领域的重大热点议题。而通过林业措施减缓气候变暖,是国际社会认可并积极推进的有效措施。政府间气候变化专门委员会(以下简称 IPCC)第四次评估报告指出:林业具有多种效益,兼具减缓和适应气候变化的双重功能,是未来 30~50 年内增加碳汇、减少排放的成本较低、经济可行的重要措施。因此,林业措施被越来越多地纳入了应对气候变化的国际进程。

根据《公约》"共同但有区别的责任原则",中国目前不承担《京都议定书》规定的温室气体强制减排限排义务。但中国作为全球温室气体第一大排放国,建设资源节约型、环境友好型社会,是中国作为一个负责任大国的具体行动,符合国际社会的需要和中国的长远发展战略。因此,按照《公约》的基本原则,中国政府正在为减少温室气体排放、减缓全球气候变暖进行积极努力。这些努力既涉及节能降耗、发展新能源和可再生能源,也包括大力推进植树造林、可持续经营森林和保护森林等一系列增汇减排行动。2009 年联合国气候变化哥本哈根大会后，林业目标成为中国政府承诺自主减排的三大目标之一：大力增加森林碳汇，到 2020 年中国森林面积要比 2005 年增加 4000 万公顷，森林蓄积量增加 13 亿立方米（以下简称林业"双增"目标）。

多年来，中国政府高度重视森林植被的恢复和保护。全国第七次森林资源清查结果表明[①]，中国森林面积有 1.95 亿公顷，森林覆被率达 20.36%，森林活立木总蓄积量为 149.13 亿立方米，森林植被总碳储量为 78.11 亿吨，森林在固碳释氧、涵养水源、保育土壤、净化大气、积累干物质及保护生物多样性等 6 方面的生态服务功能年价值量达 10.01 万亿元人民币。中国成为全球森林面积增加最快、人工林面积最多的国家，对减缓全球气候变暖做出了巨大贡献，受到了国际社会的充分肯定和高度评价。联合国粮农组织（以下简称 FAO）发布的《2010年世界森林状况》指出[②]：总体而言，亚洲和太平洋区域在 20 世纪 90 年代每年损失森林 70 万公顷，但在 2000～2010 年，森林面积每年增加了 140 万公顷。这主要是中国大规模植树造林的结果，20 世纪 90 年代中国森林面积每年增加 200万公顷，自 2000 年以来每年平均增加 300 万公顷。但是，由于中国是发展中国家，大规模造林增加的碳汇量并没有如《京都议定书》附件Ⅰ国家一样，用于抵减其部分碳排放，而只起到了宣传作用。在国家目前没有给企业规定温室气体减限排指标的情况下，如果这些碳汇量能够通过相关的技术措施和资金渠道，使其成为企业今后可利用的碳信用指标，先存于企业的碳信用账户上，争取作为今后国内企业碳减排的低成本储备，无疑对国家、对企业都有好处。此外，根据中国现阶段的国情，单纯依靠政府的力量来恢复和保护森林植被，还不能满足中国应对气候变化增汇减排和社会发展对生态产品的需求。因此，需要搭建一个公益平台，动员企业积极捐资造林和保护森林以及可持续经营森林。既能增加森林植被，维护国家生态安全，又能以较低的成本帮助企业自愿减排，参与应对气候变化的全球行动，树立企业良好的社会形象，提高企业软实力，促进企业可持续发展。在这个背景下，由中国石油天然气集团公司和嘉汉林业（中国）投资有限公司捐资发起，于 2010 年 7 月 19 日，经国家批准，民政部批复成立了中国绿色

① 国家林业局：《中国森林资源报告——第七次全国森林资源清查》，中国林业出版社，2009。
② FAO：《2010 年世界森林状况》，2011。

碳汇基金会。该基金会的业务主管单位是国家林业局。这是中国首个以增汇减排、应对气候变化为主要目标的全国性公募基金会，也可以看成中国首个绿色气候基金。根据章程规定，该基金会的业务范围是：开展以应对气候变化为目的的植树造林、森林经营、荒漠化治理、能源林基地建设、湿地及生物多样性保护等活动；营造各种以积累碳汇量为目的的纪念林，开展认种认养绿地等活动；加强森林和林地保护，减少不合理利用土地造成的碳排放；支持各种以公益和增汇减排为目的的科学技术研究和教育培训；开展碳汇计量与监测以及相关标准制定；积极宣传森林在应对气候变化中的功能和作用，提高公众保护生态环境和关注气候变化的意识；开展林业应对气候变化的国内外合作与交流；开展适合该基金会宗旨的其他社会公益活动。

三 中国绿色气候基金的创新与实践

以公募基金会的方式开展增汇减排、应对气候变化的公益活动，在国内外均不多见，没有现成的运行模式和经验可以借鉴。因此，中国绿色碳汇基金会被赋予了开拓创新的使命，所开展的工作大多数都是"首次"，具有很强的创新性，并以"增加绿色植被、吸收二氧化碳，应对气候变化、保护地球家园"为使命。在运行模式、标准建设、项目实施、碳汇交易、科学研究、宣传普及以及规范管理等方面进行了有益的探索和实践，取得了显著的成效。

（一）公益为本，创新运行模式

根据中国国务院《基金会管理条例》、《中华人民共和国公益事业捐赠法》和《中国绿色碳汇基金会章程》，该基金会的一切活动与其他公益性基金会一样，都是围绕"公益"开展活动。但该基金会的公益行为结束后，还会产生额外的"碳信用"，计入企业或个人碳汇信用账户。这是该基金会与其他公益基金会不同的创新模式（见图1）。

碳汇基金会制定了《中国绿色碳汇基金会基金管理办法》、《中国绿色碳汇基金会项目管理办法》等一系列规章制度。致力于为企业和公众搭建一个通过林业等措施"储存碳信用、履行社会责任、提高农民收入、改善生态环境"四位一体的公益平台。其管理运行模式如下（见图2）：企业或个人自愿捐资到碳

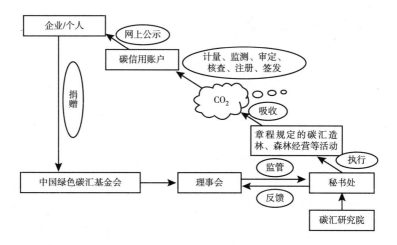

图 1　中国绿色碳汇基金会运行框架

汇基金会，在尊重捐资者意愿前提下，由碳汇基金会专业化组织实施碳汇造林、森林经营等项目；所营造林木所有权和使用权归当地农民或土地使用权者，项目区农民通过参加营造林活动获得就业机会，并增加经济收入。此外，项目的实施，还要求有保护生物多样性、改善环境和提供林副产品以及提供良好的游憩场所等多重效益，为促进绿色增长和应对气候变化做出贡献。而捐资方则获得项目产生的、经过专业机构计量、监测、核查、注册的碳信用指标，记于企业或个人的社会责任账户，在中国绿色碳汇基金会官网上给予公示。

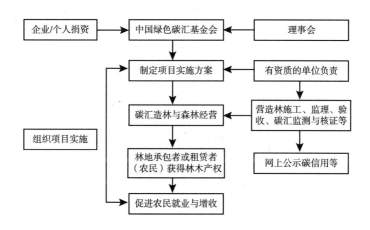

图 2　中国绿色碳汇基金会运行模式

（二）加快标准研建，规范实施项目

为规范化实施项目，碳汇基金会积极参与国家林业局编写了《碳汇造林技术规定（试行）》、《碳汇造林检查验收办法（试行）》①、《造林项目碳汇计量与监测指南》② 等林业碳汇项目标准（国家林业局已发布试行），并在项目中使用。此外，碳汇基金会组织专家开发了四类碳汇项目方法学，其中《竹子碳汇造林方法学》已通过专家组评审，并开始在国内外竹子碳汇造林项目中试用。还编写了《中国林业碳汇项目审定与核查指南（试行）》、《温州市森林经营碳汇项目技术规程（试行）》，已在项目中使用；制定了《中国绿色碳汇基金会林业碳汇项目注册暂行管理办法》，并组织开发了与其配套的林业碳汇项目注册系统，现已投入试用。据此，碳汇基金会初步建立了与国际接轨并结合中国实际的林业碳汇项目标准体系，为科学规范实施碳汇营造林项目奠定了基础（见表1）。

表1　中国绿色碳汇基金会试行标准和规定

类　别	名　称（备注）
项目方法学	《乔木碳汇造林方法学》（待审定）
	《灌木碳汇造林方法学》（待审定）
	《竹子碳汇造林方法学》（试行）
	《森林可持续经营增汇减排方法学》（待审定）
包括（造林再造林）	《碳汇造林技术规定（试行）》（国家林业局发布试行）
	《碳汇造林检查验收办法（试行）》（国家林业局发布试行）
	《造林项目碳汇计量与监测指南》（国家林业局发布施行）
（森林经营）	《中国森林经营增汇减排最佳模式》（研制中）
	《中国森林经营项目碳汇计量与监测指南》（研制中）
	《温州市森林经营碳汇项目技术规程（试行）》

① 国家林业局：《碳汇造林技术规定（试行）与碳汇造林检查验收办法（试行）》（办造字〔2010〕84号），2010。
② 国家林业局：《造林项目碳汇计量与监测指南》（办造字〔2011〕18号），2011。

续表

类　别	名称（备注）
审核和交易	《林业碳汇项目审定与核查指南》（试行）
	《林业碳汇交易标准》（试行）
	《林业碳汇交易规则》（试行）
	《林业碳汇交易流程》（试行）
	《林业碳汇交易账户托管规则》（试行）
	《林业碳汇交易托管协议书》（试行）
	《林业碳汇交易合同范本》（试行）
	《林业碳汇交易佣金管理办法》（试行）
	《林业碳汇交易资金结算办法》（试行）
	《林业碳汇交易纠纷调解办法》（试行）

（三）创新项目内容，质量控制为先

碳汇基金会本着促进企业自愿减排的原则，在项目开发、实施、管理等方面进行了有益探索，逐步树立起独有的公益品牌项目。

1. 广泛募集资金，加快项目实施

只有加快植树造林、森林经营和森林保护的步伐，才能更多地增加碳汇，减少碳排放。碳汇基金会开展的碳汇营造林项目与普通营造林项目的主要区别就在于碳汇基金会实施项目同时要将产生的碳汇/源计算清楚，以达到真实的增加碳汇、减少碳排放的目的。截至 2012 年 6 月，碳汇基金会获得企业和社会捐资 5 亿多元人民币，先后在中国近 20 个省（区、市）营造碳汇林 120 多万亩。其中有在云南、四川以小桐子为主、在内蒙古以文冠果为主的油料能源林；浙江以毛竹为主的生态经济兼用林，大兴安岭、伊春汤旺河等以增汇减排为主的森林经营项目；在甘肃、北京等地以生态效益为主的碳汇造林项目等。所有的造林和森林经营项目均按照所制定的技术标准，开展碳汇计量和监测，审定与核查，实现全过程监控，确保项目施工和碳汇计量与监测的质量。

2. 开展碳中和，创立专业性品牌

2010 年，碳汇基金会承担了联合国气候变化天津会议的碳中和项目。经清华大学能源经济环境研究所测算，该会议共计约排放 1.2 万吨二氧化碳当量。碳

汇基金会出资 375 万元人民币，在山西省襄垣、昔阳、平顺等县营造 5000 亩碳汇林，未来 10 年可将本次会议造成的碳排放全部吸收。预计项目区农民在该碳中和林项目 20 年管理运营期内，可获得 260 万元的劳务收入和相当于 700 多万元的林副产品和木材收益。

之后，碳汇基金会又组织实施了国际竹藤组织、中国绿公司年会、全国林业厅局长会议等一系列机构及大型会议的碳中和项目（见表 2）。另外，碳汇基金会还组织营造了"国务院参事碳汇林""八达岭碳汇示范林""建院附中碳汇科普林""劳模碳汇林（黑龙江新兴林场）"等不同主题的个人捐资碳汇林。设计、发布了全球首套包括春节贺卡、情人节卡、成人卡等在内的"碳汇公益礼品"系列卡，并在全国近 40 个县市布设了个人捐资碳汇造林基地。公众上网点击即可自由选择造林地点、树种，支付捐资"购买"贺卡、义务植树等，现场打印购买凭证。真正做到了计量专业、管理规范，公开透明。

表 2　中国绿色碳汇基金会组织实施的碳中和项目

编号	项　目　名　称
1	2010 年联合国气候变化天津会议的碳中和公益项目
2	2010 年第三届中国生态文明与绿色竞争力国际论坛碳中和公益项目
3	2011 年全国林业厅局长会议碳中和公益项目
4	2012 年全国林业厅局长会议碳中和公益项目
5	2011 年全国秋冬季森林防火工作会议碳中和公益项目
6	2011 年中国绿公司年会碳中和公益项目
7	2012 年中国绿公司年会碳中和公益项目
8	2010 年国际竹藤组织碳中和公益项目
9	2011 年国际竹藤组织碳中和公益项目
10	2010 年"绿色唱响——零碳音乐季"碳中和公益项目
11	2011 年"绿色唱响——零碳音乐季"碳中和公益项目
12	福建建峰公司"2010 年碳中和企业"公益项目
13	中国绿色碳汇基金会公务出行碳中和公益项目

3. 启动"碳汇中国"行动计划

在 2012 年第 43 个世界地球日，碳汇基金会启动了"碳汇中国行动计划"。该计划由四川西部国林林业股份有限公司和南北联合林业产权交易股份有限公司、富来森集团有限公司、浙江科视电子技术有限公司共同捐资 2080 万元发起。

旨在传播绿色低碳理念、倡导企业自愿减排、保护自然环境、减缓气候变暖、保护地球家园。先期实施的是："自然保护计划"和"绿色传播计划"。

"碳汇中国——自然保护计划"主要聚焦自然生态保护。通过植被恢复和森林保护，保护野生动物及其栖息地，传播自然保护理念与科学知识，加强自然保护区能力建设，动员社会各界积极参与植树造林、保护生物多样性等活动，构建人与自然和谐共存的美好环境，促进经济社会可持续发展。

"碳汇中国——绿色传播计划"的内容是传播应对气候变化特别是碳汇知识和绿色发展理念，倡导低碳生产和低碳生活，提高公众应对气候变化的意识，建立碳汇志愿者团队，开展绿色碳汇公益文化活动；广泛动员公众通过造林增汇措施"参与碳补偿、消除碳足迹"，为减缓和适应气候变化做出贡献。配合该计划，成立了由北京林业大学发起、数十所院校参加的中国绿色碳汇基金会"碳汇志愿者联盟"和"绿色传播中心"，并将两个机构挂靠在北京林业大学。

（四）开展碳汇交易试点

碳汇基金会规范实施项目，碳信用生产流程既与国际接轨，又体现中国特色（见图3）。做到有一吨碳汇，就有一片树林；每一吨碳汇都包含了扶贫解困、促进农民增收、保护生物多样性、改善生态环境等多重效益，而且项目的碳汇经过计量、监测、注册和核查，使其具备了交易的潜质。

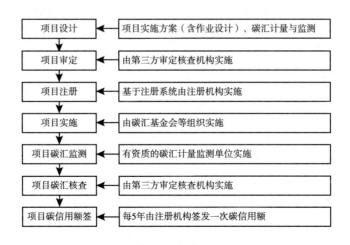

项目设计	←	项目实施方案（含作业设计）、碳汇计量与监测
项目审定	←	由第三方审定核查机构实施
项目注册	←	基于注册系统由注册机构实施
项目实施	←	由碳汇基金会等组织实施
项目碳汇监测	←	有资质的碳汇计量监测单位实施
项目碳汇核查	←	由第三方审定核查机构实施
项目碳信用额签	←	每5年由注册机构签发一次碳信用额

图3 中国绿色碳汇基金会碳汇项目碳信用生产流程

为促进林业碳汇抵减碳排放的国家战略，碳汇基金会与华东林交所合作，在制定了相应交易标准和规则的基础上，建立了碳信用托管平台。2011年11月1日，经国家林业局批准，在浙江省义乌市第四届国际林业博览会上，启动了中国林业碳汇交易试点。依托华东林业产权交易所的交易平台，碳汇基金会提供了14.8万吨碳汇（碳信用），有阿里巴巴、歌山建设、德正志远、凯旋街道、杭州钱王会计师事务所、富阳木材市场、龙游外贸笋厂、建德宏达办公家具、浙江木佬佬玩具、杭州雨悦投资等10家企业，现场签约全部认购。所交易项目的审定，是由中国林科院作为技术支撑的中林绿色碳资产管理中心完成。按照国际碳交易规则，已交易项目简介和审定声明均公示在中国绿色碳汇基金会网上。

（五）多方合作，开展科学研究

作为中国首个应对气候变化的"绿色气候基金"，从技术到政策，没有可借鉴的经验，大部分业务工作都面临着创新。为此，2011年初，碳汇基金会成立了中国首家碳汇研究院。组织国内专家学者，就现实中急需解决的问题开展研究和国际交流。如开展了"油料能源林树种良种繁育"、"大庆竹柳种植模式和转化生物质燃料及碳平衡"、"桉树低碳造林模式"、"竹子碳汇造林方法学国外试点项目"、"伊春市汤旺河林业局森林经营碳汇项目方法学开发及试点"等课题研究，同时，碳汇基金会还参与了国家林业公益性行业专项"森林增汇技术、碳计量与碳贸易市场机制研究"、"国际林产品贸易中的碳转移计量与监测及中国林业碳汇产权研究"课题。与国际竹藤组织（INBAR）、美国大自然保护协会（TNC）、保护国际基金会（CI）、加拿大英属哥伦比亚大学（UBC）、美国北卡罗来纳州立大学（North Carolina State University）等国际组织和著名大学签署了合作协议，开展人员培训和科研合作。2011～2012年，组织实施了CI项目"中国林业碳汇项目能力建设"，促进了碳汇基金会的标准建设、人员培训、项目实施等工作。与中国社科院城环所、北京大学、中国林科院、上海交通大学、北京林业大学、浙江农林大学等科研院校建立了良好的合作关系，共同开展林业碳汇和绿色气候基金相关研究。

（六）注重宣传，普及碳汇知识

为了动员更多的企业和个人参与林业应对气候变化的公益活动，了解林业碳汇、碳汇造林等专业性很强、又生僻的概念，碳汇基金会采取形式多样、生动活泼的方式，宣传普及林业应对气候变化知识。

第一，举办新闻媒体培训班，面向各种媒体专业人员开展碳汇知识培训，为准确报道碳汇林业和气候变化奠定了基础。

第二，开展碳中和音乐会。分别于 2010 年、2011 年，与北京市园林绿化局碳汇办合作，在北京中山音乐堂举办为期半年的"绿色唱响——零碳音乐季"。除邀请著名艺术家参加演出外，还在所有演出门票背面印制林业碳汇知识、音乐厅大堂设置形式多样的宣传海报，主持人介绍林业碳汇知识，听众参加幸运抽奖、现场计算碳足迹等。活动取得了理想的效果。

第三，向青少年宣传绿色气候基金。碳汇基金会与北京二外附中（全国生态文明教育基地）共同编撰出版了全国第一本林业碳汇校本课程教材《林业碳汇与气候变化》。面向中学生宣传绿色气候基金。

四　展望与建议

面对日益严峻的气候变暖形势，中国作为温室气体排放大国，建立绿色气候基金，是实现减少温室气体排放国家战略的有效途径。以公募基金会的方式开展增汇减排的公益活动，是一项具有历史意义，并充满机遇与挑战的全新事业。面对不断变化的国内外应对气候变化政策和形势，需要完善管理和发展创新。

（一）加强管理，规范化运行

作为中国绿色气候基金的尝试，碳汇基金会坚持以"制度完善、管理规范、运行高效、成效显著"为目标，以"多元化募集基金"，"专业化实施项目"为核心，以执行力和公信力建设为重点，以紧跟应对气候变化国际进程和服务国家应对气候变化大局为原则。根据社会需求，适时调整优化碳汇基金会的运行模式。依托已经建立的技术标准体系和林业碳汇项目注册平台，碳汇基金会将为那些拟开展碳汇造林和森林可持续管理项目的企业、林场、农户等提供碳汇计量与监测等技术和项目注册服务。今后通过碳汇基金会注册平台进入自愿碳交易市场的碳汇项目，将有一些是来自企业和农户自己实施的碳汇造林和森林经营项目。此外，坚持规范化、专业化、全过程监督管理的原则，建设精品项目，确保项目

成效；严格财务管理，接受社会各界的监督；广泛、深入、细致地宣传绿色气候基金，提高公众应对气候变化和保护环境的意识。

（二）拓展筹资渠道，可持续发展

多渠道筹集资金，全方位开展应对气候变化公益活动，引导企业自愿减排，是实现中国绿色气候基金发展壮大的有效途径。

一是继续开展公共募资。更广泛地动员企业和个人，积极捐资到中国绿色碳汇基金会，开展以增汇减排为主的营造林活动；二是国家财政注入资金。国家财政出资支持中国绿色气候基金，以购买公益组织服务的形式，不仅资助造林增汇，还可将资助范围扩大到绿色能源、低碳教育培训等应对气候变化的其他领域；三是高排放企业注入资金。动员国内外高排放企业以自愿减排的形式，注资到绿色气候基金，作为碳中和的预付款，促进更多的企业自愿为减缓与适应气候变化做贡献；四是将减排纳入国家碳交易体系。积极探索绿色碳汇（信用）自愿交易与国家碳排放权交易的对接，推动从政策到实际操作层面的碳汇/碳源抵减模式，以促进企业有效利用低成本的绿色碳汇抵减碳排放，推动中国生态效益市场化进程，为实现国家温室气体自主减排目标做出贡献。也为德班绿色气候基金的建立和运行提供可操作的模式和经验。

气候风险与适应融资

Climate Change Risks and Adaptation Finance

G.14

中国地区未来极端气候
事件预估及可能的风险

徐 影 冯婧 许崇海*

摘 要： 利用 IPCC 第五次评估报告组织的第五阶段多模式比较计划
（CMIP5）中的五个全球气候模式模拟结果，对未来几十年到上百年中国地
区极端气候的变化进行了预估。结果表明，在新的温室气体排放情景下，中
国地区的热浪、暖夜、冷昼以及与降水相关的极端降水指数在频率、强度、
空间分布、持续时间上将会发生较大的变化，这些变化的叠加效应可能导致
前所未有的极端天气和气候事件，越来越多的人和设施暴露在极端气候下的
可能性越来越大，灾害风险将持续增加。

关键词： RCPs 排放情景 极端气候事件预估 适应气候变化

---

* 徐影，中国气象局国家气候中心，博士，研究领域为气候变化归因检测与未来预估、气候灾害
风险评估等；冯婧，硕士，研究领域为极端气候事件预估；许崇海，中国气象局大气探测中心，
博士，研究领域为气候变化预估。

一　引言

2011 年出版的政府间气候变化专门委员会特别报告《管理极端事件和灾害风险——推进气候变化适应特别报告》综合了第一、第二工作组和灾害风险管理界所涉及的各方面的内容，突出强调了如何适应和管理极端事件变化下的灾害风险。报告指出不断变化的气候可导致极端天气和气候事件在频率、强度、空间范围、发生时间和持续时间上的变化，并能够导致前所未有的极端天气和气候事件[①]。

该报告的综合结果表明，1950 年以来观测到的某些极端事件出现了变化，如冷昼和冷夜数量减少，暖昼和暖夜数量增加，日极端温度升高趋势明显，热浪事件增加，极端强降水事件也有增加的趋势，某些地区经历了更强和持续时间更长的干旱，区域尺度的洪水强度和频率也发生了变化，与这些极端天气和气候事件相关联的有关经济损失也显著增加。在不同温室气体浓度不断增加的情况下，未来全球极暖事件出现的频率和幅度将会增加，极冷事件减少，热浪的持续时间、频率或强度都将会增加，许多地区的强降水频率或强降水占总雨量的比例可能会增加，暴雨的增加将促使一些流域或地区局地洪涝增加，同时，热浪、冰川退缩或多年冻土退化将使洪水滑坡事件增加。

中国自 1951 年以来，高温、低温、强降水、干旱、台风等极端天气气候事件的频率和强度也都发生了变化，并有区域差异。强降水事件在长江中下游、东南和西部地区有所增多、增强；全国范围小雨频率明显减少；气象干旱面积呈增加趋势，其中，华北和东北地区较为明显；冷夜、冷昼和寒潮、霜冻日数减少，暖夜、暖昼日数增加；登陆台风频数下降等。

在新的排放情景下，中国未来的极端气候事件的变化如何？我们如何适应未来极端气候事件的变化，并对灾害风险进行管理？本文利用新的温室气体排放情景下的五个全球模式的预估结果对未来中国地区极端气候事件的变化进行分析，并提出相应的管理措施。

---

① IPCC, Managing the Risks of Extreme Events and Disasters to Advance Climate Change Adaptation, *Special Report of the Intergovernmental Panel on Climate Change*, 2011.

二 RCPs 排放情景及数据介绍

（一）RCPs 排放情景介绍

IPCC AR5 之前的排放情景特别报告中给出了 6 种常用排放情景和在各种情景下的变暖估计，每种情景着重考虑区域发展，不能完全反应气候公约中稳定大气温室气体浓度的目标。IPCC AR5 中，全球气候变化未来预估试验采用的温室气体排放新情景——典型浓度路径（Representative Concentration Pathways, RCPs），用单位面积辐射强迫来表示未来排放情景。与之前的排放情景相比，RCPs 情景应用了更广泛的排放方案，使得新情景更客观，也更方便了农业、水资源等其他领域气候变化影响评估研究的使用[①]。

RCPs 情景采用辐射强迫作为区分不同路径的物理量，包括四种路径：高排放路径，即到 2100 年其辐射强迫将达到 8.5w/m² 以上，并将继续上升一段时间；两个中间"稳定路径"，其辐射强迫在 2100 年之后大约分别稳定在 6w/m² 和 4.5w/m²；低排放路径，其辐射强迫在 2100 年之前达到 2.6w/m² 的峰值，然后下降。这些情景包括所有温室气体和气溶胶以及化学活性气体和土地利用/覆盖的排放和浓度时间路径，还包括近期（涵盖到 2035 年）和远期（涵盖到 2300 年）情景，以满足不同研究对象和研究群体的需求。RCPs 排放情景特征见表 1。

表 1　典型浓度路径特征

名称	路径形式	辐射强迫	相当浓度
RCP 8.5	持续上涨	2100 年达到 8.5w/m²	≈1370CO₂ - eq
RCP 6.0	没有超过目标水平达到稳定	2100 年后稳定在 6w/m²	≈860CO₂ - eq
RCP 4.5	没有超过目标水平达到稳定	2100 年后稳定在 4.5w/m²	≈650CO₂ - eq
RCP 2.6	先升后降达到稳定	2100 年达到 <2.6w/m²	≈490CO₂ - eq

资料来源：林而达、刘颖杰：《温室气体排放和气候变化新情景研究的最新进展》。

[①] 林而达、刘颖杰：《温室气体排放和气候变化新情景研究的最新进展》，《中国农业科学》2008 年第 6 期。

（二） 数据和定义

1. 数据来源

研究中所使用的数据来自 IPCC AR5 组织的第五次气候模式比较计划（以下简称 CMIP 5）中的五个全球气候模式结果。与 IPCC AR4 采用的第三次气候模式比较计划（CMIP 3）的多个模式模拟结果相比，CMIP 5 中对历史气候模拟进行了更多的模拟实验，如长期历史气候模拟（historical）、自然强迫模拟试验、温室气体强迫模拟试验以及其他强迫模拟试验等，这将更有利于开展气候变化检测和归因研究；未来气候变化预估试验则以 RCPs 情景为强迫，进行 RCP 2.6、RCP 4.5、RCP 8.5 和 RCP 6.0 预估试验。

CMIP 5 中参加试验的全球气候模式均为"大气－陆面－海洋－海冰"耦合的气候系统模式，多数考虑了太阳辐射、温室气体、硫酸盐气溶胶的变化，有的还考虑了火山活动对气溶胶的影响。与 CMIP 3 不同的是，CMIP 5 中所有模式都包含了全球碳循环过程和动态植被过程。较 CMIP 3 有所改进的地方主要体现在提高了大气和海洋模式水平的分辨率；构建了大气环流动力框架；引入了新的辐射方案，改善了对流层和平流层的气溶胶处理方案和通量处理方案，特别是在大气模式中保留了水蒸气，改进耦合器以避免能量损失和产生伪漂移。这些改进使得模拟结果更接近历史近期的真实气候平均状况[①]。

本文使用了 CMIP 5 中五个全球气候模式的数据（见表 2）。研究中选用在RCP 4.5 和 RCP 8.5 两种排放情景下预估的未来（2006～2099 年）的极端气候事件进行分析。为便于对不同模式进行比较，统一采用双线性插值法将资料插值到 1.0°×1.0°的经纬网格。

2. 极端气候事件定义

本文研究极端气候事件使用常用的分析极端气候指数的方法，所选极端气候指数选自 Frich et al.（2002）[②] 定义的一套极端气温指数：热浪指数、暖夜指数、冷日指数以及极端降水指数。极端降水指数：连续干日、连续雨日、大雨日数、五天最大降水量、降水强度、极端降水百分率（见表 3）。

---

① 各模式详情可以登录 http：//pcmdi-cmip. llnl. gov/cmip5/availability. html。
② Frich P.，et al.，Observed Coherent Changes in Climatic Extremes During the Second Half of the Twentieth Century. Clim. Res.，2002（19）：193－212.

表2 5个全球气候模式简介

模式名	单位及所属国家	大气模式分辨率
BCC – CSM1 – 1	国家气候中心, 中国	64×128/T42L26
CanESM2	加拿大气候模式与分析中心, 加拿大	64×128/T42L35
CNRM – CM5	国家气象研究中心及欧洲高级培训与科学计算研究中心, 法国	128×256/T127L31
INMCM4	数值计算研究所, 俄罗斯	120×180
NorESM1 – M	挪威气候中心, 挪威	96×144/f19L26

资料来源: http: //pcmdi-cmip. llnl. gov/cmip5/availability. html。

表3 极端气温和极端降水指数定义

极端指数	简称	定 义	单位
热浪指数	HWDI	日平均最高气温连续5天以上大于气候基准期5℃以上的最长日数	days
暖夜指数	TN90	日最低气温高于气候基准期90%分位值的天数的百分比	%
冷日指数	TX10	日最高气温低于气候基准期10%分位值的天数的百分比	%
连续干日	CDD	最长连续无降水日数(Rdays≥1mm)	days
连续雨日	CWD	最长连续降水日数(Rdays≥1mm)	days
大雨日数	R10	日平均降水量大于等于10mm的天数	days
五天最大降水量	R5D	最大的连续五天降水量	mm
降水强度	SDII	总降水量与降水日数(Rdays≥1mm)的比值	mm/day
极端降水百分率	R95T	日降水量大于气候基准期内95%分位点的降水量占总降水量的百分比	%

三 RCPs 情景下中国地区未来极端事件预估

(一) 与温度相关的极端气候事件预估

表4给出了5个全球气候模式模拟的与温度相关的未来极端气候事件的预估结果。可以看出, 对于热浪事件, 除了 INMCM 4 在 RCP 4.5 情景下为减少趋势, 其余模式在 RCP 4.5 和 RCP 8.5 情景下均为增加趋势, 范围分别是 0.08 ~

11.05days/10a 和 1.82 ~ 18.1days/10a，各模式在 RCP 8.5 情景下的线性趋势明显高于 RCP 4.5，高出范围在 6 ~ 9days/10a。

表4　模式对 2006 ~ 2099 年区域平均的极端气温事件的线性趋势预估
（相对于 1986 ~ 2005 年）

	HWDI(days/10a)		TN90(%/10a)		TX10(%/10a)	
	RCP4.5	RCP8.5	RCP4.5	RCP8.5	RCP4.5	RCP8.5
BCC – CSM1 – 1	3.06	12.22	1.86	5.11	– 0.44	– 0.68
CanESM2	11.05	18.1	3.17	5.33	0.17	– 0.4
CNRM – CM5	2.72	8.31	2.12	4.76	– 0.53	– 0.78
INMCM4	– 4.06	1.82	0.24	2.0	– 1.79	– 2.19
NorESM1 – M	0.08	9.51	1.45	4.2	– 1.59	– 1.84
Ensemble	2.57	9.99	1.77	4.28	– 0.83	– 1.18

资料来源：冯婧：《多全球模式对中国区域气候的模拟评估和预估》，南京信息工程大学硕士学位论文，2012。

对于暖夜事件，两种情景下各模拟值的线性趋势均为正值，RCP 4.5 和 RCP 8.5 情景下的范围分别为 0.24% ~ 3.17%/10a 和 2% ~ 5.33%/10a，后者明显高于前者，两种情景下线性趋势相差的范围在 2% ~ 4%/10a。

对于冷日事件，除了 CanESM2 在 RCP4.5 情景下为微弱的正趋势，其余模拟值在两种情景下均为负值，范围分别为 – 1.79% ~ 0.17%/10a 和 – 2.19% ~ – 0.4%/10a，后者减少速率低于前者，二者差值范围为 – 0.4% ~ – 0.2%/10a。

随时间变化序列的分析表明（图略），在 RCP 4.5 和 RCP 8.5 情景下，热浪指数相对于 1986 ~ 2005 年的平均值将增加；到 21 世纪末，在 RCP 4.5 和 RCP 8.5 情景下，热浪事件的增加幅度分别约 10% 和 20%；暖夜指数的上升幅度分别为 4% 和 7%；冷日指数的下降幅度分别为 60% 和 80%。

从三种极端气温事件在两种排放情景下的线性趋势空间分布来看（图略）：RCP 4.5 情景下，热浪指数在全国范围内呈现增加趋势，其中东北北部、华北、新疆和西藏南部地区增加速率最快，在 RCP 8.5 情景下的增加速率高于 RCP 4.5 情景下的增加速率，二者高值区的分布范围基本一致。

暖夜在两种情形下的分布形势均呈现出南高北少的特点，增速最快的区域位于中国西南、华南、东部沿海和塔里木盆地，在 RCP 8.5 情景下的增加速率明显高于 RCP 4.5 情景下的增加速率，但是在 RCP 8.5 情景下，塔里木盆地的增加速率和西南、华南地区的值相等。暖夜指数的分布为南多北少。

冷日指数在两种情景下均为下降趋势，下降最快的区域在中国东北和青藏高原地区。三种指数在 RCP 8.5 情景下的变化速率均高于 RCP 4.5 情景下的值。

（二） 与降水相关的极端气候事件预估

从表 5 可以看出，CDD 在 RCP 4.5 和 RCP 8.5 排放情景下的变化幅度分别为 −0.6 ~ −0.16days/10a 和 −1.19 ~ −0.07days/10a。21 世纪末（2080 ~ 2099年）与 1980 ~ 2005 年相比，两种排放情景下 CDD 将分别减少 −8% 和 −11%。

表 5　五个全球气候模式对未来极端降水事件的线性趋势预估
（相对于 1986 ~ 2005 年）

	CDD（days/10a）		CWD（days/10a）		R10（days/10a）	
	RCP4.5	RCP8.5	RCP4.5	RCP8.5	RCP4.5	RCP8.5
BCC – CSM1 – 1	− 0.16	− 0.12	− 0.11	− 0.3	0.24	0.36
CanESM2	− 0.56	− 1.19	0.19	0.07	0.46	0.60
CNRM – CM5	− 0.60	− 0.8	0.49	0.57	0.26	0.40
INMCM4	− 0.19	− 0.07	0.26	0.22	0.25	0.45
NorESM1 – M	0.09	− 0.26	0.15	− 0.25	0.56	0.74
Ensemble	− 0.29	− 0.49	0.20	0.06	0.35	0.51
	R95T（%/10a）		R5D（mm/10a）		SDII（mm/day）/10a	
	RCP4.5	RCP8.5	RCP4.5	RCP8.5	RCP4.5	RCP8.5
BCC – CSM1 – 1	0.39	0.94	0.93	2.54	0.04	0.09
CanESM2	0.50	1.07	1.49	3.61	0.06	0.10
CNRM – CM5	0.11	0.59	0.74	1.80	0.03	0.07
INMCM4	0.10	0.42	0.10	0.56	0.02	0.04
NorESM1 – M	0.71	1.02	1.88	2.76	0.08	0.11
Ensemble	0.36	0.81	1.03	2.25	0.04	0.08

资料来源：冯婧：《多全球模式对中国区域气候的模拟评估和预估》，南京信息工程大学硕士学位论文，2012。

CWD 在 RCP 4.5 和 RCP 8.5 情景下，增加幅度分别为 0.15% ~ 0.49%/10a 和 0.07% ~ 0.57%/10a。21 世纪末（2080 ~ 2099 年）与 1980 ~ 2005 年相比，两种排放情景下 CWD 将分别增加 5% 和 8%。

R10 在两种排放情景下上升幅度的范围分别为 0.24% ~ 0.56%/10a 和 0.36% ~ 0.74%/10a。21 世纪末（2080~2099 年）与 1980~2005 年相比分别增加 14% 和 20%。

在 RCP 4.5 和 RCP 8.5 情景下，R95T 变化范围分别为 0.1~0.71day/10a 和 0.42% ~ 1.07days/10a；R5D 增加的范围分别为 0.1% ~ 1.88%/10a 和 0.56% ~ 3.61%/10a，增加趋势明显；SDII 的增加范围分别为 0.02% ~ 0.08%/10a 和 0.04% ~ 0.11%/10a。

综合来看，除了 CDD 为下降趋势，其余五个极端降水指数均为增加趋势。未来我国的极端降水事件呈现出增多、增强的趋势。

从空间分布来看，在 RCP 4.5 情景下，CDD 在全国大部分地区为减少趋势，减少的中心位于新疆；CWD 在两种情景下，青藏高原地区都为减少趋势，其余大部分地区为增加趋势，但在 RCP 4.5 情景下青藏高原减少区域的分布面积较大。对 R10 而言，两种情景下全国均为增加趋势，由东南向西北递减；在 RCP 4.5 情景下，高值主要分布在青藏高原东部和南部，秦岭、两广地区；在 RCP 8.5 情景下，高值主要分布在青藏高原南部（图略）。

对于降水强度指数 R95T，在 RCP 4.5 情景下只有河西走廊西北部小范围内有减弱趋势，其余均为增强趋势。在 RCP 8.5 情景下，高值区主要分布在青藏高原和云南。对 SDII 而言，两种情景下的高值中心主要分布在西藏南部[①]。

四　极端事件变化可能造成的风险

总体来说，热浪和暖夜等暖事件在 RCP 4.5 和 RCP 8.5 排放情景下为增加趋势，冷日事件为减少趋势，暖事件的增加趋势高于冷事件的下降趋势，在高排放情景下的线性趋势的绝对值高于中等排放情形下的线性趋势。到 21 世纪末，相对于 1986~2005 年的平均值，在 RCP 4.5 和 RCP 8.5 排放情景下，热浪事件可能将分别增加 7.3 倍和 18 倍，暖夜可能将分别增加 3.8 倍和 7.2 倍，冷日将分别增加 60% 和 80%，暖事件的上升速率远大于冷事件的下降速率。极端降水事

[①]　冯婧：《多全球模式对中国区域气候的模拟评估和预估》，南京信息工程大学硕士学位论文，2012。

件呈现出增多、增强的趋势。在 RCP 4.5 和 RCP 8.5 情景下，除了 CDD 呈下降趋势，CWD、R10、R5D、R95T 和 SDII 五个极端降水指数均为增加趋势。相对于 1986～2005 年，到 21 世纪末，CDD 将分别减少 −8% 和 −11%；CWD 分别增加 8% 和 5%；R10 分别增加 14% 和 20%；R95T 分别增加 18% 和 38%；R5D 分别增加 15% 和 27%；SDII 分别增加 8% 和 13%。

根据上述预估结果，在新的温室气体排放情景下，不断变化的气候将导致全球和中国极端天气与气候事件在频率、强度、空间分布、持续时间上发生较大的变化，并可能导致前所未有的极端天气和气候事件，越来越多的人和设施暴露在极端气候下的可能性越来越大，灾害风险将持续增加。气候灾害的增加将放大贫困地区和经济发达地区之间的风险不均，也将改变某些地区或区域气候灾害的空间分布、强度和发生的频率，严重加大贫困地区的损失，并使其灾后恢复能力受到影响。

同时，极端气候是影响灾害风险的因子之一，将对与气候变化密切相关的行业（如水利、农业、林业、健康和旅游业）产生更大的影响。针对极端气候事件来说，受影响的程度大小将极大地取决于某个区域的暴露度和脆弱度，比如，由于暴露的人口和经济设施越来越多，与天气和气候变化相关的灾害带来的损失肯定会增加。城市化和社会经济状况的变化对极端气候的脆弱度和暴露度也会有影响，比如，在沿海地区，日益增长的城市居住区影响了天然的沿海生态系统有效应对极端气候事件的能力，使其脆弱度增加。频繁的洪灾将破坏城市及其粮食生产，从而影响食品安全，使得贫困地区的贫困情况更为严重。暴雨和洪水也会污染地表水，影响市区环境健康。虽然预估较小流域尺度的变化还具有很大的不确定性，但可以肯定的是，气候变化将有可能对水管理系统产生严重的影响。

因此，未来极端气候事件的变化对国家灾害风险管理提出了新的挑战，需要通过改变应变能力、应对能力和适应能力，来适应未来动态变化的极端事件。如在地方、国家等不同层面建立风险分担和转移机制，通过提供融资手段的方式提高对极端事件的应变能力。

Ⅰ.15
主要流域的气候变化影响与
适应效益评估

曹丽格　翟建青　李修仓*

摘　要： 在全球变暖的背景下，中国主要江河流域降水、水面蒸发及实测径流量发生了不同程度的变化，极端天气气候事件频发对流域的可持续发展造成威胁。本文在概述主要流域的气候变化事实的基础上，选取长江、海河和塔里木河作为南方河流、北方河流和西北内流区河流的典型，分析探讨不同河流流域对气候变化的响应；利用成本－效益方法评估海河流域"枣粮间作"技术在提高当地农业收入和气候变化适应能力方面的效益；通过对塔里木河流域近期综合治理效果的评估，以及长江流域的中下游地区、河口区和源区适应能力差异的分析，探讨了流域特色的适应对策的现状与未来机遇。

关键词： 流域　气候变化　影响　适应

一　主要流域的气候变化事实

我国江河众多，流经不同的气候和地形区，不同流域对气候变化响应不同，同一河流的上、中、下游对气候变化的敏感度和适应能力也不同。高温、热浪、干旱、强降水等极端天气事件多发，2011 年长江中下游地区出现旱涝急转，汉江、渭河等多条江河发生罕见秋汛，全国平均年降水量创 60 年来新

---

* 曹丽格，国家气候中心助理研究员，研究领域为气候变化与灾害风险管理；翟建青，国家气候中心副研究员，研究领域为气候变化影响评估、气候变化对水资源影响和洪水响应；李修仓，南京信息工程大学博士研究生，研究领域为气候变化对水文水资源影响。

低等一系列极端事件提醒我们，要实现流域经济的可持续发展必须重视应对气候变化的能力建设，从流域尺度开展气候变化影响评估具有重要的理论和实践意义。

中国的主要流域包括松花江流域、辽河流域、海河流域、黄河流域、淮河流域、长江流域、珠江流域、东南诸河流域、西南诸河流域及西北内陆河流域等，除西北内陆河流域，其他流域均为外流河流域。在全球变暖的背景下，中国主要江河流域降水、水面蒸发及实测径流量发生了不同程度的变化（见表1）。

表1 中国十大流域基本情况

编号	流域名称	流域面积（万平方公里）	多年平均降雨量（毫米）	多年平均陆地蒸发（毫米）	陆地蒸发量占降雨量比重（%）
1	松花江流域	93.5	504.8	358.3	71
2	辽河流域	31.4	545.2	400.0	73
3	海河流域	32.0	534.8	425.4	80
4	黄河流域	79.5	447.1	364.2	81
5	淮河流域	33.0	838.5	599.9	72
6	长江流域	180.0	1086.8	533.3	49
7	珠江流域	57.9	1549.7	734.0	47
8	东南诸河	24.5	1787.4	702.1	39
9	西南诸河	84.4	1088.2	404.1	37
10	西北内陆河	336.3	161.2	125.8	78

（一）流域降水变化情况

20世纪50年代以来，中国西北内陆流域降水增加较为明显，南部流域呈弱增加趋势，华北地区及东北地区的江河降水具有减少趋势[①]。其中，辽河、海河、黄河、淮河流域及西南诸河流域减少趋势比较显著。西北诸河流域年降水量增加趋势比较明显，也是北方流域中唯一的降水有所增加的流域。长江、珠江和东南诸河流域的降水量没有显著增加的趋势。在年降水量倾向率方面，淮河流域

---

① 王金星等：《近50年来中国六大流域径流年内分配变化趋势》，《水科学进展》2008年第5期。

为最大负值区，以每 10 年 25.5 毫米的速率减少；东南诸河流域为最大正值区，年降水量增加速率为每 10 年 25.0 毫米①。

（二）流域蒸发变化趋势

近 50 年中，长江、海河、淮河、珠江以及西北、西南各流域的年平均水面蒸发量均呈明显下降趋势。特别是海河和淮河流域，其减少速率达 50 毫米/10 年以上，为东部地区蒸发量减少最明显的区域。黄河和辽河流域的年蒸发量也在减少，但变化速率较小。松花江流域的年蒸发量没有明显变化②。

（三）流域实测径流量的变化趋势

对十大流域干流的控制水文站或流域内重要支流的控制水文站点径流变化进行分析，近几十年来③，松花江流域、辽河流域、海河流域、黄河流域、塔里木河流域的径流量均明显减少，减少趋势（M - K 值④）通过置信度 99% 检验；淮河流域、长江流域、珠江流域、闽江流域的径流量变化趋势不明显，没有通过置信度检验⑤。

第二次气候变化国家评估报告研究显示，1968 年后华南沿海和北方径流减少，而长江流域径流增加。松花江流域、辽河流域、海河流域、黄河流域、塔里木河流域的径流量均明显减少，长江、海河、黄河流域湖泊湿地萎缩⑥。

（四）径流量变化对气候变化的响应与对人类活动的影响

水文站点径流量的变化，综合反映了气候变化和人类活动下的流域径流变化。河川径流变化受气候因素的影响是非常直接的，同时，河川径流变化也受到

---

① 陈峪等：《中国十大流域近 40 多年降水量时空变化特征》，《自然资源学报》2005 年第 5 期。
② 高歌等：《1956~2000 年中国潜在蒸散量变化趋势》，《地理研究》2006 年第 3 期。
③ 海河流域资料为 1963~2007 年，澜沧江（代表西南诸河）资料为 1957~2004 年，塔里木河（代表西北内陆河）资料为 1957~2004 年，其他流域资料序列为 1957~2007 年。
④ M - K 统计检验方法是一种非参数统计检验方法，常用来评估有关气候要素的时间序列趋势，优点是样本不用遵从一定的分布，也不受少数异常值的干扰，适用范围广、定量化程度高。
⑤ 翟建青：《中国旱涝格局演变规律及其对水资源分布的可能影响研究》，中国科学院博士学位论文，2009。
⑥ 第二次气候变化国家评估报告编写委员会：《第二次气候变化国家评估报告》，科学出版社，2011。

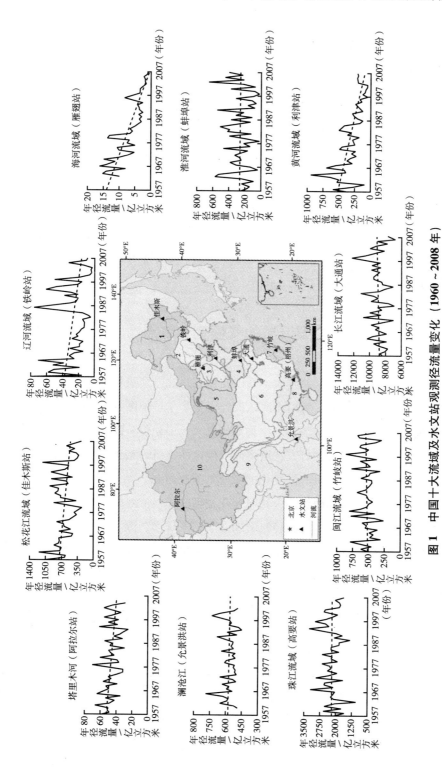

图 1 中国十大流域及水文观测径流量变化（1960～2008 年）

注：1. 松花江流域；2. 辽河流域；3. 海河流域；4. 淮河流域；5. 黄河流域；6. 长江流域；7. 闽江流域；8. 东南诸河流域；9. 西南诸河流域；10. 西北内陆河流域，其中虚线为线性趋势。

人类活动的影响，尤其是大江大河的干流，受灌溉和水利工程影响突出。中国北方流域降水量少，年际变化大，水资源缺乏且不稳定；南方流域降水较多，年际变化较小，水资源相对充足且比较稳定。

受气候变化和人类活动影响，中国大江大河变化的原因较为复杂。以黄河为例，基于对天然时期水文过程的模拟结果，就 1970~2000 年的平均情况而言，人类活动是黄河中游径流量减少的主要因素，气候变化和人类活动对径流的影响分别占径流减少总量的 38.5% 和 61.5%[1]。鄱阳湖流域降水量的增加，特别是夏季暴雨频率的增加，以及蒸发量的长期下降，是 20 世纪 90 年代鄱阳湖流域径流显著增大的主要原因；人类活动起着减少径流的作用，工农业的快速发展以及大量水利工程提高了水资源的利用程度；20 世纪 90 年代流域水土流失状况的有效缓解，有助于增加流域的贮水能力，减小径流[2]。

二　典型流域的气候变化特点

中国幅员辽阔，南北气候差异大，气候变化会对北方河流和南方河流产生不同的影响。西北地区的河流多为内流河，流经干旱半干旱地区，多以冰川融水补给和山地降水补给为主，流量小，水位季节变化大，多为季节性河流，对气候变化的响应有不同的特点。有关研究选取不同气候区的支流，基于天然水文过程模拟，对不同气候区域水资源对气候变化的敏感性进行分析，结论是[3]：径流对降水的敏感性远大于对气温的敏感性；相同变化幅度时，径流对降雨量的增加比对降雨量的减少敏感；气候过渡区的径流敏感性小于干旱区，湿润地区最弱；气温升高使得冰川对年径流的调节作用减小，可以明显增加春季径流，减少其他季节径流。同时，有目的的人类活动如水土保持工程或者水利工程修建可以在一定程度上降低水资源系统的敏感性和脆弱性，提高区域适应气候变化的能力。本文选取海河、长江和塔里木河三个河流流域作为北方河流、南方河流和西北内陆河流

①　张建云、王国庆：《气候变化对水文水资源影响研究》，科学出版社，2007。

②　叶许春等：《气候变化和人类活动对鄱阳湖流域径流变化的影响研究》，《冰川冻土》2009 年第 5 期。

③　第二次气候变化国家评估报告编写委员会：《第二次气候变化国家评估报告》，科学出版社，2011。

的典型，分析气候变化对不同区域的流域的影响，研究水资源对气候变化的响应的区域性。

（一）海河流域的气候变化特点

近几十年海河流域气温上升趋势明显，高于全国平均水平；降水减少严重，降水时空分布格局发生了明显的变化，年降水强度空间分布年代际震荡明显。气象灾害事件频发，近50年干旱化倾向明显，平均每年旱灾受旱面积在530万公顷左右，近几年还有增加的趋势。海河流域实测径流量近年呈现明显减少趋势，受气候变化影响，未来水资源短缺状况将越来越严重[1]。

作为资源型缺水地区，气候变化对海河流域的可持续发展具有深远的影响。根据气候与水文模型的模拟[2]，未来30年，海河流域气温普遍升高，降雨量略有增加，蒸发量普遍加大，径流量呈减少趋势，而且丰水年的洪水规模更大，平水或枯水年的干旱情况可能会更为严重；同时，各月蒸发量普遍增加，汛期的降雨量有所减少，非汛期的降雨量有所增加，各月径流量则有不同程度的减少。半湿润半干旱的海河流域所面临的挑战十分严峻。

（二）塔里木河流域的气候变化特点

塔里木河是我国最大的内陆河，位于典型干旱区。自20世纪60年代以来，流域气温始终波动上升，到21世纪初达到了最大值；降水量明显增加，夏季降水量显著增加，但流域内干旱的气候环境并不会因为短期的降水增加而发生质的变化。受气温和降水的影响，流域处于退缩状态的冰川数量要多于处于前进状态的冰川数量。同时随着气候变暖导致的干旱加剧，胡杨等流域森林生态系统建群种将逐渐衰退，被更为耐旱的柽柳等灌丛所取代，进而逐渐向荒漠生态系统转变。气候变化总体影响结果为绿洲与沙漠同时扩大，而处于两者之间的天然林地、草地、野生动物栖息地和水域缩小，沙漠与绿洲之间的过渡带在缩小。

---

[1]　刘学锋等：《海河流域气候变化影响评估报告》，气象出版社，2012。

[2]　丁相毅等：《气候变化对海河流域水资源的影响及其对策》，《自然资源学报》2010年第4期。

气候模式模拟显示，未来 40 年，塔里木河流域气温在三种排放情景下均呈上升趋势，相对于基准期的气温平均值，气温上升幅度为 0.5℃～2.4℃①。未来气候变化背景下，塔里木河流域气温升高、降水量增多、蒸发量增加，河川径流量增加，这些变化将有利于增强塔里木河流域绿洲区，尤其是源流地区沙漠化逆转趋势。但是，由水资源利用不合理，上、下游水量分配失衡造成的土地荒漠化、生态环境恶化在短期内无法改变。

（三）长江流域的气候变化特点

长江作为中国第一大河，全长 6300 多公里，流域面积 180 万平方公里，流域大部分位于湿润区，与海河、松花江和塔里木河流域相比，生态系统对气候变化的脆弱性较低。但是，长江流域涵盖范围广，不同的区域对气候变化的响应也有所不同。

在鄱阳湖流域，地表水资源呈上升趋势，水文极端值波动幅度增大，旱涝风险增大。作为中国最大的湖泊湿地，湿地生态系统依托于水环境形成年内水位高低的周期性变化，湿地呈现夏涨冬落的情况，水域洲滩交替出现，引起植被相应演替，进而影响食物链上鱼类、鸟类等的栖息地及食物的变化。气候变化使得鄱阳湖自然生态系统脆弱性增加。2003 年以来，受干旱的影响，洲滩面积扩大，湿生、水生植被减少，相关物种、生态系统的结构和功能发生变化，外来物种入侵增加，珍稀濒危动植物资源面临更大的威胁等②。而 2011 年长江中下游地区遭遇严重春夏连旱，使得鄱阳湖水域面积锐减，湖泊生态系统生物多样性及候鸟生存环境受到严重影响，夏候鸟（水鸟）的栖息地缩小，鱼类、贝类等生物资源衰退，水生植被面积大幅度缩减。

在长江三角洲地区③，由于经济发展，城市化和工业化排放了大量温室气体，从而加剧了该地区的大气污染和气候环境变化。气候变暖导致海平面升高将影响海岸带和海洋生态系统，也将影响渔场和鱼汛期，因为渔业生产对气候变化的反映较为敏感；作为南方双季稻的主要产区，热量资源更加丰富和夏季高温的

① 陈亚宁等：《塔里木河流域气候变化影响评估》，即将出版。
② 殷剑敏等：《鄱阳湖流域气候变化影响评估报告》，气象出版社，2011。
③ 姜彤等：《长江三角洲气候变化影响评估报告》，即将出版。

增加，使得稻米质量受到一定影响，农业病虫害也有加重趋势。

因此，长江流域的中下游地区、河口区和源区在气候变化适应能力方面有着不同的特点：长江中下游地区气候变化的相对幅度较小，农田、森林等生态系统的管理水平较高，对气候变化的适应性较强；长江源区各种生态系统和中下游的湿地生态系统对气候变化较敏感，脆弱度比较高；长江河口区受海平面上升引起的海水倒灌及风暴潮的影响较大，加之该区域人口密度大，是我国重要的工业基地，气候变化造成的影响和经济损失远比其他地区大，具有放大效应；但该地区经济比较发达，基础设施比较完善，适应气候变化的能力相对较强①。

三 具有流域特色的适应行为的效益评估

本文选取了海河流域"枣粮间作"技术、塔里木河流域的荒漠河岸林生态系统作为代表来进行流域气候变化适应行为的效益评估，并对流域适应气候变化的前景进行展望。

（一）海河流域适应气候变化的"枣粮间作"技术效益评估

海河流域是我国粮油集中产区之一，果树资源品种众多。作为农业大区，海河流域的农业生产对气候变化非常敏感，特别是极端天气气候事件对农业生产的影响极大；降水不足，水资源是限制该区农业生产发展的主要气候因素。海河流域有多种适应气候变化的农业技术，如"枣粮间作"、覆盖保墒、大棚温室设施农业等。

位于海河流域子牙河支流的沧县地区是金丝小枣的盛产之地。由于近年海河流域降雨偏少、连续干旱，沧县上游来水减少，部分河流断流、地表水污染；自20世纪70年代以来，为满足工农业及生活用水需求，长期超采地下水使得沧县成为深层地下水漏斗中心地带。枣树作为节水型树种，对干旱适应能力强，当地降水及土壤条件适宜其生长，当地政府也积极推广"枣粮间作"技术。

"枣粮间作"技术利用枣树和间作物生长的时间差，选择合理的栽植密度和行向，通过修建枣树树形，搭配合适的麦类（冬小麦、春小麦、大麦等）、豆类（大豆、豌豆、绿豆、红小豆等）或杂粮类（玉米、谷子、芝麻、花生、棉花

---

① 徐明、马超德：《长江流域气候变化脆弱性与适应性研究》，中国水利水电出版社，2009。

等），可以有效提高土壤肥水利用率和光照条件，并减少部分病虫害和农药用量。成本效益分析方法通过比较项目的全部成本和效益来评估项目价值，可以帮助选择合适的应用技术，评估已实施适应措施的效果。本文按照五个步骤来评估这一技术的效果：①确定该技术投入各项生产要素的成本；②确定额外收入的效益；③确定可节省的费用；④以货币形式比较成本和收入，计算效益成本比率；⑤评估难以量化的效益和成本。

2010～2011年中国农业科学院在当地乡村的调研问卷结果显示，实施"枣粮间作"技术后，平均每亩鲜枣产量在1991斤，玉米产量880斤，而未实施该技术的每亩鲜枣产量在1196斤，玉米产量887斤。实施"枣粮间作"的枣树每亩化肥投入156.4元，人工投入（50元/天）520元，农药投入318.3，机械投入117.4元，总计约1112元。未实施"枣粮间作"技术的枣树每亩化肥投入143.7元，人工投入760元，农药投入415.6元，机械投入100.3元，总计约1420元（见表2）。多样本及方差分析显示，"枣粮间作"技术可以有效提高鲜枣产量，而对玉米（或其他间作物）产量影响不大。通过对种子、化肥、人工、农药、机械等投入项目进行定量分析，实施"枣粮间作"技术能有减少枣树农药投入，有效应对气候变化所带来的病虫害加重影响，人工投入减少，但是会增加玉米种子、人工和化肥的投入；在同样的投入下，该项技术能够提高枣树的收益，降低玉米的收益，考虑到鲜枣与玉米的价格等因素，实施"枣粮间作"技术后，每亩收益减去投入后，纯收入为970元，而未实施"枣粮间作"技术每亩的纯收入为913元。总体上，"枣粮间作"技术有效地提高了农民的收入水平，并增强了当地农业适应气候变化的能力。

表2　使用成本-效益分析方法对"枣粮间作"技术的分析

	投入（元/亩）		收益（元/亩）		投入/收益	
	枣树	玉米	枣树	玉米	枣树	玉米
实施"枣粮间作"技术	1112	744	1892	934	0.59	0.79
未实施实施"枣粮间作"技术	1420	492	1782	1043	0.80	0.47

（二）塔里木河流域的荒漠河岸林生态系统适应对策评估

塔里木河流域是一个完整的山区-平原-绿洲-荒漠生态系统，其封闭的水文循环过程致使流域自成一个独立的系统（见图2）。由于多年来上游开发及用水量的增加，塔里木河在源区来水量增加的情况下，干流径流量却呈现减少的趋势，下游河道频频断流，导致地下水位下降、水质恶化，荒漠河岸林等生态系统严重退化。根据国内外研究，结合塔里木河流域生态脆弱性①表现特征及变化规律进行评价，阿克苏河流域属于生态环境改善区，叶尔羌河流域及塔里木河上游属于生态环境基本平衡区，和田河流域及塔里木河中游属于生态环境失调区，而塔里木河下游属于生态环境严重受损区（见表3）。

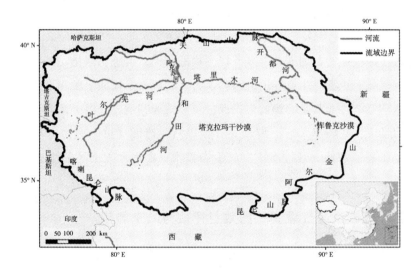

图2 塔里木河流域示意图

作为干旱区内陆河流域，气候变化适应对策应包括两方面的内容：一方面是促进水资源的可持续利用，另一方面是增强水资源系统的适应能力，减少水资源系统对气候变化的脆弱性。目前该流域积极推进加快实施"供水、堵水和输水"工程，减少塔里木河干流上游、中游低效耗水，确保下游基本用水，改善塔里木

---

① 根据塔里木河流域自然资源及生态环境的地域差异，应用数量化理论及模糊数学的方法，选择水资源、土地资源、生物资源及环境4个系统，每个系统中分别选5个指标，共计20个指标来构成脆弱生态环境质量评价的指标体系。通过确定各指标的阈值范围来构建生态环境脆弱性指数（EFI），从而将生态脆弱性分为4级，即严重脆弱（EFI≥0.5）、中等脆弱（0.3≤EFI<0.5）、一般脆弱（0.1≤EFI<0.3）及不脆弱（EFI<0.1），并分别与生态环境受损区、失调区、平衡区及改善区相对应。

表3 塔里木河流域生态脆弱性评价结果

流域	阿克苏河流域	叶尔羌河流域	塔里木河上游	和田河流域	塔里木河中游	塔里木河下游
EFI	0.08	0.23	0.25	0.32	0.49	0.87
脆弱性	尚未脆弱	一般脆弱	一般脆弱	中等脆弱	中等脆弱	严重脆弱

资料来源：王让会、马英杰、卢新民：《关于中国塔里木河流域若干问题的辨识》，《安全与环境学报》2003年第2期。

河下游生态系统。特别是针对下游的荒漠河岸林生态系统，采取了多项积极的适应措施[1]。在加强生物多样性监测的基础上，对重要农业野生物种采取非原生境保护、种子库保护等，加强对外来入侵生物的监控，引进、驯化、选择、培育适合于不同气候、土壤和生态环境的植物品种，利用人工辅助手段和措施恢复荒漠河岸林生态系统，尤其是胡杨的生态保护及可持续利用。开展一系列公众参与的环保教育活动，在塔里木河下游建立"塔里木河流域受损生态修复与荒漠生态科技示范工程"基地。经过多次实施生态输水，塔里木河下游的生态环境质量得到改善。

（三）流域适应气候变化的效益评估与未来展望

海河流域采取了多种适应气候变化的农业技术，通过成本－效益方法的分析评估，可以发现"枣粮间作"技术作为气候变化适应措施，能有效提高当地农业收入，提高适应气候变化的能力，具有较好的经济效益；塔里木河流域近期综合治理等规划的实施，通过调控上、下游之间的水量分配，进行下游生态输水，有效遏制了下游荒漠河岸林生态系统的退化趋势，对生态系统环境起到了一定的改善作用；长江流域的中下游地区、河口区和源区适应气候变化的能力也不同。

本文仅选取了部分典型事实和案例对流域适应气候变化的措施和行为进行了效益评估，初步分析了主要流域适应气候变化的现状与未来挑战。《第二次气候变化国家评估报告》《中国气候与环境演变》等重要科学报告的完成，以及长江

---

[1] 陈亚宁等：《塔里木河流域气候变化影响评估报告》，即将出版。

流域（包括鄱阳湖流域、三峡库区等）、海河流域①等一系列流域气候变化评估报告的陆续出版，将促进流域尺度上的气候变化影响评估的理论、方法和技术的不断发展，将为提高流域气候变化应对水平，为地方政府制定区域/流域发展规划，促进流域一体化发展提供科学支撑。

---

① 2007 年，中国科学院、中国气象局和复旦大学共同组建的项目组分析研究了气候变化对长江流域农业、水资源、森林、草地、湿地和河口城市生态系统的影响，形成了《长江流域气候变化脆弱性与适应性研究》报告。2008 年，在中国气象局气候变化专项特别资助下，国家气候中心启动了一系列气候变化敏感流域和典型区域的气候变化影响评估工作。从 2010 年起，气象出版社组织的《流域/区域气候变化影响评估报告丛书》陆续完稿，其中长江三峡库区、鄱阳湖流域、海河流域和云南省的气候变化影响评估报告已在 2011 年出版，松花江流域、淮河流域、塔里木河流域、长江三角洲等报告将在 2012 年内发行，黄河流域气候变化影响评估报告于 2011 年启动。

G.16
适应气候变化的资金机制

储诚山 陈洪波*

摘 要：本文分析了适应气候变化的资金需求，针对目前国际社会适应性资金的不足，提出了发展中国家适应资金机制，即在获取国际适应性资金的前提下，建立以国家财政适应性投入为主导，以商业金融和市场适应性资金为支撑、自愿捐助性适应资金为补充的多元化适应资金筹措模式。

关键词：适应气候变化 资金机制 国际适应性资金

一 引言

减缓和适应是应对气候变化的两个主要方面，减缓指向气候变化的原因，适应指向气候变化的结果。目前，在减缓温室气体排放方面已经确立了共同但有区别的责任原则。但是，在适应领域成本分担原则尚不明确，目前主要由适应主体自己承担，这对广大发展中国家和地区极不公平。因此，急需建立公平的国际、国内适应资金分担机制，由造成气候变化的主体负担适应资金并实现资金在提供者和使用者之间合理、有效转移。但同时，由于适应行动刻不容缓，在追求国际适应性资金公平的同时，发展中国家需从保护自身利益出发，建立多渠道适应资金筹措方式，支持适应行动，维护经济社会的快速持续发展。

二 适应气候变化的内涵及意义

（一）适应气候变化内涵

适应气候变化是指调整自然或人类系统以应对已经发生的或预期发生的气

---

* 储诚山，天津社会科学院城市经济研究所副研究员，研究方向为城市经济学和气候变化；陈洪波，中国社会科学院城市发展与环境研究所副研究员，研究方向为环境经济学和气候变化。

候动因或气候影响，从而缓解危害，为经济社会发展开拓有利机会。根据该定义，适应气候变化涵盖多个领域，如人体健康、水资源、农业、土地利用和基础设施等。同时，适应气候变化涉及诸多角色，如不同层面的家庭、企业和政府。

减缓和适应是应对气候变化的两个主要方面，减缓指向气候变化的原因，适应指向气候变化的结果。在发展中国家，适应比减缓更为迫切和现实，只有积极适应已经发生或预期的气候风险，才能使可持续发展之路受到较小的不利影响。

适应气候变化兼有公共属性和私人属性二重性。一方面，气候变化的影响不分国界，气候问题的解决或者缓减需要国际社会进行合作。另一方面，适应更带有区域性，气候变化影响因地而异，而有效适应气候变化就使得某些地方或某些人群先行获益。根据适应的受益范围大小，适应可以分属于全球性公共物品、区域性公共物品、国家性公共物品和地方性公共物品等。适应的属性特征，决定了适应气候变化需要开展全球性合作，尤其是发达国家应为发展中国家提供资金和技术援助。同时，各国或一些地区的适应主体，需针对自身特点开展有效的适应行动，承担并建立相应的资金机制。

（二）适应气候变化意义

适应气候变化有利于经济社会的可持续发展。气候变化既是环境问题，也是发展问题，但归根到底还是发展问题。有效适应气候变化是可持续发展的重要组成部分，实施适应战略可以减轻气候变化影响的脆弱性，增强自然生态系统和经济社会发展的适应能力，促进可持续发展能力，实现在发展中适应、在适应中发展。

有效地适应气候变化具有经济收益。适应气候变化需要投入成本，但同时可以避免气候变化造成的损失（等同于经济收益）。图1是适应气候变化的成本与避免气候变化的损失关系图，可以看出：在 A 段时，避免灾害的损失（即适应收益）大于适应气候变化的成本；B 段时，避免灾害的损失与适应气候变化的成本相等；C 段时，避免灾害的损失小于适应气候变化的成本，此时适应不具有经济可行性。

适应气候变化有利于生态环境建设。加强对农业、林业、海岸带和海洋等生

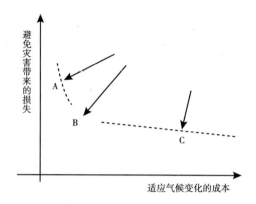

图1 适应气候变化的成本与避免气候变化的损失关系

态系统的保护，提高各生态系统抵御、恢复和适应的能力，缓解区域或全球气候变化所带来的不利影响。

适应气候变化有利于公共服务网络的建设，减少气候变化风险及其带来的潜在损失。完整的医疗卫生服务体系、灾害防御应急体系和坚固的基础设施能够减少疾病传播风险，降低灾害发生率，减少因灾损失，保证人民身体健康和生命、财产安全。

适应气候变化有利于提高公众的环境保护意识。通过各种方式宣传、普及气候变化的有关知识可以增强公民环保意识、倡导绿色生活方式、提高公民道德修养，是未来提高适应、应对气候变化能力的智力支持和潜在保障。

三 适应气候变化的主要领域和资金需求

（一）适应气候变化的主要领域

适应涉及农业、旅游业、人体健康、水资源的供应、海岸管理、农村规划和生态环境等方方面面，适应的实施上至国家规划部门，下至个体民众，环节众多，利益关系复杂，是一个复杂的系统工程，需要巨大的资金支持。特别是发展中国家，由于其适应基线较低，在适应行动中需要投入大量的资金。根据UNFCCC的研究成果，适应气候变化的主要领域有农业、水资源和基础设施等6个领域，到2030年这些领域的适应资金需求量为49亿~171亿美元（见表1）。

表1 适应气候变化主要领域及资金需求

单位：亿美元

领　　域	全球适应资金	发达国家	发展中国家
农　　业	14	7	7
水 资 源	11	2	9
人体健康	5	未估计	5
海 岸 带	11	7	4
基础设施	8 ~ 130	6 ~ 88	2 ~ 42
合　　计	49 ~ 171	22 ~ 104	27 ~ 67

数据来源：Martin Parry et al. Assessing the costs of adaptation to climate change. Aug. 2009。

1. 农业领域

农业是国民经济的基础，粮食安全是国家长治久安的基本保证。因此，加强农业领域的适应是适应气候变化的关键之一，具体包括：通过政策、经济和科学研究等多种手段，减少气候变化带来的不利影响，保证未来粮食安全；增强农业生产抗灾能力，改善农业环境，减轻农业病虫草害，增加农业生产稳定性；加强农业领域适应气候变化能力建设，增强各级部门对适应气候变化的认识。据UNFCCC的估计，到2030年农业领域每年适应性资金需求量约为14亿美元，其中发达国家和发展中国家各为7亿美元。

2. 水资源领域

水资源是保证粮食供应、满足人民群众生活需求、保障经济社会可持续发展的战略性经济资源。水资源领域适应气候变化，以工程性适应和制度性适应为主要手段，减少水资源系统对气候变化影响的脆弱性，加强水利基础设施建设，确保大江大河、重要城市和重点地区防洪防旱；全面推进节水型社会建设，保障人民群众生活用水，确保经济社会正常运行；切实保护河流生态系统，改善水资源保护；全面提高水资源管理能力和水平，提高水资源利用效率和效益，实现水资源可持续利用，支撑经济社会可持续发展。据UNFCCC的估计，到2030年水资源领域每年适应资金需求量约11亿美元，其中发达国家2亿美元，发展中国家9亿美元。

3. 人体健康

气候变暖对人体健康影响较为显著，气候变化对人体健康的影响主要有以下几个方面：气温升高导致与热相关的疾病人口数量增加（如心血管和呼吸道疾病）；较高的气温会增加近地层臭氧，导致肺组织损伤，激发哮喘及其他肺病，提高皮肤病发病率；气候变化会显著增加传染病传播风险，包括传播范围扩大、传播时间延长、传播强度增加等。人体健康适应气候变化主要包括：加强公共卫生服务和疾病控制；更好地预报和监测气候因素对人体健康的影响；减小气候变化对人体健康的间接影响；提高公众身体素质以适应气候变化。据 UNFCCC 的估计，发展中国家到 2030 年为保护人体健康每年所需要的适应资金约 5 亿美元（对发达国家资金需求量未进行估算）。

4. 海岸带及沿海地区

气候变暖引起海平面上升，以及随之引发的海岸侵蚀、海水入侵、土壤盐渍化、河口海水倒灌等一系列负面问题。海岸带及沿海地区适应气候变化主要包括：开展海洋气候观测与预测、海平面上升适应、海洋防灾减灾、海洋生态系统响应与适应，促进海岸带社会资源环境可持续发展。据 UNFCCC 的估计，到 2030 年海岸带领域每年适应资金需求量约 11 亿美元，其中发达国家 7 亿美元，发展中国家 4 亿美元。

5. 基础设施

气候变化将对居住地的基础设施（含能源供应）、建筑物、工业、农业、旅游业、建筑业等产生直接影响。而且，能源供给随着制冷、取暖需求的变化而改变；气候变暖影响大气污染物扩散，从而导致空气质量下降；极端天气事件增加，将对正常的交通、饮水和电力服务造成影响；气候变化导致人口集中迁移，从而影响居住地的人口数量和特点，影响既有基础设施的服务水平和服务质量。因此，加强基础设施建设和维护运行，对于人们适应气候变化，提供良好的基础设施服务尤为迫切和重要。据 UNFCCC 的估计，到 2030 年基础设施领域每年适应资金需求量为 8 亿～130 亿美元，其中发达国家 6 亿～88 亿美元，发展中国家 2 亿～42 亿美元。

综上所述，气候变化已经并将继续显著地影响人类赖以生存和发展的资源、生态和环境。随着全球气候进一步变暖，可能会加剧各类不利影响的严重程度。由于气候变化不能完全避免，增强气候变化适应能力及最大限度地降低气候变化对人类的影响尤为重要，但同时也需要更多的适应资金。

（二）适应气候变化的资金需求及特征

1. 适应资金需求量大小

适应气候变化是一项复杂的系统工程，所需资金巨大，而且难以估算准确的资金数量。根据已有的研究文献（见表2），不同研究机构对全球适应资金估算值差别较大，但共性的问题是，这项资金需求量较大，目前国际适应资金供给机制难以满足实际需求。

表2　不同研究机构对适应资金需求量的估算

评估机构	每年适应成本 （十亿美元/年）	时间	包含的国家
世界银行（2006）	9～41	现在	发展中国家
斯特恩报告（2006）	4～37	现在	发展中国家
牛津能源研究院（2006）	2～17	现在	发展中国家
乐施会（2007）	至少50	现在	发展中国家
联合国发展署（2007）	86～109	2015	发展中国家
UNFCCC（2007）	28～67	2030	发展中国家
斯特恩报告（2006）	15～150	现在	发达国家
UNFCCC（2007）	21～104	2030	发达国家
斯特恩报告（2006）	19～187	现在	全球
UNFCCC（2007）	49～171	2030	全球

资料来源：Martin Parry et al. Assessing the costs of adaptation to climate change，Aug 2009。

2. 气候适应资金需求特征

（1）气候变化适应成本随着时间的推移而增加。

美国国家大气研究中心（NCAR）和澳大利亚联邦科学与工业研究组织（CSIRO）的研究成果显示，从2010年到2050年，当以每10年为一个时间段时，则随着时间的推移，各地区在每个时间段内每年的适应成本保持增长趋势[①]（见表3）。

---

① 按照2005年价格计算，不考虑贴现。

表3　2010～2050年不同地区每年适应成本变化

单位：十亿美元/年

时间	东亚和太平洋	欧洲和中东	拉丁美洲和加勒比海	中东和北非	南亚	撒哈拉以南非洲	总计
美国国家大气研究中心							
2010～2019年	22.7	6.5	18.9	1.9	10.1	12.8	72.9
2020～2029年	26.7	7.8	22.7	2.0	12.7	17.2	89.1
2030～2039年	23.3	10.8	20.7	3.0	13.5	19.2	90.5
2040～2049年	27.3	12.7	23.7	5.0	14.3	23.2	106.2
澳大利亚联邦科学与工业研究组织							
2010～2019年	16.4	3.9	11.6	2.4	11.9	10.3	56.5
2020～2029年	20.1	4.7	13.1	2.6	17.5	13.3	71.3
2030～2039年	20.9	6.4	20.2	3.0	17.7	20.0	88.2
2040～2049年	21.0	7.6	22.8	3.9	15.3	24.1	94.7

（2）气候变化适应成本占GDP的比重随着时间的推移而降低。

美国国家大气研究中心和澳大利亚联邦科学与工业研究组织的研究成果显示，从2010年到2050年，当以每10年为一个时间段时，则随着时间的推移，各地区在每个时间段内每年的适应成本占GDP的比重保持下降趋势（见表4）。而这一变化趋势说明，随着经济的发展，适应气候变化的资金需求是有能力提供的。

表4　2010～2050年不同地区每年适应成本占GDP的比重变化

单位：%

时间	东亚和太平洋	欧洲和中东	拉丁美洲和加勒比海	中东和北非	南亚	撒哈拉以南非洲	总计
美国国家大气研究中心							
2010～2019年	0.19	0.11	0.30	0.08	0.20	0.70	0.22
2020～2029年	0.15	0.11	0.27	0.06	0.16	0.68	0.19
2030～2039年	0.09	0.12	0.19	0.07	0.12	0.55	0.14
2040～2049年	0.08	0.11	0.16	0.08	0.09	0.49	0.12
澳大利亚联邦科学与工业研究组织							
2010～2019年	0.13	0.08	0.20	0.10	0.23	0.57	0.17
2020～2029年	0.11	0.07	0.17	0.12	0.25	0.52	0.16
2030～2039年	0.08	0.07	0.18	0.07	0.17	0.56	0.14
2040～2049年	0.06	0.07	0.16	0.06	0.09	0.50	0.11

四　已有适应气候变化资金机制的局限性

适应气候变化的资金机制主要是指适应资金的来源、筹措、使用和管理，更重要的是指资金来源和筹措方式，本文的资金机制主要是指发展中国家适应资金的筹措方式。

目前，适应资金主要来源包括双边官方开发，以及国际组织特别资金——主要是全球环境资金（Global Environmental Fund，GEF），这其中多数来自私人出资或基于市场机制（见表5）。

表5　目前已有适应资金的主要来源

资金名称	创建年份	起源	资金额度	出资人	实施机构	资助方式
适应战略优先项目（SPA）	2001	UNFCCC	5000万美元	赞助方的自愿补充资金	世界银行、UNEP、UNDP	示范项目
最不发达国家基金（LDCF）	2001	UNFCCC	1.65亿美元	自愿捐献者	世界银行、UNEP、UNDP	小规模项目
特别气候变化基金（SCCF）	2001	UNFCCC	6500万美元	自愿捐献者	世界银行、UNEP、UNDP	项目
适应基金（AF）	2001	京都议定书	由CERs成交额确定	碳信用的2%征收	所有者指定的代理机构	项目和规划
气候顺应试验方案（PPCR）	2008	世界银行	最初是500万美元	自愿捐献者	多边开发银行	技术自助或直接投资
全球气候变化联盟（GCCA）	2007	欧盟	5000万欧元	自愿捐献者	—	技术自助或直接投资
德国气候动议	2007	德国环境部	2008年为6000万欧元	ETS配额中的4.4%	GTZ、KFW等NGO	—

将表5（目前适应资金来源）与表2（适应资金需求）相比，可以看出已有的国际适应性资金仍然很不充分，出资人自愿性安排或捐助的资金不足以满足适应行动的刚性需求；建立在捐赠基础上的基金项目，对发展中国家适应气候变化来说是杯水车薪；对于建立在CDM市场基础上的基金项目，所能筹集到的资金尚取决于一定时间内CDM项目的开展程度、碳价格以及后京都CDM机制的存在性；发展中国家参与适应能力相对有限，也会直接影响其在国际适应性资金项目

中的谈判地位和融资能力。总之，目前国际适应性资金数量较少，融资方式比较单一，不足以满足适应气候变化的实际需求，尤其是发展中国家应对气候变化所带来的灾难。

五 适应气候变化的资金机制及分配原则

（一）适应气候变化资金机制

这里主要指发展中国家适应气候变化的资金筹措方式。为减缓气候变化对人类社会的影响，建立多元化、全方位融资机制，提供充足的适应资金尤为必要。理论上，根据适应的时间、范围、目的和适应主体，适应资金的金融工具可以分为基于市场机制和公共政策措施这两种（皆适用于发达国家和发展中国家）。而Sagasti 等人将适应资金金融工具分成 8 类：双边国际组织和机构、国际金融组织、私人供给、国际资本市场、国际税收、费用及收费、市场创新、全球和地区合作伙伴[1]。

综合已有研究成果[2]，本文将适应资金筹措方式分为：国际适应性资金、国家财政适应性投入与保障、商业金融适应性支持、市场适应性资金、自愿捐助性适应资金五大类。发展中国家适应资金机制，应在获取国际适应性资金的前提下，建立以国家财政适应性资金投入为主导、商业金融适应性资金和市场投入为支撑、自愿捐助性适应资金为补充的多元化资金投入模式，全面提高发展中国家适应气候变化的能力，最大限度地降低气候变化带来的不利影响。

1. 国际适应性资金

充分利用《联合国气候变化框架公约》体系内可以利用的适应性气候变化资金，积极开拓国际合作，吸引更多的双边或者多边资金投资适应气候变化行动。目前，《联合国气候变化框架公约》体系内支持发展中国家适应行动的具体资金安排主要体现在以下几个方面[3]。

---

① Anita Drouet，Financing Adaptation to Climate Change：Climate Report No. 17，April 2009.
② 姜冬梅、张孟衡：《中国适应气候变化的国家资金机制》，《世界环境》2006 年第 5 期。
③ 张乾红：《论建立中国适应气候变化的资金机制》，《上海政法学院学报》2008 年第 2 期。

信托基金。《联合国气候变化框架公约》创立的委托全球环境基金（GEF）运作管理的信托基金，通过适应战略重点试验方案为适应计划提供资金支持。

气候变化特别基金（SCCF）。由第七次缔约方会议推出，用于减缓和适应两个方面，主要通过自愿性捐赠为技术转让、气候敏感型的能源与运输等行业提供资金支持。

最不发达国家基金（LDCF）。在自愿捐赠的基础上为国家适应行动计划（NAPAs）提供资助。

适应基金（AF）。第三次缔约方会议通过了《京都议定书》，规定清洁发展机制（CDM）的收益份额（CDM项目收益的2%）适用于特别易受气候变化不利影响之害的发展中国家缔约方支付适应费用，为适应性基金开创了新的来源。

创建类似绿色基金的新的适应资金。目前，在减缓温室气体排放方面，已经确立共同但有区别原则的成本分摊原则，但在适应领域，成本分担原则尚不明确，目前主要由适应主体自己承担。这对广大发展中国家和地区都极不公平。急需建立公平的国际、国内适应资金分担机制，由造成气候变化的主体来负担适应性资金并实现资金在提供者和使用者之间合理有效的转移。因此，迫切需要建立发达国家向发展中国家转移的适应性资金。

其他资金。此外，发展中国家可以利用的国际援助渠道还有包括《生物多样性公约》《防治荒漠化公约》《拉姆萨尔湿地公约》等在内的多边环境协议的适应性供给，是适应性资金的潜在资源。

诚然，相比发展中国家的适应资金需求，国际适应性资金仍然很不充分。由于适应行动刻不容缓，因此在追求实现国际适应问题资金公平的同时，各个国家，特别是发展中国家必须从保护自身利益出发，通过多种渠道筹集适应资金，支持适应行动，以维护经济社会快速、持续、稳定发展和人民群众的生命、财产安全。

2. 国家财政适应性投入与保障

采取一切措施增强适应气候变化的能力是保障可持续发展的手段之一，各级政府应将适应气候变化逐步纳入各行各业的发展规划，增加适应气候变化行动的预算和投入，切实保证适应气候变化行动的实施。

税收作为国家财政的主要来源，税款征收和使用向适应气候变化方面调整是国家财政适应性投入的基本方面。此外，设立财政专项基金并进行资本市场运作

也是增加财政适应性投入的重要手段。

增加预期性财政投入。一方面，运用消极财政手段，即通过减免税优惠等税收激励措施，鼓励或者引导民间资本投资适应项目，开发适应技术，例如开发耐热、抗旱、抗盐碱作物品种，发展商业混合林，开发节能工业设备和民用设施；对高风险地区的企业实施灾后补贴和税收减免，对低收入群体进行资助，增强企业和脆弱群体的适应能力。另一方面，运用积极的财政手段，即增加国家财政的适应性预算和投入，加强气候预报能力，加强农业信息和技术服务能力，建立健全动植物基因库，重建或创建湿地和森林，加强海岸管理及适应性基础设施投资；增加产业安全、食品安全保障和疾病研究方面的公共投入，保障国民健康和生命财产安全；适当开放农村地区的小额贷款项目，鼓励可持续生计，增加收入。

建立国家适应基金。借助环境税等专项税收，在各级财政中设立专项适应基金，壮大财政适应性投资能力，确保诸如水利、防洪、生态防护林等重大适应项目的投资，提高应对气候灾害的财政救济能力。同时，发挥适应基金的杠杆作用，通过资本市场运作引导民间资本的适应性流向，从而为国家适应性建设融通更多的资金。

建立国家气候保险基金。利用财政建立气候保险基金，借鉴美国、英国、德国等国家的经验，在东南沿海等高气候风险区域尝试推行建筑物财产保险等气候保险计划，在宁夏、内蒙古地区深入推行农业保险试点，增强高气候风险区域的抗风险能力。

发行公共债券及其衍生工具。通过发行公共债券直接为适应性投入/投资融通资金。同时，充分运用 BOT 等项目融资方式，广泛引入民间资金参与适应性投入，尤其是周期长、规模大的基础设施等公共项目的建设和运行。

3. 商业金融适应性支持

商业金融部门也是气候风险的承受者。对信贷金融行业而言，如果实物资产或者实体经济受到气候变化的灾难性影响，信贷金融的信用也难以为继；对保险行业而言，气候变化所引起的财产损失和对人体健康或生命的损害，会增加保险赔付，气候变化及其影响的不确定性也会使保险精算和风险管理变得更加困难。而这种状况也表明，商业金融部门存在着适应性激励，金融行为的适应性导向可以为国家和地区的适应行动提供更多的资金支持和风险保障。

信贷金融的适应性支持。银行等信贷金融部门在做是否提供信贷以及如何确定信贷价格的决策时，应增加环境因素，发挥金融标杆的适应性导向作用，激励实体经济部门更多考虑环境风险和适应性投入，直接推动包括开发适应技术在内的相关产业的发展和能力建设。同时，银行等信贷金融部门可以推动包括信贷资产证券化、金融期货、金融期权、存款保险在内的另类风险转移，将信贷金融所承受的环境风险转移分散到资本市场、保险市场，从而提高信贷金融部门应对环境风险的能力，提高实体经济应对环境风险和适应的支付能力。

风险金融的适应性支持。以保险为核心的传统保险和再保险，使环境风险得以从保险市场转移并分散到整个资本市场，形成保险人、再保险人和资本市场投资者风险共担的关系，从而提高保险人和再保险人的损害支付能力，增强适应投入和抗风险能力。

设立气候保险项目。建立气候保险项目就是针对气候变化问题而专门设立的保险项目。气候保险作为气候灾害风险管理中的重要手段，可增强投保者对气候灾害的承受能力，保障灾后尽快恢复生产和生活。

4. 市场适应性资金

通过市场机制，激励和引导私有资本市场参与适应性投入，筹集用于适应气候变化的资金需求，增强全社会的适应能力。例如，类似南水北调等大型工程，鼓励民间资本合作融资，工程建成后通过收取的水费对其投入予以补偿；引导企业进行抗旱等农业新品种开发，但当新品种开发成功后，可通过市场的方式出售给农户，从而使投资者收回成本，并增强继续研发的能力。同时，基于国内碳市场，按照碳交易额某一份额提取适应资金，专门用于气候变化的适应行动（类似于 CDM 机制的适应基金）。

5. 自愿捐助性适应资金

自愿捐助性适应资金是指个人、企业或组织，自愿或无偿提供的用于气候适应的资金。目前，出资人自愿捐助的适应资金与适应需求相比虽然有限，但随着经济的发展和人们认识的提高，这种方式必将成为适应性资金的有益补充。

除了上述 5 类适应性资金机制之外，国家应完善公共卫生服务和城乡医疗保险体系、就业创新与再就业培训体系、失业保险体系、养老保险体系等社会保障体系，提升脆弱群体的适应能力，这也是增强民众应对气候灾害的有力手段。

（二）适应资金分配原则

1. 可持续发展下的效率优先原则

以可持续发展原则为指导，充分发挥适应性资金二次效益，减少适应性资金净投入，实现适应性资源有效配置，使有限资金得到最充分、最合理的分配，取得最大适应效果。

2. 适应性资源分配的公平原则

这里适应性资源分配的公平原则与 UNFCCC 所确认的"共同但有区别的责任原则"相一致。一方面，要敦促发达国家积极承担历史责任，并从实质上履行《联合国气候变化框架公约》要求的帮助发展中国家适应气候变化的义务；另一方面，国际适应性资金应被有效利用于降低不发达国家或者地区的脆弱性等实质性的适应行动上，尤其是最不发达国家以及小岛国，确保这些弱势群体公平分享适应性资金和技术。

G.17
充分发挥保险的社会管理职能，
提升气候变化应对能力

王 和*

摘 要： 气候变化带来水文、资源、生态系统、人类健康和居住等诸多风险问题。作为一种专业风险管理工具，保险在适应和减缓气候变化中可以发挥积极作用。保险本身是一种基于大数法则的风险分担机制，以经济手段可以发挥出正外部性特征，为应对气候变化提供全方位、多层次的风险保障服务。通过保险业务的实际开展，改变人们的生活方式和生产方式，培育和倡导低碳环保理念，促进经济社会绿色可持续发展。在气候变化趋势下，中国保险业机遇与挑战并存，在风险保障、社会管理、科学研究、环境保护、公益事业等方面，保险可以导入专业的风险管理技术和服务，推动人类社会绿色发展。同时，为更好地提升气候变化应对能力，保险需要在制度建设、政策支持、规划引导等方面进一步完善。

关键词： 气候变化 风险管理 社会管理 保险

随着人类活动导致地球不断升温，目前地球大气和海洋温度均比一个世纪前升高 0.74℃。伴随全球气候变化趋势，水资源短缺、居住环境恶化、灾害损失加大、海平面上升、人类健康受威胁、物种变化加剧等风险逐渐暴露出来，一系列极端天气事件的频发，造成的严重后果往往始料未及。人们往往容易走进一种认识的误区，认为随着科技的发展、社会的进步、管理的提升，灾害风险暴露会

* 王和，经济学博士，高级经济师，国务院政府特殊津贴专家，国家减灾中心特聘专家，中国保险学会常务理事。厦门大学、中央财经大学、南开大学、对外经贸大学客座教授，北京师范大学特聘教授。现任中国人民财产保险股份有限公司董事、执行副总裁。

逐步减少，对社会造成的损失也会减少，人民生产生活越来越安全，继而就可以高枕无忧了。然而，事实是人们在风险管理方面的进步，固然能够在一定程度上改善和提升灾害风险管理水平，但从根本上讲，人类在面对大自然，特别是气候变化风险的时候，仍然是渺小和力量有限的，而更重要的是由于人类不可持续的发展模式对自然平衡的破坏，导致灾害风险的暴露不但没有减少，反而日益增加。因此，人们除了要对自然存有一份敬畏心，学会尊重规律和保护环境之外，更要认识自然，管理风险，未雨绸缪。

一　气候变化风险及其对保险业的影响

保险业是经营风险的行业。保险是集合具有同质风险的众多单位和个人，以合理计算风险分担金的形式，向少数因该风险事故发生而受到经济损失的成员提供保险经济保障的一种行为。保险具有互助性，表现为保险人使用由多数投保人缴纳的保险费建立的保险基金对少数受到损失的被保险人提供补偿或给付。保险具有契约性，从法律角度看，保险是一种合同行为。保险具有经济性，保险是通过保险补偿或给付而实现的一种经济保障活动，同时保险体现了一种等价交换的经济关系。保险具有科学性，保险是一种科学处理风险的有效措施，一个重要的理论依据是大数法则。保险是古老的风险管理方法之一，中国古代春秋时期齐国的"耕三余一"制度就体现了保险的理念和方法。现代保险制度起源于海上货运，1384 年在意大利出现了世界上第一张保险单，一批货物被承保从法国南部阿尔兹安全运抵意大利的比萨。

气候变化带来的各类风险对保险业产生重要影响。自 20 世纪 90 年代以来，洪水、飓风、地震、暴雨等灾害频发，从印度尼西亚海啸到日本大地震，各类巨灾事件导致保险业损失剧增。慕尼黑再保险公司的数据显示，自 1950～2008 年的 58 年间，全球重大天气灾害所造成的保险损失都呈明显上升趋势，而每三年中就有一年的损失高于趋势线 50%，其中 1992 年、1993 年和 2005 年的保险损失均高于趋势值两倍以上。在刚刚过去的 2011 年，自然灾害的理赔额达 1030 亿美元，接近历史最高位。对中国来说，灾害形势严峻，极端气候事件损失巨大、影响广泛。联合国有关统计资料显示，20 世纪全世界 54 次较严重的自然灾害中，发生在中国的就有 8 次，其中地震、洪水、台风带来的损失最为惨重。20

世纪50年代，中国灾害发生频率为12.5%，20世纪60年代升至42.9%，20世纪80年代高达70%，而进入21世纪，几乎是年年均发生巨灾事件。气候变化对公众健康、农业生产、森林养护、水资源管理、沿海地区、生态系统等产生危害，与此相关，保险中的财产险、健康险、寿险、责任险等大多数的险种都会直接或者间接地受到气候变化的负面影响①。日内瓦协会暨世界保险经济研究会认为，气候变化将给保险带来的风险包括：一是全球气候变化以潜在的方式产生了增加极端天气事件发生的条件；二是全球气候变化可能使极端天气事件造成的损失不可控；三是全球气候变化可能会产生广泛的经济和社会压力，从而降低保险标的的可保性。2009年，英国保险协会发布了《气候变化的金融风险——基于气候模型和保险巨灾风险模型的气候变化金融影响分析》，研究表明：假设全球气温上升4℃，英国包含内陆洪水保险责任在内的保险费率会上升21%；中国每年平均受到台风影响的保险损失将增加32%，损失额升至3.45亿英镑；中国百年一遇的台风灾害的保险损失将增加9%，损失额升至8.38亿英镑，200年一遇的保险损失将增加17%，损失额升至11亿英镑②。气候变化改变了保险损失的时空分布特征，增加了致灾的复杂性和链性特征，如厄尔尼诺现象引发一系列强降水、冻雨、洪水、泥石流、干旱和林火等自然灾害；普通人群的发病率和死亡率在近几年发生显著变化；高温发电厂设备加速折损。气候变化给保险业的经营、服务、产品设计、商誉、社会责任履行等多方面造成影响，对风险管理提出了更高的要求，保险业责无旁贷应积极参与到全球应对气候变化的行动中来。

二　保险在应对气候变化行动中的作用

保险业既是气候变化的直接受影响者，也应该是减缓和适应气候变化的积极推动者。保险业是现代社会经济金融的支柱之一。目前，全球保险业位列各行业资产规模前列，据统计，2010年全球保费收入超过4万亿美元，是石油业的3倍。中国已经成为全球最重要的新兴保险大国。"十一五"期间，中国保险业的

① 王银成：《中国财产保险重大灾因分析报告（2010）》，中国财政经济出版社，2012。
② 马霄鹏：《应对气候变化中国保险业应做先锋》，《中国保险报》2010年2月10日。

保费收入年均增长 24%，2010 年保费收入达到 1.45 万亿元，保险业总资产达到 5.05 万亿元，五年间各项赔款和累计达 1.26 万亿元①，在促进经济发展、推动社会进步、保障国计民生等方面起到积极作用。

从国际实践来看，保险业正为全球面临气候风险的国家和企业提供专业服务，包括灾害风险评估、理赔服务、绿色能源和绿色科技的风险保障、资产管理、科学研究、宣传教育等，同时保险业加强与政府部门合作，为实现低碳经济的转型提供人才、技术、产品和服务的支持。近年来，中国保险业在减缓和适应气候变化过程中发挥了积极作用，在环保、能源、科技、公益事业等方面加大投入，通过提供专业的保险保障产品与服务以及积极履行企业责任等形式，参与到气候变化应对能力的建设中来②。

(一) 发挥保险正外部性的作用

保险业在应对气候变化中所做的工作具有天然的溢出效应，其成效不仅仅局限于保险行业，而对整个社会的气候应对能力建设具有提升作用。联合国政府间气候变化专门委员会的报告曾用专门的章节描述保险与气候变化的联系，认为保险将在应对气候变化领域中发挥重要作用。从金融服务来讲，保险是主要的风险分担机制。通过大数法则，保险汇集全球或一国范围内的灾害风险、金融风险等，通过专业化的技术和管理实现全社会的风险分担，并利用工程、科技等措施推动全社会的风险减量。从实体经济来讲，保险是主要的风险管理机制。在经济法则下，保险具备减少全社会风险的天然驱动力，许多保险公司通过绿色建筑、混合动力车等项目为企业提供优惠的投资机制以应对气候变化，发展清洁能源，或者提供"按里程"（Pay-as-you-drive）付保费的车险品种，根据汽车的使用频率和总里程数，给予一定的折扣。研究表明，按里程计付保费可以减少汽车的使用频率，降低 10%～15% 的总里程数，这就大大减少了温室气体的排放。世界范围内已经有 19 家保险公司使用这种方式对汽车进行承保。同时，通过气象灾害损失数据的计算，保险提供了一个全球气候变化的观察窗口。某种意义上，保

---

① 数据来源：中国保监会前主席吴定富在 2011 年 7 月 15 日保险业"十二五"规划工作会议上的讲话。

② 杨林：《保险业积极参与应对气候变化》，《中国保险报》2009 年 7 月 7 日。

险是社会长期福利和发展的保证，保险业应对气候变化的天然优势决定了保险是解决气候变化问题的重要途径①。

（二）发挥环境风险共担机制的作用

灾害保险作为全社会风险共担的机制安排，目的是保障弱势个体灾后的恢复和重建，本质上有助于社会危机管理和经济发展稳定。从这个角度上，保险机制自然而然应该被纳入气候变化制度。早在《联合国气候变化框架公约》谈判期间，小岛屿国家联盟于1991年就建议设立一项国际"保险"基金，用于补偿发展中国家所遭受的损害。此项国际"保险"基金是在缔约方会议主持下吸收发达国家缔约方的强制性捐赠而设立的（捐赠义务依国民生产总值和温室气体排放量而定），由专设管理机构负责运营并处理法定情形下的理赔事宜（合格国家在合格情况下对基金提出主张）。保险基金将主要用于补偿、救助脆弱的小岛屿国家、沿海低地发展中国家因海平面上升而遭受的损害，援助其采取相应的损害预防措施；也用于补偿、救助最不发达国家、拥有脆弱山地系统的发展中国家和遭受沙漠化、干旱威胁的发展中国家因气候变化而遭受的损害。潜在的合格的"被保险人"（可对基金主张权利的发展中国家）将在对其相关财产与利益进行价值评估的基础上，分别与基金管理机构商定相应的"保险范围""保险价值"和可申请的"保险金额"。基金管理机构会将这些信息登记在册，并根据保险价值等相关保险事项的实际变化而不断更新。气候变化可能引发的人员损失、经济损害与生态破坏都将在可保范围之列。目前，保险已成为一项公认的与气候变化损害风险转移和损害相联系的制度工具。在保险制度安排下，可以充分调动并统筹一个区域或全球的气候变化应对资源。

（三）提供全方位、多层次风险保障的作用

目前与气候变化风险相关的保险品种和服务众多，保障程度和水平不断提升。在农业方面，保险责任涵盖台风、暴雨、洪水等自然灾害和各类病虫害，承保品种覆盖了农、林、牧、副、渔业的各个方面。中国农业保险近年来发展较快，开办区域已覆盖了全国所有省（自治区、直辖市）。2007年以来，中国农业

---

① 孙凯：《保险业与气候变化》，《世界环境》2011年第4期。

保险共计向 7000 多万农户支付保险赔款超过 400 亿元，户均赔款近 600 元，占农村人均年收入的 10% 左右。仅 2011 年，中国农业保险为 1.69 亿户次农户提供风险保障，保障金额达 6523 亿元，承保林木 9.2 亿亩，牲畜 7.3 亿头，承保主要粮油棉作物 7.87 亿亩，占全国播种面积的 33%[①]。在企业和家庭财产方面，保险责任涵盖雷击、冰雹、洪水、海啸、泥石流、暴风雨等一系列灾害，保障汽车、船舶、厂房、设备以及家庭财产等标的，增强企业生产、居民生活抵御气候变化风险的能力。在公共责任方面，环境责任保险分散了排污企业的环境风险，保护了第三人的环境利益，减少了政府的环境压力，强化了保险公司对企业保护环境、预防环境损害的监督管理，推动了全社会应对气候变化的能力建设[②]。在信用保证方面，作为减排指标的生产者，企业在项目运营过程中面临技术不成熟、自然灾害、工程事故、管理失误和碳信用认证方面的风险。通过保证保险的方式转移风险，可使减排或新能源企业更容易获得事前的项目融资。例如，新西兰林场经营者可以通过种植森林获得碳信用，但森林会暴露在森林火灾、火山喷发、风灾以及盗伐等风险之中，只有引入碳信用保证保险，造林工程才能顺利进行。

与此同时，保险业通过机制创新和产品创新，深入参与气候变化应对工作。从巨灾应对来看，全球气候变化加剧了台风、洪水、海洋灾害等巨灾的发生，巨灾之下个体很难承担如此巨大的损失。以日本地震保险、美国洪水保险计划为代表的国家巨灾保障体系可以很好地保障普通民众的灾后生产生活需求。从气象灾害应对来看，各类气象指数保险渐已成为对易受天气异常波动影响的国民福利与补偿市场机会的一种保险工具。目前在国外有旅游气候保险、樱花保险、降雨保险、阳光保险、浮冰保险、酷暑保险、下雪保险等。在中国，中国人保财险曾推出江西蜜桔气象指数保险，通过研究 48 年的气象数据和 31 年的蜜橘产量数据确定蜜橘产量损失变化与温度指数变化之间的定量相关关系，当温度等气象指标达到触发点时给予经济损失补偿。截至 2011 年，中国人保财险江西省分公司已与南丰县 12 个蜜橘种植大户签订了 2.7 万亩的蜜橘气象指数保险合同，承保面占全县 70 万亩橘园的 7% 左右。从支持绿色科技发展来看，以新能源汽车、太阳能发电为代表的绿色技术往往具有高、新、精的特点，其风险往往是非常规的，

---

① 数据来源：2012 年全国农业保险工作会议简讯。
② 王和：《中国责任保险发展的机遇与挑战》，《中国保险》2010 年第 4 期。

不确定性较大，市场往往没有动力参与。应量身打造绿色科技保险为绿色产业提供风险保障，解决后顾之忧。

（四）推动绿色产业资金融通的作用

在气候变化制度下，在由气候公约缔约方会议所确定的适应战略框架下，保险与"便利充分适应"相联系的适应措施，属于资金机制应予以支持的中长期项目。在美国，与可再生能源相关的保险产品使更多的公司和投资者参与到可再生能源投资项目和快速增长的碳排放贸易项目中来，同时保险资金为绿色低碳产业发展提供了很好的资金支持。在中国，可筛选一批安全性较好、收益有保障、适合保险资金参与的绿色低碳产业项目，鼓励保险资金以股权投资、债权投资或其他适合的方式积极参与绿色低碳产业的项目投资。组建由大型保险公司牵头、中小保险公司参与、社会资本参加的以绿色低碳产业为主要投资方向的产业基金，大力支持节能环保、新能源发展、生态建设等绿色低碳产业的发展。如由保险企业牵头成立母基金，采取 FOF 的模式，即基金的基金，由母基金向现有的绿色低碳产业基金提供资金支持。除了直接投资和间接投资外，保险可以为绿色产业融资提供担保。保险公司可开发贷款履约保证保险，以分担为绿色企业放贷的银行风险。银行作为放贷人若不能从贷款人处收回贷款，保险公司将为其承担部分损失。同时，可发挥政府的示范引导作用，政府拿出一定的贷款风险补偿准备金，通过"政府＋保险＋银行"的风险共担模式，使无担保、无抵押的绿色科技型中小企业获得银行贷款，支持绿色产业发展。

（五）改变社会生产和生活方式的作用

随着气候变化保险产品的普及和推广，目前保险正推动社会向绿色生产、绿色生活的方式转变。过去的十年里，全球保险业采取的与气候相关的行动显著增加。对 29 个国家 224 家保险机构的研究显示，积极促进天气变化应对行动的公司数量较最初增加了 8 倍之多，气候友好型保险产品和服务已从 1999 年的不足50 种增加到现在的超过 200 种，参与碳风险揭示项目的公司已经超过 200 家①。在绿色生产方面，保险公司通过费率激励和专业化的防灾服务，提高基础设施和

---

① 马晨明：《产品创新成为保险业应对气候变化主要举措》，《金融时报》2010 年 6 月 11 日。

关键设备的设防水平，促进节能降耗，推动减缓和适应气候变化。在绿色生活方面，保险业采取各种行动鼓励绿色出行，目前有按里程收费的车险产品，激励驾车者平时少开车，还有的车险对混合动力车和低排量车提供费率优惠，促进新能源汽车的使用，降低二氧化碳排放。如日本财产保险公司（Japan's Sompo Insurance）为325万名驾驶低排放汽车的保险客户提供保费优惠折扣，东京海上保险公司（Tokio Marine and Nichido）与623万名保险客户签约，为顾客选用低排放和低里程的车提供保费折扣，占其车险客户总数的48%。同时，保险业通过产品创新积极倡导绿色生活，如美国保险人通过提供绿色房主保单和绿色商业财产保险单来促进绿色建筑的发展。许多美国房主利用太阳风和风能生产所需的暖气和能源，并把多余的电力出售给当地的发电厂。绿色房主保险用于保障停电给房主造成的经济损失及房主需向电力公司购买电力所产生的额外费用，这一措施为绿色生活提供风险保障，鼓励绿色住宅和绿色生活方式①。

（六）推动气候变化科学研究的作用

目前保险业发挥数据优势、专业优势积极参与气候变化的科学研究，在灾害风险揭示、风险管理、防灾减灾应对、产学研合作创新等方面取得了进展。伦敦劳合社（Lloyd）、慕尼黑再保险（MunichRe）、瑞士再保险（SwissRe）等国际机构纷纷开展保险与气候变化的相关研究，传播气候变化知识和风险解决方案，在推动公众、投资者行为转变过程中发挥了积极作用。许多保险公司还成立了专业化的研究机构。美国复兴再保险公司成立天气研究所，致力于极端天气对保险标的影响研究，在能源、农业等领域开展致灾分析。中国人保财险成立了灾害研究中心，开展保险与灾害交叉领域研究，利用无人机遥感等新技术开展风险管理服务，开展巨灾保险、防灾防损领域研究，设立灾害研究基金，积极推动产学研结合和前沿研究，为行业和社会提供专业化服务。同时，保险业主导或参与的一些项目为减缓和适应气候变化作出了积极贡献。例如，碳排放披露项目（CDP）积极推动全球温室气体排放发布，建立碳排放披露方法和标准，宣传气候变化给股东价值以及商业运作带来的意义，帮助投资者寻找与气候变化有关的商业风险和机遇。目前全球参与碳风险披露项目的保险公司已经超过200家。

---

① 郭炎兴：《绿色保险与低碳经济相伴俱进》，《中国金融家》2010 年第 7 期。

（七）以实际行动倡导绿色低碳理念的作用

许多保险公司通过直接参与相应的公益事业，降低气候变化给其带来的风险，在客观上推广了低碳理念，为应对气候变化作出了贡献。如日本的东京海上保险股份有限公司在亚洲地区种植了 7500 英亩的红树林，规避日益增多的飓风带来的损失。一些保险公司还通过多种方式降低碳排放，鼓励碳交易市场，参与森林保护。英国绿色保险公司通过种树等项目中和客户车辆碳排放，目前已为客户中和 136320 吨碳排放。中国天平汽车保险股份有限公司于 2009 年 8 月 5 日出资 27 万余元向北京环境交易所成功购买了奥运期间北京绿色出行活动产生的 8026 吨碳减排指标，用于抵消公司自 2004 年成立至 2008 年 12 月 31 日运营过程中产生的碳排放量，实现碳中和①。除此以外，保险公司积极倡导低碳经营方式，强化环境风险管控，采用电子商务、无纸化办公等低碳方式开展业务，降低资源消耗，减少温室气体排放。中国人保财险从 e 产品的网上销售到所有产品电子化保单的推行，再到远程定损系统都积极倡导低碳经营和无纸化办公；随着电子商务平台线上咨询、保单查询、车险理赔信息自助查询、我的保险箱管理等一系列 e 化服务的推出，中国人保财险逐渐打造出了保险低碳化的服务体系。泰康人寿则在寿险服务领域实行电话核保，大大提高了该公司的时效。平安人寿启用了与物理签章具有同样法律效力的电子签章技术，降低了办公能耗，减少了二氧化碳排放。

三 中国保险业应对气候变化的机遇和挑战

保险业具有风险管理的专业优势，在帮助社会应对气候变化挑战、管理气候变化风险方面具有责无旁贷的历史责任。保险业可为全球面临气候风险的国家和企业提供专业服务，提供风险评估、承保理赔及与能源效率科技的推广和运作相关的资产管理。同时，保险业可以发挥社会管理职能，利用灾害模型、防灾防损等方式，协助政府，密切联合其他行业，在社会管理、科研、环保、公益等方面推动气候变化应对工作。保险业在推动气候变化减缓和适应过程中面临诸多机

---

① 马霄鹏：《应对气候变化中国保险业应做先锋》，《中国保险报》2010 年 2 月 10 日。

遇，但是，从现实情况看，中国保险业在参与气候变化行动中也面临理念、制度环境、政策等挑战。

（一）中国保险业在应对气候变化中的机遇

保险业自出现以来一直具有高度前瞻性，承担着风险防范、损失控制的任务，为社会经济的发展作出了不可估量且不可替代的贡献。如今，面对严峻的气候变化挑战，如何前瞻性地建立风险评估、风险控制和风险融资技术，在对保险业提出挑战的同时，也孕育着巨大的商机。保险业应对气候变化的方式已经出现了转折，从消极回避到积极应对，力图把气候变化风险转变为气候变化机遇。

在制度创新方面，中国将逐步建立"政府主导、市场运作"的巨灾保险保障体系，提高气候变化下各类自然灾害的风险保障水平，为灾后重建和生产生活恢复提供资金支持。《国家综合防灾减灾规划（2011～2015 年）》指出，应建立健全灾害保险制度，充分发挥保险在灾害风险转移中的作用，拓宽灾害风险转移渠道，推动建立规范合理的灾害风险分担机制。在产品创新方面，以气象指数保险为代表的创新型产品正在逐渐完善和推广，在农业等许多领域取得成功应用，搭建起了气象科学与保险机制融合的桥梁，为企业生产、居民生活提供了新的风险保障选择。在服务创新方面，保险企业将积极倡导全社会的风险减量管理趋势，并推动"保险＋防灾"新商业模式，不但在静态上对社会存量风险进行分担配置，而且在动态上减少致灾因子，改良孕灾环境。在资金运用方面，保险业正积极融入中国绿色产业发展，未来在基础设施建设、绿色科技发展、鼓励绿色创新等方面将大有作为，实现商业与政府、商业与科技、商业与民生的有机融合，发挥保险的资金融通功能。未来，中国保险业将在应对气候变化中发挥"稳定器"和"助推器"的作用，为减缓和适应气候变化作出创新性的贡献。

（二）中国保险业应对气候变化面临的挑战

在应对气候变化行动中，尽管中国保险业有天然优势和广阔前景，但保险要充分发挥社会管理作用，离不开理念、制度、政策、机制等的完善，当前还需破解许多方面的障碍。

一是资源环境的有偿使用理念有待深入人心。长期以来，中国人在环境资源的价值观上一直存在着较为严重的错位，对环境资源缺乏成本概念，认为空气、水、矿藏、森林、草原等环境资源取之不尽、用之不竭，可以无代价或者无偿地开发利用，甚至可以任意、无限度、无约束地开发、索取和挥霍，导致了"高污染、高耗能"的经济发展模式。经济学"外部性"原理表明，环境资源如果非有偿使用将产生免费搭车和社会成本大于个人成本的困局，整个社会资源处于非有效配置，经济发展不可持续。解决的办法是为环境资源定价，清晰排污权归属，并建立可交易的平台，实现环境资源的帕累托改进①。

二是中国气候变化应对机制"重公共、轻市场"。当前，中国政府财政在应对气候变化中发挥了主导作用，体现出制度的优势。政府主导作用是由应对气候变化行动的准公共属性决定的，对公共品资源的供给配置是无法仅仅依靠个人本身和市场的力量来解决的。中国政府和财政在产业结构调整、能源结构调整、区域发展布局、低碳消费模式引领、科技研发与应用、低碳金融等方面推出了一系列卓有成效的政策措施。但是，从气候变化的当前形势和未来趋势看，公共财政仍需较大投入，为达到中国2020年减排或碳强度目标，公共财政存在一定压力。中国《新兴能源产业发展规划》预测，2011～2020年中国可再生能源投资将达到2万亿～3万亿元，如此巨大的投资规模离不开商业主体的参与。市场机制有利于提高运行效率和效益、普及理念、减轻公共财政压力。当前，在应对气候变化中，中国社会和市场的力量作用比较有限，还存在一些认识上的误区，认为应对气候变化是国家和政府的事，与企业和个人无直接关系，尚未形成一个全社会广泛参与的高效机制。

三是环境交易机制需加快创新和发展。对比政府公共管制、收取排污费、补贴等环境政策工具，以碳交易为代表的环境交易机制彰显优势特征，已成为当前全球应对气候变化最具有发展前景的方式。碳金融创新层出不穷，碳现货、期货、期权和掉期等产品在欧美成熟碳市场都已经出现。而在中国，碳市场尚处在探索期，基本制度、基础平台、运行机制待进一步完善，环境交易工具与实体经济的通道没有完全打通，针对碳排放的测量、报告、核查体系需完备和细化。尽管中国在环境保护立法方面取得了重大成就，但有关排污权交易的国家层面上的立法尚处于空白阶段，目前在国家层面上还没有针对性的立法，排污权交易从审批到交易，尚没有统一的标准，这不便于中国排污权交易在基层的实际操作。当

---

① 许飞琼：《环境污染、损失补偿与责任保险》，《东岳论丛》2010年第8期。

前，中国应该夯实有利于环境交易的法律和制度基础，加快科技发展，解决核心技术问题，根据中国实际国情发展具有中国特色的环境交易机制。

四是保险尚未全面纳入国家碳金融战略。近年来，中国加快了碳金融发展脚步，银行业积极进入低碳领域，逐渐建立了支持低碳经济发展的信贷机制、产品创新机制等。2006年兴业银行加入赤道原则，浦发银行推出了针对低碳经济的整合服务方案，国家开发银行依托贷款客户开展碳排放权交易业务。但是，保险作为金融行业之一，当前整体缺位于中国碳金融发展。从各类重大规划来看，中国绿色低碳发展模式现在未将保险纳入其中，作为占据金融资产一大块的保险资金对低碳产业的扶持力度甚微。其实，保险具备风险管理的巨大优势，在低碳技术的研发和应用中引入保险资金，一方面可扶持产业发展，一方面可导入专业化的风险管理技术和服务，增强企业成长的稳健性和可持续性。然而，当前保险的功能和应对气候变化的天然优势并没有完全发挥出来。

气候变化问题是人类社会21世纪面临的最大挑战，近百年来以全球变暖为特征的气候变化，将对自然生态、人类生存环境和经济社会发展产生显著、长期和深远的影响。应对气候变化需要广泛的国际合作，需要各行各业的努力。作为专业风险管理行业，中国保险业理应在应对气候变化中发挥重要作用。当前形势下应与时俱进，积极整合利用现有资源，创新机制体制，创新"政府＋市场"模式，积极发挥保险金融的功能，推动绿色公共管理、低碳经济发展和经济社会转型，实现人与自然和谐发展。

G.18

气象灾害风险转移的实践与探索

——以浙江省政策性农业保险为例

吴利红 *

摘　要： 本文简要阐述了农业保险在适应气候变化中的风险转移作用，以浙江省政策性农业保险为例，概述了浙江省农业保险的发展，重点分析了气象灾害风险管理在农业保险险种设计、运行、灾后理赔中的拓展，详细介绍了水稻气象保险理赔指数案例的操作，体现了水稻大灾理赔中气象理赔指数的高效及科学性。本文还对目前我国农业保险的弊病进行了分析，并提出了气象部门未来的努力方向。

关键词： 农业保险　气象灾害风险管理　浙江

一　农业保险在适应气候变化中的作用

在全球气候变化的背景下，中国年平均气温呈现明显上升趋势，1905 年以来上升了 0.5℃～0.8℃，略高于全球平均增温幅度；降水呈现明显的年际和年代际振荡①；气候变化不仅表现在气温和降水的变化上，而且表现为极端气候事件增多、增强的趋势，导致农业气象灾害日趋严重，损失增加②。

为了增强农业生产者抗御灾害的能力，保护农业这一基础产业，一个有效的

＊　吴利红，浙江省气候中心高级工程师，主要从事农业气象灾害风险评估及农业保险气象服务技术研究。

①　气候变化国家评估报告编写委员会：《气候变化国家评估报告》，科学出版社，2007，第 24～29 页。

②　肖风劲、张海东、王春乙等：《气候变化对我国农业的可能影响及适应性对策》，《自然灾害学报》2006 年第 S1 期。

措施就是建立农业后备基金，对灾害给农业造成的损失进行不同程度的补偿，农业保险就是其中的一种重要形式。农业保险是指专为农业生产者在从事种植业和养殖业生产过程中，对遭受自然灾害和意外事故所造成的经济损失提供补偿的一种保险。

作为农业气象灾害风险转移的重要手段，农业保险的作用显得越来越重要。2004～2010年中央1号文件连续7年提出要尽快建立完善中国政策性农业保险制度，积极推进政策性农业保险的试点工作。保监会于2004年在浙江、黑龙江、吉林、上海、新疆、内蒙古、湖南、安徽、四川9个省区市启动了农业保险试点，积极探索符合各地实际的农险经营模式。2004年9月，上海成立全国第一家专业农业保险公司——安信农业保险股份有限公司，主要发展政策性的种养两业险；2006年3月1日，浙江省政策性农业保险正式启动，并成立了以人保财险浙江省分公司为首席承保人，中华联合、太平洋财险、平安财险等10家商业保险公司浙江分公司为共保人的共保体[①]。

政策性农业保险在各省运行以来发挥了较大的作用。浙江农业自然灾害在全国风险区划中属最高之列，财产保险因台风洪水造成的损失率是上海的46～59倍[②]。2005年浙江遭受台风袭击受灾的27.1万公顷农作物、28.4万公顷水产和死亡的3.1万头牲畜，几乎没有得到商业保险补偿，农民欲哭无泪。2006年浙江省农业保险试点以后，情况发生了转折性的改变。2007年10月上旬，浙江省遭遇有记录以来历史最迟登陆台风，"罗莎"带来狂风暴雨，造成浙江省2/3试点地区即将成熟的水稻大面积受淹及倒伏，部分地区颗粒无收，农民损失惨重，但由于政策性农业保险的保障作用，参保的受灾农民全部获得赔偿。

农业保险作为一种融资型风险转移形式，虽然业务规模、产品种类已有大幅增长，但仍然存在理赔时效低、成本高及道德风险居高不下等弊病，损失补偿的效果不佳。应通过改善农险条款，加强灾害风险预警以及开发新型农业保险产品等措施，加强气象灾害的风险管理，促进农业保险的健康发展。

---

① 蓝凤华：《浙江农业保险试点模式简介》，《上海保险》2008年第8期。

② 蒋丽君：《农业保险的国际经验及其对浙江的启示》，《上海保险》2007年第8期。

二 浙江省的探索与实践

(一) 浙江省农业保险的发展

在政策性农业保险启动之前，中国人民保险公司浙江省分公司经营的商业性农险品种较少，主要为全国性险种，如水稻养殖、生猪、奶牛、森林火险等，之后浙江省因地制宜开发了一些区域性险种如温室园艺作物种植保险等。商业保险经营品种少，规模及范围小，浙江省商业性农险与全国农险经营一样也是逐年亏损。缺乏风险基础数据、农业风险研究与管理以及专业的农险队伍等都是导致浙江省商业性农险失败的主要原因。

2006 年浙江等省率先启动政策性农业保险，采用低保额初始传统成本保险；采用"政府推动 + 市场运作 + 农户自愿"的模式；探索以"共保经营"为主、"互保合作"为辅的多种方式；坚持以点到面的推进方式；建立因地制宜的品种选择机制，试点地区选保模式从起步之初的"1 + 4X"到目前的"1 + 6X"（1 为各县必保险种水稻，X 为特色品种），为各地自主选择留有空间。

浙江省在险种设计理念上，前期调研了气象、农业、保险等大量的基础数据，气象部门提供了主要气象灾害风险区划以及水稻等险种的风险指数技术数据，使险种的费率厘定具有科学性，并依据试行情况逐年完善。

2006 年，浙江省选择水稻、蔬菜（瓜果）大棚、露地西瓜、柑橘树、林木火灾、生猪、鸡、鸭、鹅、淡水养鱼 10 个品种，在 11 个县（市、区）开展试点。2007 年范围扩大到 32 个县（市、区），品种增加能繁母猪保险。2008 年试点范围扩大到全省农业生产的 83 个县（市、区），品种增加奶牛、油菜、林木综合保险。2006 年保险金额占当地农业增加值的 5.4%；2007 年保险金额占当地农业增加值的 7.8%；2008 年这一比例增加到 13.6%。试点 3 年已有 47779 户受灾农户受益，获得赔款 2.73 亿元，参保农户受益面将达 80%。

(二) 气象灾害风险管理在农业保险中的拓展

气象灾害风险管理是由气象灾害风险识别、估计、控制和效果评价等环节组

成的，其核心是降低气象灾害的损失[1]。政策性农业保险是转移气象灾害风险的最佳方式。农业保险的可持续发展，最大的问题是如何提高农户的参保率、降低标的的损失以及减少理赔成本和提高理赔效率。

气象部门将气象灾害风险分析、灾害预警、风险定量评估以及气象灾害风险知识普及等有效的灾害风险管理方法，贯穿及应用于农业保险险种设计及费率厘定、灾前防御、灾后理赔等环节，有效促进了政策性农业保险的可持续发展，同时也是气象部门在政策性农业保险灾害风险管理方面的一个重要拓展。

1. 合理的费率需以灾害风险分析为基础

保险的一个重要标准就是坚持风险一致性。生长在不同区域、不同环境条件下的同一种农业生产对象所面临的风险是不相同的，作物的产量损失程度和损失的概率分布也不相同。因此，在以产量损失为责任的农业保险中，坚持风险一致性原则，首先就要根据农业风险差异和产量损失划分保险责任区。

一般以灾损为保险责任的险种合同，主要由保险责任、保险费率、赔付方式等内容组成，其中保险费率是核心部分，是关系到农户是否决定参保、是否存在逆选择的决定性因素。

保险费率的一个重要决定性因子是作物产量损失的风险分析。一般保险费率厘定需要有以下几个步骤。一是需要分离作物的气象产量；二是采用合理的风险评估方法计算各级减产率下的风险概率；三是根据当地的财政情况和实际需求厘定不同免赔额的保险费率[2]。

气象灾害风险分析是保险费率厘定的基础。政策性农业保险在我国起步较晚，保险行业缺乏农作物长序列的气象、产量及灾情资料，在计算作物产量风险上存在较大的困难，存在保险费率厘定不精确的问题。气象部门在灾害风险评估中已经做了大量的工作，有了不少的成果，已有一些应用在险种的费率区划中。

2005 年以来，浙江省气候中心陆续为省政策性农业保险协调小组办公室、共保体等部门提供了险种费率厘定所需的基础风险分析数据，如《种植业保险区域的气候概况》《浙江省气象灾害风险评估》《浙江省各县市水稻生产的综

---

① 王炜、权循刚、魏华：《从气象灾害防御到气象灾害风险管理的管理方法转变》，《气象与环境学报》2011 年第 1 期。

② 吴利红、娄伟平、姚益平、毛裕定、苏高利：《水稻农业气象指数保险产品设计——以浙江省为例》，《中国农业科学》2010 年第 23 期。

合风险指数》《浙江省柑橘冻害气象指数保险初步设计》等重要研究报告，使浙江省农业保险费率的厘定完全依据风险分布分区设定，在一定程度上降低了逆选择的产生，并陆续完成了水稻、柑橘、油菜等作物的保险费率的厘定工作。

2. 气象灾害预警降低保险标的损失

根据风险管理理论，风险管理的主要方式可以划分为三类：控制型风险管理、融资型风险管理和内部风险抑制，其中控制型风险管理方式是指在风险成本最低的条件下，人们所采取的防止或减少灾害发生的行为[①]。农业保险中，气象灾害预警能促使农户对标的采取事先防御，如雪灾及大风前对大棚加固，暴雨前开沟挖渠，低温前加膜保温、提前采摘果实或者抢收等措施，都是有效减少作物及农业设施损失的有效方法，有利于农民减少损失，保险公司降低赔付。

浙江省气象部门针对农业保险种植、养殖业等 10 余种参保险种，结合各县市 3~5 天的天气预报以及短时临近天气预报，依据保险条款，建立了一系列作物关键生育期、陆生及水生动物重要养殖期的影响指标。同时，通过调查、整理等途径制定了不同关键期遭遇不同灾害时应该采取的措施，建立了农业保险的气象灾害预警平台，在灾前第一时间将预警信息通过专题材料、手机短信等方式发送到政府决策部门、保险公司及保户手中，提前采取防御措施，降低了损失。

3. 气象理赔指数提高农险赔付效率

2004 年以来，连续 7 个中央一号文件将农业保险列为农民增收、农业发展和农村稳定的重要内容。我国政策性农业保险产品种类不断丰富，但是大部分依然是以灾损为保险责任的传统型农业保险。所谓传统型农业保险，一般是发生灾害后，农户申报受灾情况，保险公司、村干部、农业技术人员组建 3~5 人的农险定损理赔专家小组，在 7~15 天内完成现场踏勘、定损理赔等工作。由于农业保险理赔复杂，出现洪涝等大范围灾害时，需要大量定损理赔人员，不仅理赔成本高，理赔时效低，而且定损理赔要在作物收获前完成，灾损评估依靠定损理赔专家经验，容易产生较大误差，也容易产生道德风险如骗赔。如 2007 年浙江省遭遇"罗莎"台风后，全省水稻出现大面积的受淹及倒伏，政府及保险公司遇到上述理赔困难，造成了多赔、慢赔等现象，赔付率达到 300% 以上。

如何开发及应用科学高效的方法进行理赔，这是遭遇"罗莎"台风后政府

---

① 刘新立：《风险管理》，北京大学出版社，2006，第 196~207 页。

相关部门与保险公司紧迫要求解决的技术问题。2009年浙江省政府制定《全面推进政策性农业保险的意见》《2009年浙江省改革要点》等，均要求气象部门要加紧开发农业保险新险种，加快气象指数定损等新技术的开发，为政策性农业保险提供科技支撑。

2009年浙江省气候中心受浙江省发改委及杭州市余杭区发改委的委托，确定以杭州市余杭区为试点，承担水稻保险气象理赔指数的研究及平台开发。

杭嘉湖是浙江省晚稻的主产区，杭州市余杭区是杭嘉湖水网平原的典型区域，余杭区还是浙江省唯一一家将水稻散户纳入保险范畴的区域（其他区域20亩以上大户方可参保），理赔工作更是难上加难。台风和暴雨灾害是导致该区域水稻减产最直接的因素之一，水稻容易受到不同程度的受淹及倒伏。利用气候与作物生长关系紧密的原理，并通过GIS技术，充分考虑下垫面的风险，将气象要素的空间分布与产量的分布对应起来，同时将作物受灾减产定量化，得出灾损率，并与水稻险种的理赔率对应起来，从而形成气象理赔指数。

经过1年多时间的试运行及有关论证，水稻保险气象理赔指数业务服务平台在余杭试点获得成功。大灾后24小时内，可以制作完成余杭区各自然村的理赔指数及整个区域理赔率的分布。

利用气象指数理赔已经被纳入余杭区的水稻大灾理赔应急预案。该预案规定，在水稻遭遇大灾后，启动本预案，同时启动余杭区水稻大灾理赔专家应急预案，专家小组按照该预案开展工作，依据气象理赔指数，重点勘察，结合经验和资料，对受损情况进行定损，在5日内提出大灾理赔方案，提交保险公司。水稻保险气象理赔指数在2009年11月的暴雨过程灾后理赔应用中效益显著，赔付效率与2007年"罗莎"台风赔付相比有明显的提高。

浙江省政策性农业保险协调办公室、共保体为促进农业保险持续健康发展，及时将科技成果转化为生产力，有效解决了水稻大灾理赔费时、费力、准确度不高的问题，在2010年启动了扩大试点方案。

4. 气象科普培训提高农保专业队伍技术水平

农业保险的赔付责任基本上是气象灾害。农险管理、经营人员缺乏对气象专业知识的了解，定损时对灾害的界定存在一定的困难，导致道德风险高，理赔成本加大，在一定程度上阻碍了农业保险的顺利运行。2006年以来，浙江省气象部门，循序渐进，就气象灾害与农业保险的主题，对各级农险协调办及保险公司学员开展了专题培训。培训内容主要有气象灾害的界定、气象灾害风险评估、气象衍生指数保险、气象理赔指数、气象灾害预警等，内容还结合农业保险与气象服务技术研究项目的部分成果，进行了具体的介绍，使学员对气象与农业保险的关系有了更好的认识，有助于浙江政策性农业保险工作的顺利进行；同时这种气象部门与农险部门互相交流的机会，不仅扩大了气象服务的领域，还可促使农险勘察人员保留珍贵的灾情调查数据，有利于气象灾害风险工作及理赔指数工作的开展。

（三）气象理赔指数在农业保险中的实际应用案例

受西南暖湿气流和冷空气共同影响，2009 年 11 月 9 日浙江省自北向南出现了大范围的暴雨和雷雨大风天气，个别地方出现冰雹。杭州市余杭区气象监测数据显示，各乡镇过程极大风速在 9.3m/s ~ 16.2m/s，过程降雨量在 45.1mm ~ 104.1mm，降水量最多的地方主要在余杭镇附近。

2009 年 11 月上旬，余杭区水稻处于成熟期至收割期，大风及暴雨造成部分乡镇水稻受淹及倒伏，在保险公司勘察定损前，农民一般不予抢收，其间也不乏出现大的风险，情况十分危急。按照余杭区农险办水稻大灾理赔方案及专家理赔方案，浙江省气候中心迅速启用水稻保险气象理赔指数保险平台，在 24 小时内计算出余杭区各乡镇 2000 多个自然村的水稻理赔指数，并制作了理赔专题报送余杭区农险办。

确定余杭区水稻保险气象理赔指数在 0 ~ 28% 之间。理赔指数大于 15% 的区域主要分布在余杭、中泰、闲林、瓶窑、良渚镇等地，其中大于 20% 的有 3 个村，大于 15% 的有 114 个村。

余杭区农险办依据气象理赔指数，组织水稻专家和保险公司的勘察理赔人员对重灾区进行了实地勘察，结果与气象理赔指数基本吻合，并在 5 天内制定出了理赔方案。整个大灾理赔在一个月内就基本处理完毕，不但理赔时效大大提高，而且杜绝了部分农民的道德风险，使理赔成本降低 100 多万元。

气象理赔指数定损可有效提高理赔效率，促进合理赔付，为政策性农险持续有效发展提供重要的参考依据。

从余杭应用水稻气象理赔指数定损的效果来看，浙江省农业保险共保体总结了如下四点优势。

第一，可以利用气象技术数据支撑与分析，确定水稻受灾害损失大小，分清不同区域灾害损失程度，较好掌握灾情，可为灾害理赔提供依据。这是今后改变传统理赔工作的新方法和新趋势。

第二，根据气象理赔指数确定的灾损率大小，可以有的放矢地分清勘察工作重点，有效组织勘察力量进行勘察，解决勘察理赔工作的盲目性；极大提高勘察工作的效率和节省勘察时间，提升服务质量。

第三，可以根据水稻不同生长周期，在不同的气象灾害条件下，对水稻造成的损失作出初步判断，与现场专家的勘察定损有机结合，进一步确保定损工作的合理性、可行性和赔付标准的科学性。做到有理有据，使农民信服，这样既降低了成本，又具有说服力。

第四，科学定损可大大提高公信力，减少与被保险人的纠纷和协商，极大减轻政府协调的工作量，减少道德风险的发生，促进农业保险的健康持续发展。

气象理赔指数确定水稻灾害损失率大小可以作为理赔的重要参考依据，但由于气象理赔指数在使用过程中有待进一步完善，各农险协调办应把按气象理赔指数方法确定的水稻灾害损失率和按常规抽样定损方法确定的损失率相结合，确定受灾水稻的真实损失情况，指导水稻理赔工作。

三　前景展望

尽管我国从 1934 年就开始试行农业保险[1]，但农业保险在理论上的研究还处于较低的层次[2]，实践中也很少有成功的经验[3]。2004 年以来新一轮农业保险试点对水稻、油菜等农作物大多采用传统成本保险。试行以来，发现逆选择、道德风险及灾后理赔时效低、理赔成本高是经营过程中困扰政府与政策性农业保险经营单位的问题，一定程度上阻碍了农业保险的可持续发展。

---

[1]　张跃华、顾海英、史清华：《1935 年以来中国农业保险制度研究的回顾与反思》，《农业经济问题》2006 年第 6 期。

[2]　皮立波、李军：《我国农村经济发展新阶段的保险需求与商业性供给分析》，《中国农村经济》2003 年 5 期。

[3]　庹国柱、王国军：《中国农业保险与农村社会保障制度研究》，首都经济贸易大学出版社，2002。

国外在 20 世纪 80 年代以前采用传统的农业保险模式。为解决传统农业保险中存在的问题，不断在实践中精细保险费率区划，美国等发达国家费率甚至精细到农场这样的小区域，先进性远超我国。20 世纪 80 年代以来，一些发达国家不断创新农业保险产品，减轻或降低了农险中存在的问题，促进了农业保险的发展。从我国农业保险现状来看，气象理赔指数、气象保险指数设计、精细化气象灾害风险区划是气象部门在农业保险灾害风险管理中需要进一步拓展的重要工作。

（一）重视气象保险指数设计，是解决传统农业保险弊病的重要手段

气象理赔指数是一个有利于我国传统农业保险持续发展的保险产品，可以避免信息不对称导致的逆选择和道德风险问题，解决农业保险赔付时效低及成本高的问题。

气象理赔指数毕竟只是解决传统农业保险理赔问题的一个手段，要彻底解决传统农业保险的弊病，必须重新开发无需勘察定损、只与客观气象要素有关的气象保险指数产品。

所谓气象保险指数，简单地说，就是充分利用现有的气象和农业数据，使农险费率的厘定和风险区域的规划都以科学数据和方法为基础，避免了主观臆断，有利于农业保险费率的科学厘定；灾害发生后依靠气象部门实际测得的气象数据来计算赔付金额，降低了勘察定损的成本；在同一农业保险风险区划内，所有的投保人以同样的费率购买保险，当灾害发生时获得相同的赔付，有利于控制信息不对称导致的道德风险和逆向选择问题；容易同其他金融服务组合，推动农户风险控制财务体系的构建；有利于保险产品标准化、证券化，易于再保险，从而吸引社会资金参与分散农业自然风险，为农业生产者的风险转移提供新途径，降低保险公司或再保险公司经营中的风险；保险产品设计的余地充分，可塑性强。

气象部门作为公益服务部门，是保险公司和投保人以外的第三者，提供的气象要素客观实际，以气象要素客观值进行理赔，能被投保人和保险公司接受。气象指数保险目前举办得最成功的当属印度的 ICICI 银行保险总公司和 BASIX 公司从 2003 年起在安得拉邦 Mahabubnagar 地区共同主办的气象指数保险。参保人数逐年上升，2003 年只有 230 个农户参加，2006 年达到 3 万人，4 年来一直处于盈

利状态。此外，该保险方案还促进了气象事业的发展，仅 2006 年就新建了 200 多个气象站，它带来的社会效益远远大于其自身的经济效益[①]。

指数保险有效地解决了大多数发展中国家开办农业保险时所面对的许多共同问题，因此，指数保险在中国基本可行。近几年来，浙江省气候中心在综合气象指数保险与区域产量保险优点的基础上，陆续研制了水稻、茶叶、柑橘等保险指数产品，设计的费率基本以县为单位，茶叶精细化到乡镇一级，产品设计包括了合同的类型、气象要素、保险指数设计、不同诱发系数下的费率及赔付金额。其他气象部门可以依据当地农业状况，与保险公司合作，设计切实可行、科学有效的气象保险指数产品，如在干旱及雨涝严重的区域可以以降水量的阈值来设计；低温、高温冻害严重的区域可以以气温为标的进行设计，在使用中能体现气象指数保险的优越性，逐步替代落后的传统农业保险产品。

我们也必须认识到指数设计还需要不断地完善，例如，天气指数保险中的指数不能随意选取，要有实际意义；地区单位产量保险没有考虑到土壤、小气候等差异所造成的损失等；区域产量指数保险主要面向大农场，以县级区域作为最小计算区域，基差风险较大。因此，指数保险必须结合我国实际进行不断完善。

（二）加强精而细的灾害风险区划，是降低逆选择的重要基础

目前我国大多数农险产品是考虑各地灾害风险来制定费率的，但是费率较粗糙，一般很少精细到县；一些全国性品种如水稻、油菜等，甚至没有考虑风险，而是采用全国统一的费率收取保险费。这样的农险品种，导致风险大的地方的农民争相购买，风险低的地方无人问津，逆选择不可避免，险种几年后经营发生困难。如何改变这一现状？精细化气象灾害风险区划是气象部门未来努力的方向，气象部门有几十年的历史数据，有多年的灾情积累，且已经形成较为成熟的一套灾害风险评估方法，完全有能力开展灾害的精细化风险区划工作。在此基础上，气象部门应与保险部门合作，计算各级免赔额下的保险费率，制作精细化的保险费率区划，可以使农民购买到合理的保险产品，对不同风险区域的农民有平等的待遇，同时也有利于保险公司的可持续经营。

---

① 黄艳、李旭、张广胜：《国际农业保险创新产品及其在中国适用性分析》，《沈阳农业大学学报（社会科学版）》2007 年第 6 期。

G.19

商业化气象指数保险及其在中国的实践

苏布达　谈丰　方玉*

摘　要： 随着气候变化所引发的灾害性气候极端事件的逐年增加，由气候极端事件所造成的经济损失在整个社会经济中所占的比重越来越大。应对气候变化造成的社会经济影响，加强气象灾害风险管理工具的研究和市场化应用，越来越受到国际社会的普遍关注。本文介绍了气象指数保险相比较传统财产保险业的优缺点和目前气象指数产品市场化所存在的问题；通过中国气象局在福建开展的气象指数保险的研究案例，提出了在中国建立商业化气象灾害风险交易市场的模式和建议。

关键词： 气象指数保险　灾害风险管理　福建烟叶

气象灾害属于影响范围最广，发生频率最高，造成人员伤亡和损失最严重且连锁反应显著的自然灾害。慕尼黑再保险公司统计显示[①]，1980～2010 年全球范围记录到的重大自然灾害中，88% 的自然灾害、59% 的死亡、75% 的经济损失和 91% 的保险损失，均是由气象及其次生灾害引起的。在全球气候变化的背景下，伴随着极端气候事件的频率和强度的增强，与气候相关的自然灾害的发生频率有大幅上升趋势，对人类社会经济带来的负面影响也呈明显增强态势。2010 年全球有 828 起导致大量人员伤亡和严重经济损失的气象灾害，比 1980 年的 317 起增加了 1.6 倍以上，严重制约了社会经济的可持续发展。

鉴于气候变化因素造成的经济风险在整个社会经济风险中的比重逐年上升，

---

* 苏布达，中国气象局国家气候中心副研究员，研究领域为气候变化影响评估；谈丰、方玉，南京信息工程大学研究生，研究领域为气候变化影响评估。

① Munich Re. Group Annual Report 2011，http：//www. munichre. com /en /publications/default. aspx.

国际社会对气候风险管理工具的需求也相应地在不断增加。自1997年美国设计实施了应对农业灾害风险的第一笔天气衍生品交易以来，欧洲发达国家尝试构建了气象灾害保险产品交易、气象指数期货交易、气象指数期权交易等形式的气象指数衍生品交易和气象巨灾证券交易市场①。2002年开始，在世界银行的推动下，亚洲、非洲和拉丁美洲的一些发展中国家的农业气象指数保险也得到了较快的发展，印度、墨西哥、马拉维、埃塞俄比亚和坦桑尼亚设计了干旱指数保险，孟加拉与越南设计了洪水指数保险，加勒比群岛设计了飓风指数保险以及蒙古设计了大型牲畜巨灾指数保险等②。

中国地处东亚季风区，东西南北气候差异大，自然条件复杂，灾害性天气的种类多，影响范围广。但传统的保险产品，由于核损赔付手续繁杂，经常诱发法律纠纷，产品的规避风险效率较低，且政府灾后财政支持和灾后重建往往面临着资金来源不足、款项到位滞后的问题。2007年起中国开始探索和关注气象指数保险，如上海安信农业保险股份有限公司率先推出西瓜梅雨期间降雨指数保险业务。此后，多个省份启动了对农业气象指数保险的探索，取得了一定的成果。例如，2009年和2010年农业部针对旱涝灾害，在安徽省先后推出了"水稻种植天气指数保险"及"小麦种植天气指数保险"试点③。尽管上述研究涉及的灾害保险产品种类少，覆盖地区有限，但为中国农业保险提供了一个新的、有效的思路和方法。

一 气象指数保险的优缺点

气象指数保险是指通过气象条件和损害程度的定量关系，将气象条件指数化，建立以指数为基础的保险合同。当气象指数达到一定水平，投保人就可以获得相应标准的赔偿。气象指数保险产品所采用的气象指标除了常用的气温、降水外，也可以是风速、台风强度、空气湿度等参数。

与传统的财产损失保险相比，气象指数基于气象站的观测数据，客观性比较

---

① Allianz Group & WWF, Climate Change & the Financial Sector, 2005.
② The World Bank, Index Insurance for Weather Risk in Low-income Countries, 2007.
③ 陈小梅：《天气指数保险在我国的应用研究》，《金融与经济》2011年第9期。

强。由于不易被人为操作，不会因投保人通过改变自身行为而增加损失的严重性，可以减少保险合同购买者的道德风险，也有利于减少传统保险合同中的信息不对称问题，避免保险公司在掌握更多关于潜在损失可能性的信息时，对受保人进行人为筛选（保险术语中所谓的逆反选择）。同时，因灾害损失赔付事先确定的客观指数，能避免传统财险投入大量人力物力开展大规模灾后核损环节，只需按照标准合同给投保人相应标准的赔偿，这样不但降低了经营管理成本，也缩短了理赔周期。除此之外，由于指数保险合约是标准化的、透明的，保险金额可以根据需要进行分割或加总，易于在资本市场上以证券化方式转移巨灾风险，适合再保险方式的风险分散。

尽管气象指数保险克服了传统财产保险的一些弊端，但不能完全反映投保方实际的灾害损失。在使用指数保险产品时，保险公司及投保方都要面对基本风险。例如，一个地区遭受灾害时，投保户的脆弱程度、应灾能力和最终受灾状况均不一样。然而保险公司对同一个区域的投保户，通常根据一个气象指数该赔都赔，不该赔都不赔，造成有人受灾严重，赔偿却不足以弥补损失，有人没有受灾也会得到赔偿的局面。

基本风险主要是由灾害损失和气象指数回归方程的偏差所产生的。应对基本风险，可以考虑以下三方面措施。①设计气象指数时，使气象指数和灾害损失的回归达到最大。这就需要改善气象站的基础建设，增加气象站的密度。对气象站密度的要求取决于气象指数的类型。例如，气温分布较均匀，气温指数要求气象站密度不一定很大，而降水分布往往很不均匀，在保险合同覆盖地区，需要较密集的气象站，以使气象指数和损失的相关系数能达到70%以上。②建立保险产品定价模型时，量化赔付率、价格和基本风险的相关关系，使投保人和保险公司共同承担基本风险。尽管投保人的实际损失因为基本风险的存在不可能完全受到补偿，但至少一部分或大部分的损失能够得到赔付。③单独设计一个基本风险保险合同，作为气象指数保险合同的附加合同。对于基本风险比较大且建站困难的地区，投保人的基本风险可以采用由政府保险的形式，利用类似传统财产保险核损的方式增加附加合同。

二 气象指数产品的市场化

从20世纪90年代中后期国际上首次出现天气衍生品交易到现在，气象灾害风险交易市场及交易本身有了很大发展，企业和个人对气象指数保险产品的需求量日益增加，相关产品的开发和市场化已引起各国政府的重视和支持。作为新兴的气象灾害风险管理工具，指数保险产品的设计需考虑如下几方面影响因子。①需求。根据气象灾害受灾情况（如受灾面积、受灾人数、经济损失等）的历史资料，辨识对指数保险业务有需求的区域和行业。②气象站网的分布与数据可用性。为减少指数保险产品的基本风险，气象指数的建立要求高时空分辨率观测资料，数据均一性、持续性也应达到一定标准。③致灾因子。由于气象指数保险产品不适用于多种灾害同时造成的损失，判别区域和行业主导致灾因子时，重点关注单因子事件的损失。④指数化方案。指数推算方案应简单科学、易推广，且指数高低能够反应实际的灾害损失，以实现快速理赔的效果。

全球气象灾害风险交易市场目前的组织结构，有场内交易市场，也有场外交易市场。从具体的交易合同数量和交易流通量来看，绝大多数交易集中在气温指数的交易。近年来随着成交量的增大，场内交易大幅增长，场外交易呈下降趋势，主要是因为场内交易采用标准的交易合同和清算规则，降低了交易成本和交易伙伴之间的信贷风险；而场外交易使用的合同设计没有固定模式，相对灵活便利，比较适合一些新兴的天气衍生产品在没有达到市场成熟之前的试交易，是对正规市场交易的良好补充。

形成一个有规模的商业化气象指数保险市场，除了与市场所在地区气象灾害发生频率、强度以及经济损失等因素有关外，关键在于发展和设计适合气象灾害风险交易的市场模式和产品，实现系统风险、基本风险的合理转移和分担。缺乏公认的产品定价模式是阻碍气象灾害风险交易市场进一步发展的主要原因。由于气象指数本身没有货币价值，气象指数期权产品的定价不适合直接运用布莱克－斯克尔斯期权定价模型，其交易市场与金融衍生品交易市场有所不同。因此，首先需要进行气象指数期货交易，使气象指数货币化，再在气象指数期货交易的基础上开发气象指数期货的期权交易。在气象指数保险产品的交易市场中，有多种不同的理论定价模型。保险定价一般建立在两个基础上，一个是对损失概率的精细估算，另一个是对保险交易伙伴风险偏好的估计。保险公司对保险产品的定价在实际操作中并不经常采用复杂的定价模型，通常依据历史数据演算出一个公平价格，再增加一个风险负荷值。风险负荷应该客观反映保险公司的风险偏好，也应该反映赔付保证金的金融市场融资费用，以及保险产品管理和运作费用等。

国内尚未建立一个完善的应对气候变化影响的气象灾害风险交易市场和交易产

品。开发和设计适合中国市场和气象灾情的气候风险交易产品，可以从以下三方面考虑。第一，气象灾害保险产品设计，使受损个人和企业的基本风险降到最低。第二，促进交易市场完全化，增加交易流通，给产品的合理定价创造市场条件，整体降低灾害风险转移的费用。第三，加强政府和市场合作机制，使由极端气候事件引起的系统风险得到有效的转移和控制，使其对市场造成的负面冲击降到最低。

三 中国气象指数产品的实践

救灾计划和风险管理措施与气象灾害风险交易市场的有机结合，对灾后重建责任的市场化，赔偿资金的及时到位都有促进作用。可以预见，研究和发展适合中国国情的气象灾害风险交易市场，开发和设计适合中国市场和灾情的指数保险产品，为政府和企业提供灾害风险管理咨询服务，其市场潜力是巨大的。虽然国内气象指数保险研究起步较晚，但鉴于传统农业保险在实施过程中的难题以及气象指数保险在农业运用中的突出优势，已有许多学者从理论角度出发设计了陕西苹果花期冻害的风险指数。浙江水稻暴雨指数，广东橡胶甘蔗风力指数等产品，对气象指数保险开展了探索性研究[①]。但具体实施方案仍采用与政策性农业保险捆绑销售的方式，由中央和地方政府负责补贴大部分的保费，有别于真正意义上的商业化指数保险产品。

近几年，中国气象局与保险监督委员会以及一些国际组织合作，对以农村和城市中小型企业以及家庭为主的客户群，开展了需求导向型的商业化气象指数保险的设计研究。该研究选择受气象灾害影响较严重的省份，以建立气象指数保险产品为目的，对政府机构和企业进行了问卷调查，了解了市场需求，并对一些经济损失严重的省份进行了产品试点研究，设计了适合当地情况的气象指数产品及交易合同。

下面以福建省龙岩市烟叶气象指数研究为案例，介绍指数保险在中国的实践案例。

---

① 刘映宁、贺文丽、李艳莉等：《陕西果区苹果花期冻害农业保险风险指数的设计》，《中国农业气象》2010年第1期；娄伟平、吴利红、姚益平：《水稻暴雨灾害保险气象理赔指数设计》，《中国农业科学》2010年第3期；程晓峰、黄路：《马拉维干旱指数保险试点经验及其对广西甘蔗保险发展的启示》，《区域金融研究》2010年第10期。

（一）需求分析

烟草是福建重要的经济作物之一，全省烟叶种植面积约 26 万亩，年销售额超过 15 亿元。生产的烟叶主要由中国烟草公司根据烟叶质量等级，按照统一制定的价格进行收购。由于烟草生长周期较长，易遭受霜冻、干旱、暴雨洪涝、冰雹、台风等自然灾害的影响，因此，中国烟草公司针对重大的灾害损失，常采取一些紧急援助的措施。但由于未形成正规的风险保障体系，烟农获得的援助无法弥补其遭受的损失，对行之有效的气象灾害风险交易市场的需求越来越大。

为详细了解烟叶种植和生产经营情况，本研究对福建省最主要的烟叶种植区之一的龙岩市 11 个乡（镇）开展了关于烟叶的种植制度、种植面积、种植成本、销售情况以及主要气象灾害风险方面的社会调查。分析表明，种植烟叶的成本中，人工成本、化肥购置费用、烤烟支出费用等合计占全部成本的 85%，另外还有烟苗培育成本、烟田灌溉成本、地租费用等。因霜冻、暴雨洪涝、冰雹等极端气候事件，导致成灾面积在有些年份高达 80% 以上，尤其是霜冻和暴雨的影响范围相当之大。

（二）气象资料初步分析

为达到气象指数研究所要求的气象观测资料的时空分辨率，除了气象部门人工站数据系统外，研究中也应用了一些隶属于研究机构的气象测站和一些自动站观测网络系统的资料。

龙岩大部分地区属于中亚热带季风气候，受区域内山地丘陵地形的影响，地域差异和垂直分异明显，气候类型多样。过去五年内，福建气候中心在龙岩市安置了 167 个自动站观测网络，以补充人工站网资料。本研究通过可用性审核，最终确定了 7 个人工站和 128 个自动站作为该区的气象研究基础。其中，7 个人工站分别位于研究区的 7 个辖县，每站覆盖大约 2730 平方千米的区域，平均分辨率约为 50 千米。数据的可用时间序列较长，都有超过 50 年的记录，缺失资料少于 5%，适合于气象要素的时间序列分析和阈值的概率分析。自动站观测年限较短，无法用于气象要素时间序列的分析。但由于其空间分辨率可达 12.5 千米，且在各类地形和海拔高度处均设有站点，对辨别因地形因素引起的小气候误差以及真实地反映周围的天气情况有相当大的补助作用。

（三）致灾因子分析

烟叶种植周期较长，一般是每年年底的 11 月、12 月开始育苗播种，第二年年初的 2 月、3 月为移栽期，5 月、6 月为烟叶采收期，7 月、8 月为烘烤及交售期，历经冬、春、夏三个季节 10 个月左右的生长及收获期。根据不同灾害造成的危害程度和损失规模来看，对龙岩烟叶生产影响最大的灾害风险是暴雨洪涝，其次是霜冻，再次是冰雹、病虫害等。

龙岩地区暴雨洪涝灾害较频繁，多集中在 5 月、6 月，正值烟叶生长晚期和采收之际，一旦受损难以恢复。再加上受到当地地形条件限制，烟叶大都种植在低洼地带，容易受积水或山洪侵害。霜冻灾害发生也较多，多集中在 2 月、3 月，是烟叶生产的早期，常造成移栽至大田的烟苗冻死或烟株抗性下降、次生病害蔓延。

（四）灾情分析

2002 ~ 2010 年，受到暴雨洪涝、霜冻、冰雹影响，每年每户烟叶产量损失超过 500 公斤，经济损失为 5000 ~ 10000 元。其中 2010 年是龙岩地区近五年来最大的灾害之年，烟叶生产先后遭受霜冻、冰雹、洪水三重灾害，烟田大面积受灾，烟农损失惨重。

根据气象灾害风险的构成要素，可以从危险度、暴露度和脆弱度三方面分析气象灾害风险，建立灾情评价指标体系。例如，综合考虑暴雨和霜冻的强度与频率，灾害影响地区和覆盖范围，单位面积烟叶产量和烟叶减产率等要素，利用数理分析方法，建立出灾害风险评价模型，如公式 1 所示。其中，$Risk_i$ 为区域的风险指数，表示烟叶面临的灾害风险程度；H_i、E_i、V_i 分别为 i 区域的危险性、暴露性、脆弱性指数；W_h、W_e、W_v 为三个指数的权重值，采用层次分析法计算。

$$Risk_i = H_i W_h + E_i W_e + V_i W_v \qquad （公式1）$$

（五）指数产品的设计

气象指数的设计是开展商业化指数保险的难点。根据人工和自动观测网络资料以及极端气候事件灾害损失数据库资料，建立指数与受灾率的相关关系时，要求拟合程度达到统计标准，以推算致灾阈值和对应不同等级灾情的气象指数。

设计气象指数保险的保险费率（*Premium Rate*）时，不但要考虑灾损率，还要将运营管理费用和风险保障费用纳入其中。具体实施方案中，至少有灾害事件的发生概率、保险业务的盈利率、公司的营业费用以及风险安全系数等方面的定量化估算，如公式 2 所示。其中 *probability* 表示达到相应指数的灾害事件的发生概率，*profit* 为保险的盈利率，*cost* 为营业费用，*risk* 为风险安全系数。

$$Premium\ Rate\ =\ \frac{probability}{profit\ +\ cost\ +\ risk} \qquad （公式 2）$$

（六）指数产品的实施

针对各级别重现期灾害，本研究分别制定了龙岩市霜冻指数和暴雨洪涝指数不同等级的阈值及相应的低、中、高赔付额度。以 2010 年受灾最为严重的长汀县为例，其境内 22 个自动站中，19 个站所在区域当年暴雨洪涝指数达到了高赔付标准。根据指数保险赔付方案，这些地区的保户可以用每亩 25 元的保险费，获得最高 1000 元的赔付额。以每亩烟叶种植成本 1800 元计算，则赔偿金至少可补偿烟农 55.6% 的经济损失。

对未来气候变化的预估显示，气候变化引发的极端天气事件将会增多增强，极端灾害造成的损失、影响的范围和人口也将随之上升，气候变化造成的灾害损失在整个社会经济中的比重会越来越大。政府和企业对气象灾害风险交易市场以及对创新性的气象灾害风险交易工具的需求将会在未来几年中大大增加。将国家的救灾计划和风险管理措施与气象灾害风险交易市场的发展有机结合起来，促进气象部门与相关证券交易机构合作探索天气衍生品和气象巨灾证券上市的政策保障等问题，是将灾后重建责任逐步推向市场的重要举措。

关于中国气象灾害风险交易市场的研究，产品设计和市场开发工作可以从以下几个方面进行。第一，受气象灾害影响较严重的省份，在建立气象指数保险产品的基础上，对政府机构和企业进行问卷调查，了解市场需求。第二，选择一些遭受经济损失严重的省份进行产品试点，设计适合当地情况的气象指数产品及交易合同，在适合的中心城市进行气象指数交易试点。第三，结合试点经验，设立专门的研究机构，加强市场模型和定价研究，进行从业人员的专业培训。第四，建议将国家的救灾计划和风险管理措施与气象灾害风险交易市场的发展有机结合起来，促进气象部门与相关证券交易机构合作探索天气衍生品和气象巨灾证券上市的政策保障问题，将政府对灾后重建的责任推向市场。

研 究 专 论

Special Research Topics

G.20

里约 20 年回顾与可持续发展展望

陈 迎 廖茂林*

摘 要：里约 20 年峰会最后文件——《我们期待的未来》的通过，不仅是对可持续发展 20 年来发展的回顾，更是一个规划未来全球可持续发展的蓝图。虽然最后文件没有能够满足与会各方的所有要求，但是其在最大程度上实现了各方利益的平衡，为世界经济的发展转型明确了新的方向，开启了新的进程。

关键词：可持续发展 绿色经济 千年发展目标

20 年前，人类的环境盛会——"联合国环境和发展大会"在巴西里约热内卢召开，由此标志着国际社会将环境问题和可持续发展纳入世界路线和国际政治的主流道路的开始。20 年后，2012 年 6 月 20～22 日，各国政要和各界精英再聚

* 陈迎，中国社会科学院城市发展与环境研究所研究员，研究领域为全球环境治理，能源与气候政策；廖茂林，中国社会科学院城市发展与环境研究所助理研究员，研究领域为气候政策。

里约，为实现经济可持续发展制定新的航向。20 年过去了，人类在环境保护与可持续发展道路上实现了多大的进展，未来将走向何方，适时总结过去、展望未来就显得尤为必要。

一 里约 20 年回顾：全球可持续发展的进展

里约会议，即全球环境首脑大会，于 1992 年 6 月 3～14 日在巴西首都里约热内卢召开，183 个国家的代表团，联合国及其下属机构等 70 个国际组织的代表参加了此次会议。其中，102 位国家元首或政府首脑亲临会场。

里约大会对人类可持续发展具有里程碑意义。这次大会上，与会各国就环境保护和经济发展相协调的主张达成共识，并表达了共同应对环境问题的愿望；环境保护与经济发展密不可分的道理被广泛接受，"可持续发展"这一概念深入人心。

从直接成果上看，里约大会通过并签署了 5 个重要文件，其中《里约环境与发展宣言》和《21 世纪议程》提出建立"新的全球伙伴关系"，为今后在环境与发展领域开展国际合作确定了指导原则和行动纲领，也是对建立新的国际关系的一次积极探索。

里约会议虽然取得了巨大的成功，但在一些关键的问题上也暴露出发达国家和发展中国家的分歧和矛盾。分歧主要表现在：发达国家强调各国对全球环境恶化负有共同责任，而发展中国家强调发达国家对地球环境危机负有主要责任；发达国家要求的"重环境，轻发展"是在现有的经济基础上改变资源浪费、降低环境负荷和环境损害，而发展中国家强调贫困和不发达是无力有效保护环境的根本原因，应在消除贫困、实现财富公平分配的基础上实现可持续发展；发达国家偏于重视全球性环境问题，而发展中国家则认为一些"全球性"和"区域性"问题是相互关联的，区域性问题可导致全球性问题的发生等。

可以说，里约会议是继斯德哥尔摩会议和《我们共同的未来》报告之后，又一个里程碑式的环境会议。它最大的成功在于促进了各国政府把宽泛的政策目标转化为具体的行动，并通过经济的、行政的以及制度的手段在管理环境方面作出了初步的尝试。

在里约大会的推动下，2002 年 8 月 26 日至 9 月 4 日，可持续发展世界首脑会议在南非约翰内斯堡举行。会议为纪念里约会议 10 周年而举行，也称"里约＋10"会议。会议最终通过《约翰内斯堡可持续发展承诺》和《可持续发展世界首脑会议执行计划》两个文件，前者重申了各国对执行可持续发展战略的坚定承诺，后者则为实施《21 世纪议程》确立了更为明确的目标，并在多数项目上确定了行动时间表，其中包括消除贫困的千年目标、生物多样性保护、下一代人资源保护战略等。

时至今日，可持续发展理念已经提出 20 年。回望过去的 20 年，国际社会在可持续发展领域既产生了诸多积极的变化，同时也存在不少的问题。

第一，《气候变化框架公约》《生物多样性公约》等诸多环境公约相继生效。全球性、区域性、双边环境保护公约、条约和议定书不断出台，公约涉及的领域不断扩大，有关公约正在实施，有的已经产生相对较好的效果。

第二，各国政府做了大量努力，将可持续发展纳入本国经济和社会发展战略。150 个国家建立了相应的组织机构，2000 多个城市制定了地方《21 世纪议程》。

第三，国际组织致力于可持续发展。联合国于 1993 年成立了可持续发展委员会，审议《21 世纪议程》在全球的执行情况。同时成立了以专家为主体的可持续发展高级咨询委员会，为联合国秘书长处理环境事务提供咨询、建议。

第四，可持续发展的观念虽然日渐为世界各国所接受，但是在发展经济的过程中很少有国家能够实现真正意义上的可持续发展。可持续发展战略仍存在着多种理解，其实施也面临多种困难和挑战。

第五，在实现可持续发展的资金、技术转让方面，承诺和实际行动之间仍存在不小的差距。

可以说，里约大会召开 20 年以来，一方面，可持续发展在全球得到了广泛的传播，美国、加拿大、欧盟等发达国家和区域以及中国、巴西等发展中国家先后制定了可持续发展战略及相关政策。另一方面，由于缺少强制性的法律规范，一些国家特别是在发展中国家，可持续发展的实质性进展十分有限。与此同时，发达国家并没有完全兑现支持发展中国家的承诺，环境和发展的冲突还在加剧，消除贫困的任务依然艰巨。在此背景下，总结过去、规划未来尤为重要，里约 20 年峰会的召开正适逢其时，国际社会期待"里约＋20"为推进全球可持续发展提供新的契机。

二 峰会情况介绍

2012 年 6 月 13 日联合国可持续发展大会在巴西里约热内卢进行，其目标是总结过去 20 年可持续发展的成果，规划未来发展的路线图，由此也被冠以"里约 20 年"峰会的名称。此次会议共有来自 191 个联合国成员国及观察员国的代表参加，其中包括 79 个国家元首或者政府首脑，共计约 5 万人参加会议。在主会议之外，还举行了包括"里约 20 年"伙伴论坛、可持续发展对话等在内的 500 余场边会和约 3000 场非官方活动。根据联合国大会的决议，2012 年的里约峰会由三个目标和两个主题构成。第一个目标是推动各国强化政治意愿，重申各国对可持续发展的承诺；第二个目标是总结目前可持续发展过程中取得的成就和问题；第三个目标是指出未来面临的挑战。本次大会的第一个主题是绿色经济，致力于消除贫困的可持续发展之上的绿色经济；第二个主题是可持续发展的制度框架和优先领域。从 1992 年里约环发大会召开至今整整 20 年里，全球可持续发展取得了一定成绩但也面临新的挑战，此次大会对发展中国家确立发展空间和人类社会向绿色经济转型具有重要作用。

为了确保峰会的成功，里约 20 年峰会前后举行了三次预备会议，然而提交给 20 年峰会首脑会议的会议成果依然长达 79 页，会议成果文件中仍有不少悬而未决的议题。总体来看，"里约 +20"峰会各利益方在大会任务、主题、目标上与经济、社会发展和环境保护三大支柱相统筹，坚持"共同但有区别的责任"原则，发展模式多样化、多方参与、协商一致等基本原则上均具有共识。很多国家也提出了设立可持续发展目标，研究设计可持续发展衡量新指标等建议。但各国在两大议题的一些具体立场上仍存在一定差异。与会各方经过艰难博弈，最后于 2012 年 6 月 22 日通过了总结 20 年可持续发展进程和指引未来发展方向的会议最终成果文件——《我们期望的未来》。

三 里约 20 年峰会的成果：《我们期望的未来》

2012 年 6 月 22 日会议通过了总结 20 年可持续发展进程和指引未来发展方向的会议最终成果文件——《我们期望的未来》。作为"里约 +20"峰会的成果文件，从题目和内容而言，《我们期望的未来》与《我们共同的未来》一脉相承，成为推动可持续发展的又一次里程碑性的文件。

里约峰会的两个核心议题是启动可持续发展目标的谈判和敦促各方各界采取自愿行动承诺。就前者而言，里约峰会对 2015 年后发展目标的具体阐述不够清晰。本应聚焦在消除贫困和更好利用自然资源上，但是目前的成果文件仅仅指向不详的"针对可持续发展的目标"，只是提及组建专家组，向大会第六十八届会议提交一份报告，内载关于可持续发展目标的提议，供其审议和采取适当的行动。这种情形之下，想动员全球行动显得困难重重。

后者是各方采取行动的承诺，而重点就在于发达国家是否会履行过去的承诺，向发展中国家提供资金和技术。而在成果文件中有关资金和资源的部分增添的内容较少，与需求还存在很大的距离。

（一）成果文件重申共同但有区别的原则

共同但有区别的责任原则是指各国对保护全球负有共同的但是有区别的责任，包括共同责任和区别责任两方面。共同责任指国际社会的每个成员国不论大小、强弱，都有义务去保护地球环境。区别责任指不同国家主要是发达国家和发展中国家承担有差别的责任，包括责任的大小、多少、时限等方面。这个原则是在 1992 年里约会议上确定的。

在峰会谈判中，发达国家与发展中国家对这个议题存在明显的分歧。发达国家以 20 年世界经济形势已发生重要变化和金融危机为由，试图抛弃或重新定义"共同但有区别的责任"原则，强调私营部门参与和南南合作的重要作用，以逃避自身义务，弱化其资金和技术的承诺，同时要求新兴经济体承担更多的国际责任。发展中国家坚持应重申里约原则，特别是"共同但有区别的责任"原则。可持续发展领域南北对立的基本格局没有发生根本改变，但新兴经济体的崛起和发展阵营的分化，已经成为影响国际政治经济格局的重要因素。

成果文件有效地兼顾了不同阵营的利益和立场，重新确认了可持续发展的原则，夯实了未来可持续发展的基础。虽然不能完全满足各方的全部利益需求，但成果文件从务实的角度出发，在不触及各国底线的情况下，让各国有所让步，也有所收益。最后成果文件重申了"共同但有区别的责任"原则，维护了国家发展合作的基础和框架。文本也因此被与会各国所接受，避免了僵局的出现。

（二）成果文件决定启动可持续发展目标讨论进程

决议决定启动可持续发展目标讨论进程，就加强可持续发展国际合作发出重要和积极信号，为制定 2015 年后全球可持续发展议程提供了重要指导。里约 20 年峰会的重要政治决定之一就是各方同意就 2015 年后全球可持续发展目标展开磋商，对完成磋商的时间和方式存在分歧，例如，有的国家暗示在 2013 年 9 月召开一次联合国大会的特别会议进行初步讨论，在对千年发展目标进行最后评估后，最终确定和通过全球可持续发展目标。但是不管怎样，里约 20 年峰会已经为 2015 年后的全球可持续发展，提前作出了准备和安排。

（三）成果文件肯定了绿色经济的作用

大会肯定了绿色经济是实现可持续发展的重要手段之一。可持续发展和消除贫困背景下的绿色经济是"里约 +20"联合国可持续发展峰会的两大主题之一，最终通过的成果文件要求尊重各国主权、国情及发展阶段，重视消除贫困问题，敦促发达国家对发展中国家提供支持。与此同时，尽管会议没有明确阐述"绿色经济"的定义，但是面对这一全新领域，与会者对概念的外围进行了必要限定。中国学者认为绿色经济应该建立在可持续发展和消除贫穷的背景下，成为实现可持续发展的重要工具之一，为经济的可持续发展提供各种决策选择，但不应该成为一套僵化的规则。这种背景下的绿色经济应该有助于消除贫穷，有助于持续经济增长，增进社会包容，改善人类福祉，为所有人创造就业和体面的工作机会，同时维持地球生态系统的健康运转。

（四）成果文件决定建立可持续发展的高级别政治论坛

峰会还在可持续发展机构框架以及其他相关领域取得了新的成果和进展。根据最终成果文件，与会各方决定建立高级别政治论坛，取代现有的联合国可持续发展委员会，为各国实施可持续发展，统筹经济、社会发展和环境保护提供指导。各国还承诺加强联合国环境规划署的作用，加强环境规划署在联合国系统内的发言权及其履行协调任务的能力。

相比 20 多年前的《我们共同的未来》报告，"里约 +20"峰会强调的《我们期望的未来》中推动多边改革、实现绿色发展的精神更加突出和鲜明。但是，成果文件仍然存在着诸多的不确定性。

四　峰会关注焦点问题

（一）绿色经济

绿色经济是"里约＋20"峰会上的主题之一。2011 年 3 月召开的联合国可持续发展第二次筹备会议为绿色经济的概念设定了基调，即在可持续发展和消除贫困的框架下讨论绿色经济问题。

但是在绿色经济的谈判上，不同国家之间存在着分歧。欧盟希望能对绿色经济制定明确的时间要求以及具体的目标和路线图，并且提出水、可持续发展等 5 大领域为可持续发展的优先领域。作为此次主办方的巴西也在主席案文中积极促成可持续发展目标的优先领域和目标。而美国和 77 国集团强调绿色转型的代价，均反对制定可持续发展目标路线图，反对硬约束。

南方国家集团对北方国家集团将绿色经济等同于自然资源市场化、商品化的做法并不赞同，不赞同发达国家只考虑绿色经济的效率和生产率等经济问题，而忽略了发展权和分配正义等问题。发展中国家也担心绿色经济可能带来环境政策掩护下的保护主义抬头和绿色贸易壁垒的增加。

为了均衡不同国家的立场，与以往以效率为导向的经济模式相比，成果文件中增加了两个维度：第一，绿色经济试图将空气、水、土壤、矿产和其他自然资源的利用计入国家财富预算，强调经济增长要控制在关键自然资本的边界之内；第二，绿色经济试图将"公平"或"包容性"变成与传统经济学中的"效率"同等重要的基本理念。

发展绿色经济是一件好事，但各国处在不同的发展阶段，发展绿色经济的能力存在差距。对发展中国家来说，发展绿色经济首先要消除贫困，这涉及巨大的资源需求和资金需求，但目前发达国家在资金、技术转让和能力建设等方面对发展中国家提供帮助的意愿并不是很强。

（二）可持续发展的框架路线

关于可持续发展的框架，各方之间的立场也有不小的差距。美国提出未来可持续发展进程应包括三个方面（或称"三个环境"），即建成环境（Built

Environment，主要指城市）、自然环境（Natural Environment，主要指农村和自然环境）和机制环境（Institutional Environment，主要指体制机制）。在建成环境方面，重点是清洁能源和城市化。在自然环境方面，具体包括三个领域：粮食安全和农业，海洋和渔业以及生态服务和自然资源管理。在机制环境方面，美国提出了三点建议：采用新的信息联系技术；改革传统机构，机构改革需将国际金融机构和多边发展银行的参与放在中心位置；应加强联合国环境规划署（UNEP）在可持续发展方面的地位和能力，而不是成立新机构。

欧盟主要从全球可持续发展治理、国际环境治理、各级可持续发展治理、非国家参与者等四个方面提出建议：增强联合国经济及社会理事会（ECOSOC）协调、执行等功能；改善联合国可持续发展委员会（CSD）职能，或撤销此机构，将其职能转移至其他机构；将 UNEP 升级为一个专门的环境机构，加强授权，提供稳定、充分和可预期的资金支持。新机构名称为世界环境组织（WEO）或联合国环境组织（UNEO），代表联合国发挥领导和协调作用。日本认为，应首先明确问题所在，循序渐进地加强全球环境治理，不建议立即成立新的专门机构，认为成立新机构可能导致更多问题。

"77 国集团＋中国"提出 14 条目标和原则，具体包括：将可持续发展机制框架作为可持续发展统筹方法，统筹三大支柱；加强联合国促进国际合作的能力；坚持"共同但有区别的责任"原则；确保发达国家遵照里约原则执行多边环境协议中规定的责任等。

（三）资金问题

在资金方面，发达国家提供"额外的新资金资源"的常规许诺没有实现。成果文件提议设立一个由 30 个国家组成的委员会来为可持续发展融资战略委员会提供选择方案。这些要求联合国提供技术方案的提议，以及建立一个委员会来审查资金战略的提议，与实际设立一个技术机制和新基金的要求相比均收效甚微。

关于资金来源，成果文件重申要求发达国家履行承诺，实现到 2015 年向发展中国家提供占 GDP 比重的 0.7% 的官方发展援助的目标，向最不发达国家提供占 GDP 比重的 0.15% ~ 0.20% 的官方发展援助的目标，及以优惠条件向发展中国家转让环境友好型技术，加强发展中国家能力建设，启动有关政府间合作进程等内容。

尽管此次文件再次重申要求发达国家落实上述目标，但是，此项议题并非国际间的法律制度，对发达国家无实际约束力，再加上发展中国家本身对发达国家存在经济、技术转让方面的依赖，因而不存在实质性的制约措施，不能顺利实现目标的可能性依然很大。

（四）执行手段

成果文件明确了"行动措施框架"，并列举了需要采取行动的优先问题和领域以及相应的行动；提出应确定可持续发展目标和相应评估指标的建议，并从资金、科学与技术、能力建设、贸易 4 个方面提出了具体实施措施。

（五）南南合作

发展中国家是缓解气候变化过程中的重要主体，但是由于经济和技术的落后，发展中国家在消除贫困和保护环境之间保持平衡面临着诸多挑战，也使得南北双方在气候问题上存在着相异的立场。比如，"77 国集团 + 中国"坚持引用里约原则并特别强调共同但有区别责任原则（CBDR），发达国家希望把里约原则作为一个整体引用，以弱化 CBDR。"G77 + 中国"则强调在"执行手段"（MOI）议题谈判取得进展后才能继续谈判绿色经济议题，防止造成发展中国家在国际资金、技术等支持未落实的情况下先承诺绿色经济和可持续发展目标的不利局面。

相近的立场加强了发展中国家在环境保护领域内的合作，而且在里约成果文件中也提及了南南合作。但是由于发展中国家和发达国家在环境保护、发展情况和技术水平上存在很大差异，南南合作无法取代南北合作在可持续发展上的作用，南南合作只能作为国际气候合作的一个补充。

此外，峰会成果文件中还明确提出消除贫穷，粮食安全和营养与可持续农业，水和环境卫生，能源，可持续的旅游业，可持续的运输，可持续的城市和人类住区，健康与人口，促进充分的生产性就业、让人人都有体面工作、加强社会保护，海洋，小岛屿发展中国家，最不发达国家，内陆最不发达国家，非洲 – 区域努力，减少灾害风险，气候变化，森林，生物多样性，荒漠化、土地退化和干旱，山区，化学品和废物，可持续消费和生产，采矿，教育，性别平等和增强妇

女权能 25 个应重点关注的主题领域或跨部门问题；也强调了民间社会、私营部门等各方的参与对可持续发展的重要作用。

五 中国对峰会的贡献和峰会对中国的影响

（一）中国对峰会的贡献

中国是可持续发展的坚定支持者和积极实践者，在峰会开始之前，中国就发布了由中华人民共和国国家发展和改革委员会牵头 40 个部门制定完成的《2012 中国可持续发展国家报告》。这是中国发布的首个可持续发展国家报告，报告中明确阐明了中国政府对 2012 年联合国可持续发展大会的原则立场。自大会筹备开始，中国政府成立了可持续发展大会中国筹备委员会，全面、深入地参与了有关讨论和文件磋商。

在"里约 + 20"峰会中，中国政府代表团在峰会召开期间全面参与对话会、边会和文件磋商以及配套活动等多项活动。发改委、上海市政府、扶贫办、海洋局、科技部、人口计生委、21 世纪中心、人民大学和乐施会、环保部、林业局等部门和组织共举行了 11 场政府边会，涉及人口远景、公众参与、减贫合作等多个主题。此外，可持续发展研究会、生态文明论坛、联合国协会、中促会等国内的非政府组织也举行了多次非官方的活动，阐述中国在可持续发展问题上的立场、主张和相关政策，宣传中国应对气候变化付出的努力，分析中国可持续发展面临的机遇和挑战。在大会成果文件的最后磋商中，中国代表团为推动各方求同存异，弥合分歧，推动谈判尽早达成共识作出了积极的努力。

在峰会召开期间，温家宝总理多次出席边会和高级别圆桌会议，与各国代表共同探讨最不发达国家的减贫之策，号召国际社会帮助最不发达国家实现可持续发展，共享人类社会发展成果，并承诺将帮助非洲国家实现可持续发展。

温家宝总理出席联合国可持续发展大会并阐述了中国推进可持续发展的新主张。他认为应当坚持公平公正、开放包容的发展理念，应当积极探索发展绿色经济的有效模式，应当完善全球治理机制。中国虽然是发展中国家，有大量贫困人口，但也向最不发达国家提供了资金支持和技术援助。2011 年年底，累计免除 50 个重债穷国和最不发达国家近 300 亿元人民币的债务，承诺给予绝大多数最不发达国家 97% 税目的产品零关税待遇；与 UNDP 共同发起成立中国国际扶贫中心，在全球范围内分享中国减贫经验；为最不发达国家培训 35000 多名人才，援建了大量医院、道路、饮水等基础设施；支持最不发达国家的经济与社会发展事业，扩大投资与技术转让，增加援助规模，加强人员培训，促进最不发达国家可持续发展；此外，中国向 UNEP 信托基金捐款 600 万美元，用于帮助发展中国家提高环境保护能力的项目和活动；帮助发展中国家培训生态保护和荒漠化治理等领域的管理和技术人员，向有关国家援助自动气象观测站、高空观测雷达站设施和森林保护设备；基于各国开展的地方试点经验，建设地方可持续发展最佳实践全球科技合作网络；安排 2 亿元开展为期 3 年的国际合作，帮助小岛屿国家、最不发达国家、非洲国家等应对气候变化。温家宝总理的主张彰显了中国负责任、有担当的大国形象，受到与会代表的高度赞赏。

（二）峰会对中国的影响

里约 20 年峰会最终通过的成果文件奠定了未来可持续发展的方向。中国作为世界上最大的发展中国家，正处于实现工业化和经济发展转型的进程当中。峰会最终成果文件的通过不仅为中国未来的发展提供了新的机遇，也给中国带来了挑战。

1. 峰会使得中国的发言权和话语权得到提升

20 年前里约大会达成的成果，主要是西方发达国家主导的，体现西方对环境问题的关切和推动。20 年之后，情况发生变化，中国等发展中国家有非常深入的参与，一些发展中大国深度介入了全球可持续发展格局。此次里约 20 年峰会达成的文本，更接近真正意义上的世界共识。就应对环境问题的"共同但有区别的责任"原则，由中国、印度、巴西和南非组成的基础四国以及其他发展中国家表现出了前所未有的一致性立场，促使最后成果文件体现了包括中国在内的大多数发展中国家对可持续发展的认识和立场。可以说，20 年前中国等发展中国家在谈判桌上的接受，是在西方主导下的接受，是被动的接受，而这次是真正的接受，体现了中国等发展中国家发言权和话语权的提升。

2. 峰会将使中国承担更多的国际责任

随着可持续发展理念的扩展，中国的发展备受世界的关注，要求中国承担更大责任的国际压力越来越大。在里约 20 年峰会的谈判过程中，围绕着"共同但有区别的责任"原则的博弈，其实质是发达国家与发展中国家在全球经济转型

上责任划分的分歧。发达国家越来越倾向于将中国等经济总量较高、经济发展较快的主要发展中国家从发展中国家集团中分离出来，从而使中国承担更大的责任。此次峰会虽未给中国等主要发展中国家增加新的责任，但是很有可能会在后续有关可持续发展目标的谈判中再次提起，中国面临的国际压力会更大。

如果中国经济继续保持8%以上增长的情形，饱受经济下行或停滞困扰的发达国家有可能会要求中国承担更多的环境与发展义务。国际金融组织也有可能减少对中国的援助资金，而要求中国作为捐资方加大投入。《我们期望的未来》鼓励继续加深南南合作与三边合作，这样，发展中国家尤其是最不发达国家很有可能要求加强南南合作，进而对中国提出更多诉求。可以预见，在加强可持续发展的主题下，中国将会面临更多的压力。

3. 峰会使中国国内经济面临转型的压力

里约大会20年来，中国环境局部改善、整体恶化的局面没有得到扭转。中国的能源使用效率有了明显提高，但是还远低于发达国家，总量消耗水平仍在增加，生态环境所受的压力不断加大，忧大于喜。总体来说，中国的经济距离"绿色"还相差甚远，而峰会成果对绿色经济的界定以及2015年后可持续发展目标磋商进程的启动在未来势必将给中国的经济发展提出更为严格的标准和要求，中国国内经济如何更好地转型从而适应世界可持续发展的形势需要成为中国未来面临的挑战。

4. 峰会将使中国出口企业面临绿色壁垒的挑战

里约峰会确立了"致力于消除贫困的可持续发展之上的"绿色经济发展理念。中国目前的出口市场大多集中在发达国家和少数的新兴发展中国家与地区。由于发达国家的科技水平相对较高，绿色环保的意识和要求也比较高。他们借助保护环境的名义，设立了非常严格的环境保护标准，这些标准通过立法的手段，使其具有强制性，成为实施贸易限制措施的一种手段。

由于中国的绿色产业处于刚起步的阶段，环境的保护标准相对较低，技术不先进，绿色壁垒影响了中国对外贸易产品的竞争力，减缓了中国对外贸易的增长速度。后里约时代，绿色壁垒将成为影响中国对外贸易发展的巨大的不利因素。

六　各方对峰会成果的评价

南方集团和北方集团尽管在里约峰会谈判中有矛盾冲突，不同国家在不同问题上也存在分歧，但各方妥协后最终通过的成果文件还是受到了多数国家的肯定。

气候变化特使托德·斯特恩认为，成果文件有助于各方推进可持续发展领域的目标。这是一个磋商的成果，一个囊括了大量不同参与者不同观点的磋商文件。当然，不是每个国家都得到了想要的一切，每个国家或许都有满意和不满意的地方，文件中也有值得改进之处，但他对会议成果还是给出了肯定的评价。他认为，会议最终能达成这一文件本身就是各方向前迈出的坚实一步。与会各方已完成了制度上的一些重要事情，包括在联合国系统中显著增强环境规划署的作用，建立可持续发展高层论坛等。

俄罗斯代表团成员亚历山大·别德里茨基认为，俄罗斯一直以来没有一份可称为"可持续发展战略"的文件，而这次峰会的成果或许能改变俄罗斯人的看法，并让他们在这方面形成更完整的认识。就俄罗斯在全球可持续发展上所承担的义务，俄总理梅德韦杰夫指出："我们正有条不紊地履行自己在《京都议定书》中的义务。我再次重申，俄罗斯在 2020 年前的温室气体排放量将比 1990 年减少 25%。"他还呼吁其他国家积极行动起来，共同解决可持续发展问题。他说，有必要在绿色发展的框架内，建立各国定期交流优秀实践经验和技术的机制，联合国应在这方面发挥领导作用。

中国筹委会代表团团长、国家发改委副主任杜鹰认为，这份文件体现了国际社会的合作精神，展示了未来可持续发展的前景，对确立全球可持续发展方向具有重要的指导意义。杜鹰指出，最终文件重申了"共同但有区别的责任"原则，使国际发展合作指导原则免受侵蚀，维护了国际发展合作的基础和框架；大会决定启动可持续发展目标讨论进程，就加强可持续发展国际合作发出重要和积极的信号，为制定 2015 年后全球可持续发展议程提供重要指导。

出席峰会的印度环境部长贾扬蒂·纳塔拉詹认为，印度对峰会形成最终文件表示满意，但对一些发达国家在一些问题上，特别是在对发展中国家提供资金援助和技术支持方面显示出的消极政治意愿表示遗憾。在发展绿色经济问题上，发达国家仅提出南南合作的建议，在某种程度上是在可持续发展道路上的倒退。因为，尽管大会文件确实提及了南南合作，但这无法取代南北合作在可持续发展上的作用，南南合作只能是一个补充。发展中国家和发达国家在环境保护、发展情况和水平上存在很大差异，归结起来，应将发展绿色经济的成本降低至经济不富

裕人群都能负担的水平。

美国世界资源研究所代理主席马尼什·巴普纳认为，大部分非政府组织对最终成果文件的内容表示失望，认为这份文件"太弱、太含混"，文本的大部分内容仅在重复此前的协议，甚至与此前协议相比是一种倒退。这意味着，里约峰会真正具有突破性的行动可能在正式进程之外。美国加州大学洛杉矶分校环境学院教授阿莱德哈娜·特里帕蒂认为里约峰会对各国都具有重要意义，年轻人和孩子们的未来将与今天政治决定的结果紧密相关。因此，各国政府、地方当局、社团领袖和商界人士应联合行动，在环境保护方面发挥更重要的作用，确保地球资源的可持续利用以及人类可持续的发展方式。

应该说，里约20年峰会尽管对2015年后发展目标的具体阐述不够清晰，但总体还是作出了对中国等发展中国家相对有利的安排，如对"共同但有区别的责任"原则的重新确认。对中国等发展中国家来说，接下来需要考虑的是，一方面，如何巩固峰会的成果，将峰会的宣言变成实际行动；另一方面，考虑如何实现国内经济发展转型和应对来自发达国家新的要求与压力。

G.21
反思碳交易与碳税在中国特色
减碳政策体系中的地位

曹荣湘　谢来辉*

摘　要： 随着中国应对气候变化的力度不断加大，更加深入地思考和落实基于市场激励的政策工具已经成为紧迫的问题。目前主要发达国家似乎都倾向于实施碳排放交易政策，考虑到中国是发展中大国，中国的选择对于全球减排行动以及世界经济具有重要意义。本文通过回顾相关理论关于碳税与碳排放交易工具的比较，总结归纳了中国现阶段的一些基本现实，尝试提出构建中国特色减碳体系路线图。其核心建议是，中国在短期内应积极发展自愿性碳排放交易体系以补充目前行政手段的不足，但是在2020年之后的中长期应该建立以碳税为核心的政策体系。

关键词： 碳交易　碳税　路线图　中国特色减碳体系

目前，中国已经提出要把积极应对全球气候变化作为经济社会发展的一项重要任务和重大战略，作为经济结构调整和经济发展方式转变的重大机遇。中国也提出要通过坚持走新型工业化道路，合理控制能源消费总量，综合运用优化产业结构和能源结构、节约能源和提高能效、增加碳汇等多种手段，有效控制温室气体排放，提高应对气候变化的能力。但是在更加具体的政策工具问题上，中国政府目前似乎并没有明确的选择方向。

中国显然需要发展一套适合自身特定国情的减缓政策工具。比如，政府间气候变化专门委员会（IPCC）2007年的报告指出，选择政策工具必须对特定环境

---

* 曹荣湘，中央编译局办公厅副主任，研究员；谢来辉，中央编译局全球治理与发展战略研究中心博士后。

问题与其他政策领域的关联、不同政策工具的互动关系等有良好的理解。各种政策工具"在特定国家、行业及情景，特别是发展中及转型经济体中的应用性，差别可能非常大"①。

根据IPCC（2007）的定义，减缓气候变化的"政策工具包括：规制与标准、税收与收费、可交易配额、自愿协议、补贴、金融激励、研发项目与信息工具等。其他比如可以影响贸易、外商直接投资、消费和社会发展目标的政策，也会影响温室气体排放"②。现实中的减缓政策必然是系列政策工具的组合。但是从发达国家的经验和现实来看，在主导性政策工具的选择问题上，即在到底是选择碳税还是碳排放交易作为主导性政策工具的问题，理论界、政策界已陷入争讼纷纭的局面。

一 碳税与碳交易的理论之争

目前，碳排放交易是世界范围内较多采用的减排政策工具。比如，欧盟已经建立起全球最大的碳排放交易体系（EU ETS），其他主要发达国家，包括美国、日本、加拿大、澳大利亚等国都正在或准备建立碳排放交易体系。相比之下，碳税的政策只被北欧几个国家采用，包括荷兰、挪威、丹麦、瑞典等。虽然发达国家普遍优先发展了碳交易政策，但是碳税和碳交易之间孰优孰劣，仍是存在激烈争议的重大理论问题。

哈佛大学著名环境经济学家斯塔文斯教授（Robert Stavins）代表了相当一批西方学者的观点，他们支持碳排放交易。斯塔文斯认为，对美国而言，碳排放交易体系是最节约成本的政策方案，特别是碳排放交易可以尽快与清洁发展机制对接，降低国内减排成本。而且在斯塔文斯看来，国际社会为了应对气候变化而在政府间进行大规模财政转移支付，在政治上是不可行的。通过国际碳市场在微观

---

① IPCC, "*Policies, Instruments and Co-operative Arrangements*", Working Group Ⅲ: Mitigation of Climate Change, IPCC Fourth Assessment Report, Chapter 13, "Climate Change 2007", Cambridge University Press, 2007.

② IPCC, "*Policies, Instruments and Co-operative Arrangements*", Working Group Ⅲ: Mitigation of Climate Change, IPCC Fourth Assessment Report, Chapter 13, "Climate Change 2007", Cambridge University Press, 2007.

主体之间进行交易，才是实现这一目标的现实手段①。英国著名经济学家尼古拉斯·斯特恩爵士（Nicholas Stern）也认为，"富国的政策应该尽全力关注碳交易，并将这种交易向国际贸易开放，同时富国应支持大力减排的目标，以便将价格维持在这样——既能鼓励国内减排又能刺激海外交易——的水平上"。而且他认为，全球排放贸易体系（Global Emission Trading）是未来全球气候制度的核心要素之一②。

但是，也有很多环境经济学家更倾向于碳税。比如，美国著名经济学家、耶鲁大学教授威廉·诺德豪斯（William Nordhaus）一直坚定支持碳税，并给出了五个方面的理由。①直接设定碳价格（即碳税政策）可以直接和气候科学及经济研究相联系，因此有利于实现环境目标。相比之下，数量型政策（碳排放交易）需要计算出稳定的大气温室气体浓度所对应的升温限度以及减排量，这样会增加困难和不确定性；②温室气体作为存量污染物，根据环境经济学研究，其规制更适合税收手段；③财政偏好强烈。通过税收手段能够获得资金，可以用于研发和投资；④高度波动的价格不利于企业决策，特别是技术研发；⑤既有制度为实现碳税作为减排政策工具提供保障，并不需要设计或引入新制度，而在碳排放交易方面，目前各国都还缺乏经验③。

一般认为，评价环境政策工具优劣存在诸多标准。比如，IPCC（2007）归纳了四个方面的标准：环境有效性、成本有效性、分配效应（包括公平）和制度可行性。其他更细微的标准还包括：对竞争力的影响以及管理可行性等。我们可以通过这些标准来对碳税和碳排放交易的优缺点进行一些比较分析。

首先，减排效果的确定性。碳排放交易政策是在确定排放总量限额的前提下进行交易的，首先需设定排放总量目标，通过排放配额的交易形成价格进而产生激励，因此被称为"数量型手段"。相比之下，碳税是通过确定碳排放的价格来

① Stavins，R.，"Addressing Climate Change with a Comprehensive U. S. Cap-and-Trade System"，*Oxford Review of Economic Policy*，2008，24（2），pp. 298 – 321；Stavins，R.，"Policy Instruments for Climate Change：How Can National Governments Address a Global Problem?"，*The University of Chicago Legal Forum*，1997，pp. 293 – 329.

② 尼古拉斯·斯特恩：《气候变化经济学》，载《全球大变暖》，社会科学文献出版社，2010，第120页；Stern，N.，"The Economics of Climate Change：The Stern Review"，Part 4，5，2007。

③ 〔美〕威廉·诺德豪斯：《均衡问题：全球变暖的政策选择》，王少国译，社会科学文献出版社，2011。

对减排形成激励的，最终减排的数量是不确定的，因此也被称为"价格型手段"。

其次，从环境有效性方面来看，环境经济学认为，考虑到气候变化问题的特征，碳税是比排放交易更优的政策工具。一般认为，税收和排放权交易政策在环境有效性和成本有效性方面是等价的，最终都是在边际减排成本等于边际减排收益之时形成污染排放数量和价格的均衡的。不过，考虑到污染物的特征之后，结论会存在一些变化。气候变化问题具有全球性、长期性和不确定性等特征。温室气体是存量污染物，累积的二氧化碳等温室气体造成了气候变化，并且在大气中一直存在几百年。全球气候变化表现为存量的外部性，其损害是排放累积总量（并非排放流量）的函数。对于存量污染物，应该在动态模型中进行分析，考虑衰减率、折现率等与时间相关的因子。基于对温室气体这些污染物性质的研究，主流环境经济学家发现，碳税是一种相比排放交易更优的气候规制政策①。

再次，分配问题。相比于碳税，在碳排放交易体系下，可以实现预期的分配效果。许可证的初始分配，为改善资源的分配提供了一个独特的机会，同时又不失减排的成效②。为此，《斯特恩报告》总结说："排放交易机制的主要优势是，它们使得效率与公平可以分别得到考虑。"碳税的分配效果更不确定，主要取决于碳税的税收收入，其设计也相对复杂得多。当然，碳税的税收收入也可以用于补贴弱势群体和支持开发低碳技术。如果在征收碳税的同时，减免其他造成经济扭曲的税种，从而保持经济中的总体税负规模不变，就可以实现碳税的税收中性。这会形成所谓的"双倍红利"效应：既改善环境，又提高经济效益。

最后，不同政策推动技术进步的效果有差异。在碳税体系下，稳定的碳价格

① Hoel, M. and Karp, L. "Taxes versus Quotas for a Stock Pollutant", Working paper, University of Oslo and University of California at Berkeley, 1998; Hoel, M. and Karp, L. "Taxes and Quotas for a Stock Pollutant with Multiplicative Uncertainty", *Journal of Public Economics*, 2001, 82 (1), 91 - 114; Hoel, M. and Karp, L. "Taxes versus Quotas for a Stock Pollutant", *Resource and Energy Economics*, 2002, 24 (4), pp. 367 - 384. Newell, R. G. and W. A. Pizer, "Regulating Stock Externalities under Uncertainty", *Journal of Environmental Economics and Management*, 2003, 45 (2), pp. 416 - 432. 一个较为通俗的介绍见谢来辉：《碳交易还是碳税？理论与政策》，《金融评论》2011 年第 6 期。

② 〔美〕埃里克·波斯纳、戴维·韦斯巴赫：《气候变化的正义》，李智、张键译，社会科学文献出版社，2011。

有利于为低碳能源和技术研发提供持续的激励；而碳排放交易可能导致剧烈的碳价波动，不利于发展低碳能源和技术。美国经济学家阿西莫格鲁与阿洪等最新的经济研究认为，税收与研发补贴相结合，是推动内生型的经济增长和技术进步的政策工具①。作为一个经济大国和排放大国，中国不大可能指望从西方发达国家获得国际技术转让，来实现低碳技术的大规模发展和应用。因此，从长期战略及发展低碳技术的角度来考虑政策工具的选择，也非常有必要。

二　减排政策工具选择的中国困境

中国在"十一五"时期开展节能减排工作，是先确定目标，再"边走边看"探索减排政策。在这个过程中产生了很多政策创新，出现了很多有特色的减排政策，有力推动了节能减排目标的实现。但是总的来说，中国目前的节能减排政策主要以行政法律手段为主。其中大概可以归纳为以下几类。①责任制。相关行政领导或企业负责人签订减排目标承诺书，在终期接受行政考核和问责；②强制制裁，即对于一些高排放、高污染的小企业予以"关停并转"；③综合性规划。开展区域性试点，设立实验区，尤其进行循环经济和低碳城市试点等；④经济激励类政策，比如财政转移支付、补贴新能源开发；对企业开展绿色金融，绿色信贷；⑤设定节能和低碳的技术标准，以及进行相关产品和技术认证。

但与此同时，"十一五"时期的节能减排政策也暴露出了过度依赖行政手段的问题。这被普遍认为导致了不利后果，比如，行政成本高，执行效果稳定性较差，灵活性不足等。此外，还存在严重的市场扭曲和信息不对称的问题。IPCC（2007）也强调，行政规制与标准只适用于"存在信息或其他障碍阻碍企业和消费者对价格信号作出反应"②时。

因此，考虑发展更加灵活和具有成本有效性的环境经济政策，已成为社会各界广泛呼吁的方向。在2006年4月召开的第六次环保大会上，温家宝总理第一次提出环保要实现"三个转变"，其中之一是"从主要用行政办法保护环境转变

---

① Acemoglu, D., P. Aghion, L. Bursztyn and D. Hemous, "The Environment and Directed Technical Change", *American Economic Review*, 2012, 102 (1), pp. 131 – 166.

② IPCC, "*Policies, Instruments and Co-operative Arrangements*", Working Group Ⅲ: Mitigation of Climate Change, IPCC Fourth Assessment Report, Chapter 13, Climate Change 2007.

为综合运用法律、经济、技术和必要的行政手段来解决环境问题"。财政部财政科学研究所课题组建议,中国应该在资源税改革后的 1~3 年内(预计为 2012~2013 年左右)开征碳税。"十二五"规划建议明确提出"开征环境保护税"。据有关报道,由财政部、国家税务总局和环保部三部委拟定的环境税方案已成型,其中针对的污染物类型,包括二氧化硫、废水和固体废物在内的三种污染物以及二氧化碳;建议二氧化碳的税率为 10 元/吨,在税款的归属方面明确提出归属地方收入①。全国人大财经委员会已经建议相关部委抓紧环境税法的论证评估工作,适时提出立法建议②。

另外,中国也在积极探索发展碳排放交易市场。比如,国家"十二五"规划中强调,要"探索建立低碳产品标准、标识和认证制度,建立完善温室气体排放统计核算制度,逐步建立碳排放交易市场,推进低碳试点示范"。

碳税和碳排放交易都属于基于市场的环境经济政策。理论上二者之间并无必然的冲突,但是在现实中哪个应该作为中国主导性减排政策而予以优先发展的问题上,则存在一定的冲突。发达国家基于自身的情况大多选择了碳排放交易制度,并因为他们在世界经济中的优势地位而对其他后发国家形成了约束条件。在这样的背景下,我们考虑中国减排政策工具的选择问题时,至少应该从以下几方面考虑。

第一,减排效果和竞争力问题。中国的能源生产企业、能源密集型产业和用能大户,基本上都是国有企业,其投资决策对投入的价格信号相对较不敏感,特别是中国的电力、石油、煤炭、交通等高排放产业,均属于需求弹性较小的产业;同时又由于它们属于国家垄断市场,所以这些产业可以较为容易地将税负转嫁给消费者。因此,价格型政策的结果很可能是无法达到减排的目标,而是抬高能源价格和增加消费者负担,同时造成物价上涨和国际竞争力下降等不良后果③。

第二,对收入分配问题的影响。作为发展中国家,中国存在明显的区域差异过大的问题。东、中、西部在经济发展方面存在巨大的差异,而能源开发产业主

① 王尔德、左青林、王旭燕:《环境税拟定四税种,税率引发争议》,《21 世纪经济报道》2010 年 12 月 10 日。
② 《财政部同意适时开征环境税,将展开论证工作》,《法制晚报》2011 年 12 月 12 日。
③ 曹荣湘:《中国节能减排:征税还是部门总量控制与交易》,《阅江学刊》2011 年第 6 期。

要集中于经济欠发达的中西部地区，能源消费则更多地集中在东部沿海地区。如果地区间差距太大，那么在征收碳税的情况下，区域间的灵活性似乎也不容易实现。此外，在现有的关于碳税的研究成果中，包括财政部课题组的研究成果，无一例外都认为碳税是累退性的，对低收入群体的影响要大于高收入群体，对农村的影响要大于城市，对中西部的影响要大于东部。

与此相关的另一个问题是，碳排放交易往往会对新设立的企业构成歧视，因为初始分配排放信用额只针对现有的企业，甚至是根据"祖父原则"基于历史排放水平发放。相比之下，碳税更具有公平性，因为企业面对的都是相同的碳价。而且在一个发展中的经济体中，企业拥有不断发展的需要，可能也只会囤积，而不是出售多余的减排信用额，从而会造成需求大于供给的局面。

第三，碳税要发挥效果需要较长的时间，但是在现实中迫切需要实施立竿见影的政策。目前，中国的资源税改革一直没有取得突破性进展，中国的其他环境税收也未启动。征收碳税需要立法，需要等待适当的时间窗口，这显然是一个重要的问题。而且，碳税税率的调整需要一个渐进的过程。如果税率太低，则不能有效调控经济和实现环境目标；如果税率太高，则容易伤害企业，容易引起抵制。双倍红利能否实现仍是个问题，更多细节仍有待设计。相比之下，碳排放交易政策较容易进入具体实施阶段。

第四，碳排放交易在政治方面具有与国际潮流接轨的特征，因此政治阻力比碳税小。与很多西方发达国家在具有能源税相关基础上开展碳排放交易不同，在中国，碳税和碳排放交易几乎是同步开始考虑引进的新型政策工具。因此，虽然一般理论上认为碳税在管理上更易操作，但是从政治层面来说，学习国际先进的碳交易政策，更容易取得合法性。更重要的是，碳排放交易具有创造市场的特征，企业的抵制是双面的，既会因为出售排放权而获利，也会因为许可证限制而不得不购买不足的排放权。同时，碳排放交易对社会的影响不大。但是，征收碳税则要面对企业和社会的双重压力，在政治上需要更大的决心和智慧。

随着主要发达国家都在积极发展碳市场，市场将成为国际社会应对气候变化的主导手段，这将对发展中国家产生重要影响，对于未来国际气候制度的走向也极为关键。发达国家很多学者和政策分析家推崇碳排放交易并推动发展中国家的参与，其中的一个主要理由是看重这种工具便于获得国内政治支持。作为《京都议定书》的灵活机制之一，清洁发展机制已经把碳排放权交易政策的种子带到了全球。发达国家先后选择碳排放交易制度，对发展中国家形成重要的示范效应。目前存在一个明显的趋势，即发达国家正在积极推动碳排放交易制度的全球化。在坎昆会议期间，世界银行行长佐利克宣布，将建立筹集目标为 1 亿美元的"市场准备伙伴基金"（The Partnership for Market Readiness），目的是为了加强各国（尤其是发展中国家）国内碳交易体系的建设能力。该基金希望把发达国家和发展中国家联系在一起，发达国家向发展中国家赠款，帮助发展中国家建立国内交易体系和利用其他市场手段实现国家的减排目标。

三　构建一个通往 2050 年的中国特色减碳政策体系

选择适当的减排政策工具，不仅有利于中国加快经济发展方式的转变，也有利于中国在保障顺利实现减排目标的同时维持自主性和灵活性。因此在这个过程中，既要根据中国经济发展和节能减排的现实需要和背景，也应该结合中国在国际气候谈判的进展情况，来进行综合考虑。

探索构建中国特色的减排政策体系，已经迫在眉睫。《"十二五"节能减排综合性工作方案》提出，要形成政府为主导、企业为主体、市场有效驱动、全社会共同参与的推进节能减排工作格局。根据这一目标，我们认为中国未来发展减排政策的基本路线应该为：行政手段逐渐退出，市场化改革不断推进，最终在国民经济中形成以稳定的碳价格为核心的减排政策体系。

在这里，我们尝试提出构建中国特色减排政策体系的一个路线图。我们认为，可以采取"分步走"的方式，将这一体系发展的过程大概分为以下三个阶段。

（一）在 2020 年以前，以构建自愿碳交易体系为中心，配以其他法律行政手段，同时加快碳税研究和立法

2009 年哥本哈根会议召开前，中国政府宣布了到 2020 年单位国内生产总值温室气体排放比 2005 年下降 40% ~ 45% 的行动目标，并作为约束性指标纳入国民经济和社会发展中长期规划。而根据 2011 年德班会议达成的谈判路线图，将在 2015 年达成一个对包括中国在内的主要排放大国形成有约束力的减排协议。这意味着 2020 年以前的这段时间，极可能是中国仅剩的不用承担强制性减排义

务的战略机遇期。在此阶段，中国的减排政策主要应与中国经济增长方式转变的需要相适应，使中国经济整体逐步适应进入低碳发展的轨道，为 2020 年之后承担强制性减排义务做好准备。

在这个阶段，发展碳交易市场似乎是中国的主要政策方向。《"十二五"节能减排综合性工作方案》提出，要"开展碳排放交易试点，建立自愿减排机制，推进碳排放权交易市场建设"。2011 年 11 月发布的《中国应对气候变化的政策与行动白皮书》提出，作为"十二五"期间中国将重点推进应对气候变化的相关工作的 11 个方面之一，中国将"逐步建立碳排放交易市场"。具体来说，中国将"借鉴国际碳排放交易市场建设经验，结合中国国情，逐步推进碳排放交易市场建设。通过规范自愿减排交易和排放权交易试点，完善碳排放交易价格形成机制，逐步建立跨省区的碳排放权交易体系，充分发挥市场机制在优化资源配置上的基础性作用，以最小化成本实现温室气体排放控制目标"。

因此，在这个阶段，"十一五"时期的行政命令手段预期仍将发挥主导作用，但是自愿性碳交易很可能将明显提高其实施的灵活性。目前国内已经开始积极建立国内自愿交易市场。各地方政府和大型国有企业，将可以参与企业间市场和区域间的碳交易市场，可望以较低的成本完成节能减排目标。通过形成碳交易市场，可以促进相关服务业的发展，建立配套制度，培养人才。同时，中国也应该加强补贴低碳能源的开发，并支持低碳技术的研发。

在此阶段，同样没有承担强制性减排义务的美国的减排政策，应该成为中国发展政策的重要参照点。在适当的条件下，中国也可以发展出类似美国"区域温室气体减排行动"（RGGI）的体系。

相比之下，碳税在"十二五"规划中与能源环境相关的主要文件中并没有被提及。但是，中国社会科学院 2011 年发布的《经济蓝皮书春季号》曾指出，中国要完成 2020 年的节能减排目标，必须采用包括构建环境税收体系在内的多种措施。我们也认为，应该抓住时机，出台着眼于 2020 年后的碳税政策，特别是在"十二五"时期加快完成资源税，特别是燃油税的改革工作。

（二）2020～2030 年，选择试点尝试开征碳税，构建全国性的、完整统一的碳交易体系

根据德班会议达成的协议，进入 2020 年之后的这个阶段，中国可能需要开

始承担强制性减排义务。为此中国有必要给经济提供稳定的价格信号，积极推动减排。此前发展的自愿性碳交易市场也应该能够为设定合适的碳税税率提供合适的参考。在此阶段，碳排放交易的规模和范围应该进一步加强，在重点行业实现总量控制，并覆盖主要排放源。我们还认为，在此阶段，碳税和碳交易应该同步运行，相互补充，同时逐步突出碳税的作用。行政命令式手段应该进一步弱化，转向重点加强建立以技术标准认证、绿色金融为主的行政法律手段。

（三）2030～2050 年，全面开征碳税，配以绿色金融等手段

据估计，中国的碳排放总量将在 2030 年左右达到顶峰。为此，2030 年之后中国削减排放的力度应该加强。在此阶段，中国的减排政策应该确立碳税的核心地位，加强建立配有"安全阀"的碳排放交易的混合体制。在此阶段，行政命令手段应该只限于低碳产品和技术标准及认证领域，政府工作的重点应该是积极完善以低碳补贴（碳税收入使用）和绿色信贷为核心内容的绿色金融。

总之，无论从理论还是现实中看，各种减排政策工具都各有重要的优缺点。在这里，我们讨论的人口政策、发展碳汇等政策，尽管事实上它们已经构成中国特色减排政策体系中非常突出的内容，未来也将继续扮演重要角色，但本文希望强调的是，从长期来看，碳税（而不是碳排放交易）才是更有效率的减排政策手段。在应对气候变化问题上，与西方发达国家相比，中国在许多方面都具有体制上的优势。根据吉登斯的"保障型国家"的概念和观点，在气候变化问题上，要克服市场失灵和利益集团集聚的不足，政府必须更多地发挥主导性的作用①。因此，这对于中国构建具有自身特色的减碳政策体系和有效应对气候变化至关重要。

---

① 〔英〕安东尼·吉登斯：《气候变化的政治》，曹荣湘译，社会科学文献出版社，2009。

中国风能太阳能资源及其开发潜力

朱 蓉*

摘 要：本文介绍了中国风能、太阳能开发利用现状和存在的问题；分析了中国风能、太阳能资源的储量、空间分布以及开发成本；明确了风能太阳能资源不会成为风能、太阳能开发利用的限制因素；最后介绍了固定电价、费用分摊、发展智能电网、分散式接入和中国风能、太阳能开发利用的政策保障措施。

关键词：风能资源 太阳能资源 并网 分散式开发 电价 成本

一 中国风能太阳能资源开发利用现状

在节能减排、减缓气候变化的背景下，世界各国都把开发利用可再生能源作为减少化石能源消费、应对气候变化的重要措施。2011 年全球可再生能源发电已占电力消耗的 50%，风电和光伏发电分别占可再生能源发电的 40% 和 30%[1]，其次是水电 25%。截至 2011 年年底，全球可再生能源装机总量超过了 1360GW，比 2010 年增长 8%。从 2006 年年底到 2011 年，光伏发电是所有可再生能源开发技术中发展最快的，装机容量平均每年增长 58%，其次是集中式太阳能热利用平均每年增长 37%，风电装机平均每年增长 26%。一些发达国家制定了明确的可再生能源发展目标，如欧盟提出到 2020 年可再生能源消费要达到能源消费总量的 20%；西班牙 2011～2020 年计划可再生能源消费量将占总能源消费量的

---

* 朱蓉，中国气象局风能太阳能资源中心研究员，研究领域为风能太阳能资源数值模拟评估与预报以及大气环境影响评估等。

[1] Renewable Energy Policy Network for the 21st Century, Renewables 2012, Global Status Report, http://www.ren21.net.

22.7%，清洁能源发电量占总发电量的42.3%，略微领先于欧盟的目标；丹麦已明确提出到2050年要完全摆脱对化石能源的依赖。因此，今后20～50年将是能源转型的重要时期。

近10年来，随着国民经济的快速发展，中国能源消费量逐年增长（见图1）。《BP世界能源统计年鉴2012》的统计结果显示[①]，2011年中国一次性能源消费量达到27.5亿吨油当量，占全球一次性能源消费总量的22.4%；2011年中国可再生能源消费量达到1.8亿吨油当量，占全球可再生能源消费总量的17.9%。自2005年2月《中华人民共和国可再生能源法》颁布以来，可再生能源开发利用快速发展。截至2011年年底，中国可再生能源装机容量居世界之首，达到282GW，其中非水电可再生能源占1/4（70GW）。在2011年90GW的新增电力中，可再生能源占1/3，非水电可再生能源占1/5。中国可再生能源发展的"十二五"规划目标为：到2015年，风电将达到1亿千瓦，年发电量1900亿千瓦时，其中海上风电500万千瓦；太阳能发电将达到1500万千瓦，年发电量200亿千瓦时；加上生物质能、太阳能热利用以及核电等，2015年非化石能源开发总量将达到4.8亿吨标准煤。

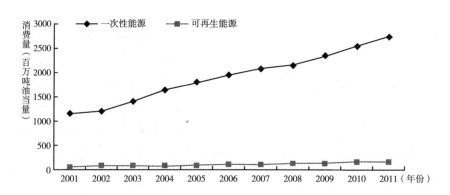

图1　中国2001～2011年一次能源消费和可再生能源消费

资料来源：根据《BP世界能源统计年鉴2012》中的统计数据制作。

（一）风能开发现状

2001～2011年，中国风电装机由38万千瓦增加到6236万千瓦（不包括台湾

---

① BP Statistical Review of World Energy June 2012，http：//bp. com/statisticalreview.

地区），累计安装风电机组 45894 台，居全球风电累计装机容量第一位，也是
2011 年风电新增装机容量最多的国家（见图 2），之后依次是美国、德国、西班
牙等（见图 3）。内蒙古自治区 2011 年累计风电装机容量 1759 万千瓦，占全国
累计总装机容量的 28%，遥遥领先于其他省份，内蒙古、河北和辽宁的累积装
机容量占全国的 45.3%[1]（见图 4）。在当前和今后一段时期内，中国风电开发
以陆上集中风电场为主，积极推进海上风电场示范项目建设，并探讨开展分散式
并网风电项目[2]。2010 年，中国首个千万千瓦级风电基地一期建设项目在甘肃酒
泉竣工，装机容量 536 万千瓦，后续还将建立内蒙古东部、内蒙古西部、河北坝
上、新疆哈密、吉林西部、江苏和山东七个千万千瓦级风电基地。同样是 2010 年，
中国首个海上风电场——上海东海大桥 10 万千瓦海上风电项目正式建成投运；100
万千瓦海上风电特许权项目完成招标，标志着中国海上风电建设正式启动。

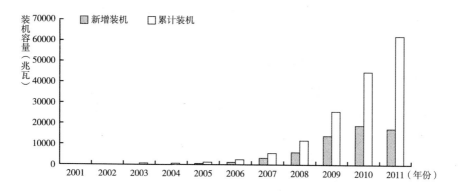

图 2　2001～2011 年中国新增和累计风电装机容量变化

资料来源：中国风能协会《2011 年中国风电装机容量统计》。

目前，中国风电并网和消纳正逐步成为制约风电开发的最主要因素。由于
风电开发高度集中在"三北"地区，风电和电网建设不同步，当地负荷水平
低，灵活调节电源少，跨省跨区市场不成熟等原因，"三北"地区的风电并网
瓶颈和市场消纳问题已开始暴露出来，弃风现象比较突出。为此，国家能源局
要求高度重视风电场运行管理工作，通过开展风电场功率预测预报、提高风机

---

① 中国风能协会统计资料。
② 国家发改委能源研究所和 IEA：《中国风电发展路线图 2050》。

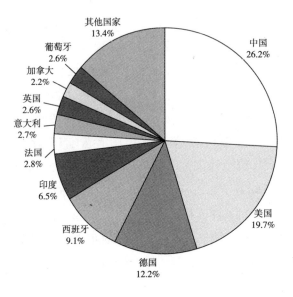

图3　截至2011年全球风电累计装机前10名统计结果

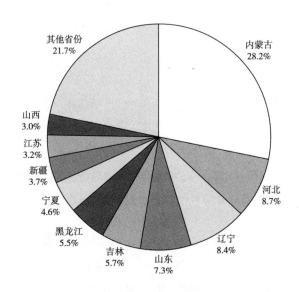

图4　截至2011年全国风电累计装机前10名统计结果

资料来源：根据中国风能协会《2011年中国风电装机容量统计》和《中国风电发展报告2011》的统计数据制作。

技术水平、加强需求侧管理、开展风电供热或储能等多种措施，积极开拓风电市场，提高风能利用率。

（二）太阳能资源开发利用现状

在可再生能源中，太阳能取之不尽、清洁安全，是理想的可再生能源。中国有 60% 已通电的县严重缺电，光伏市场潜力巨大。2001 年以来，全球光伏发电新增容量持续、快速增长[①]（见图 5）。2011 年，全球光伏并网发电是 2001 年的近 38 倍，达到 27.7GW，其中 21GW 是欧洲国家的贡献。累计光伏发电装机容量排名为：德国最高，2470 万千瓦；意大利第二，1250 万千瓦；美国与西班牙并列第四，420 万千瓦；中国第六，290 万千瓦（见图 6）。2011 年全球光伏发电新增并网及容量排名为：意大利第一，900 万千瓦；德国第二，750 万千瓦；中国第三，200 万千瓦；美国第四，160 万千瓦（见图 7）。

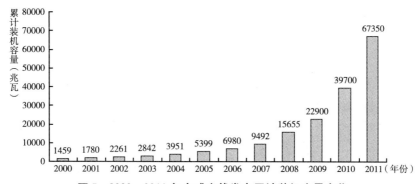

图 5 2000～2011 年全球光伏发电累计装机容量变化

资料来源：欧洲光伏产业协会 EPIA，*Market Report 2011*。

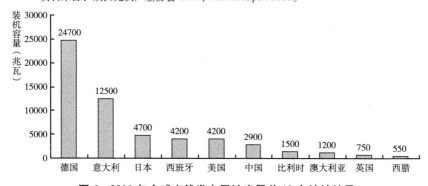

图 6 2011 年全球光伏发电累计容量前 10 名统计结果

---

① 欧洲光伏产业协会 EPIA，*Market Report 2011*，http：//www.epia.org/fileadmin/EPIA_docs/public/EPIA-market-report-2011.pdf。

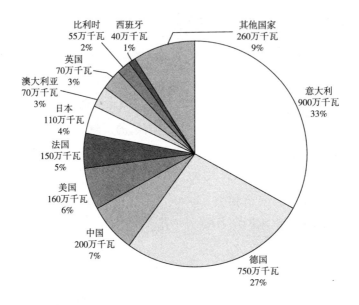

图7 2011年全球光伏发电新增并网及容量前10名统计结果

资料来源：根据欧洲光伏产业协会 EPIA，*Market Report 2011* 的统计数据制作。

经过多年努力，中国已形成了较完整的太阳能光伏制造产业体系，但技术与市场仍然主要依赖国外的状况并未有大的改变；受全球金融危机的影响，国际贸易保护主义抬头，光伏产品主要依赖国际市场的状况难以持续。

目前，虽然光伏发电的发展势头迅猛，但其未来仍可能要受到电网的制约。太阳能光热发电由于具有储能优势，可以作为火电等传统化石能源的替代能源。截至 2011 年年底，全球已经运行的光热电站达 1700 多兆瓦。但中国的光热发电利用还处于初级阶段，严格意义上讲，目前还没有正在运行的光热电站。中国第一个太阳能热发电工程项目——鄂尔多斯 50 兆瓦槽式太阳能热发电电站，已完成特许权示范招标，项目采用槽式太阳能热发电技术，计划总投资 16 亿元，年发电 1.2 亿度。2011 年 12 月出台的《国家能源科技"十二五"规划》提出，推进规模化太阳能热发电技术向可承担基础负荷方向发展，2015 年实现规模化电站年发电效率不低于 15%、发电成本降至 1.5 元/千瓦时、每天可连续发电 12 小时、发电期间负荷变化率小于 5% 的经济与技术指标。此外，明确了国内要建设大规模太阳能热发电示范工程的目标。

二　中国风能太阳能资源分布和开发潜力

在气候资源开发利用领域，一般采用资源总量、技术开发量和经济开发量来度量资源潜力。对风能和太阳能资源来说，资源总量是指在一定区域范围内，根据风速或太阳辐射的分布直接通过理论计算得到的能量；技术开发量指在理论总量基础上，扣除计算区域范围内由于地形坡度、水体、城市和自然生态保护区等不可开发利用的区域面积之后得到的能量；经济开发量指在当前的技术、经济和政策条件下可开发利用的资源总量。

（一）风能资源分布和开发潜力

2007～2011年，中国气象局组建了遍布31个省市自治区、拥有400座测风塔的全国风能资源专业观测网，并在此基础上根据历史气象观测资料，采用数值模拟和GIS空间分析技术对中国风能资源进行了新一轮的详查。最新成果表明，中国陆地风能资源丰富区主要分布在东北、内蒙古、华北北部、甘肃酒泉和新疆北部；青藏高原、云贵高原、东南沿海风能资源较丰富；风能资源匮乏区主要分布在青藏高原东侧的四川盆地、新疆塔里木盆地和准噶尔盆地、西藏林芝南部、云南西南部和福建内陆地区（见图8）。全国陆地50米、70米、100米高度层的风能资源技术开发量（年平均风功率密度≥300瓦/平方米）分别为20亿千瓦、26亿千瓦和34亿千瓦。以70米高度为例，内蒙古自治区风能资源技术开发量最大，约为15亿千瓦；其次是新疆和甘肃，分别为4亿千瓦和2.4亿千瓦；黑龙江、吉林、辽宁、河北等陆地省份以及山东、江苏、福建等沿海区域省份的风能技术开发量也比较大，适宜建设大型风电基地；而内陆其他各省份的可开发风能资源主要分布在山脊或台地上，适宜分散开发。

近海风能资源数值模拟结果表明（见图9），台湾海峡风能资源最丰富，其次是广东东部、浙江近海和渤海湾中北部，相对来说近海风能资源较少的区域分布在北部湾、海南岛西北、我国南部和东南部的近海海域。虽然台湾海峡近海风能资源最为丰富，但5～50米水深面积小，风能开发难度大。此外，江苏省近海5～50米水深面积较大，其风能资源较其他省份近海要小，但也能达到风电开发标准。从风能资源和水深条件来看，渤海湾最适宜开发近海风能资源。渤海湾水

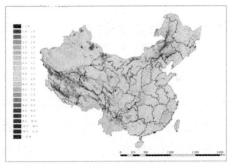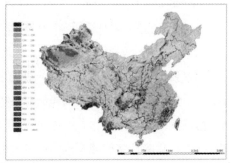

**图8 全国水平分辨率 1km×1km、70m 高度上年平均风速（左）和
风功率密度（右）分布**

资料来源：中国气象局风能太阳能中心提供。

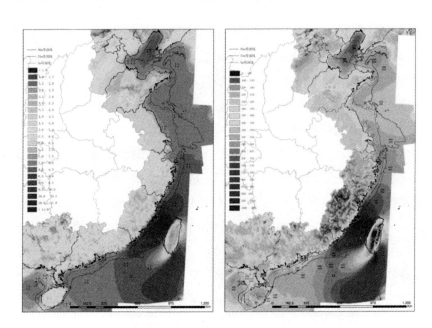

**图9 中国近海水平分辨率 1km×1km、100m 高度上年平均风速（左）和
风功率密度（右）分布**

资料来源：中国气象局风能太阳能中心提供。

深均小于50米，而且5～25米水深面积在一半以上，风能资源也很丰富，年平
均风速约8.0～8.5米/秒，年平均风功率密度约650～700瓦/平方米。考虑年风
功率密度大于等于300瓦/平方米的近海海域，假设装机5兆瓦/平方公里，同时

还采用国家能源局能源研究所的分析结果，认为中国近海50千米范围内只有20%的面积可以用于风能资源开发，最终得到中国5～50米水深范围内，风资源技术开发量约为5.12亿千瓦。

总之，中国风能资源丰富，陆地70米高度风能资源总量59亿千瓦，技术开发量26亿千瓦，其中不包括青藏高原；近海水深5～50米范围内、距海面100米高度风能资源总量25亿千瓦，技术开发量5亿千瓦（见表1）。到目前为止，虽然还没有完成全国风能资源经济开发量的分析计算，但是，从风能资源总量和可利用的土地、海域面积考虑，在现有的风电技术条件下，中国风能资源足够支撑10亿千瓦以上的风电装机。风能资源不会成为制约中国风电发展的因素，风电可以成为未来能源和电力结构中的一个重要的组成部分。

表1 中国陆地和近海风能资源总量和技术开发量

单位：亿千瓦

地　　区	资源总量	技术开发量
中国陆地(不包括青藏高原,70米高度)	59	26
中国近海(水深5～50米,100米高度)	25	5

资料来源：中国气象局风能太阳能中心提供。

影响风电成本的主要因素有：风能资源条件、风电机组技术和成本、风电场运行管理技术和成本等。国家发改委能源研究所《中国风电发展路线图2050》的分析显示，在目前的技术水平下，不考虑风电的远距离输送成本且不计算风电的资源、环境效益，风电电价高出煤电0.20～0.25元/千瓦时；如果考虑风电替代煤电的资源、环境效益，则风电的成本将与煤电的成本相当；如果再考虑风电并网和消纳以及远距离输送造成的输电成本增加的情况，不同地区风电总成本的差异会很显著，大约为0.05～0.3元/千瓦时。预计到2020年前后，即使不考虑出台化石能源资源税（或环境税、碳税等）的可能性，风电的成本和价格也将与煤电成本和价格持平；而2020年后，在不考虑风电消纳和远距离输送的情况下，风电价格低于煤电的价格。

《中国风电发展路线图2050》中计算了6个陆上和1个海上千万千瓦级风电基地2020年和2030年的风电供应曲线（见图10、图11），计算方法是：用年发电量、内部收益率和单位装机成本等数据计算出风电上网电价（还本付息电价）；全成本电价的定义为上网电价与当地接入成本和跨省区输电成本之和；利用地理信息系统（GIS），根据地形地貌特征、地面观测和卫星遥感数据，以及电网分布等资料，结合经济评价分析，计算每平方千米的网格单元还本付息电价和实际可装机容量，进而绘制出七大风电基地的风电供应曲线（GSC）。根据风电供应曲线可以看出，内蒙古西部风能资源可开发量最大，且地形平坦，风电开发条件好，开发成本较低；江苏海上风电开发成本明显偏高，风能资源可开发量最小。在目前的风资源评估和风电技术水平条件下，如果将最高上网电价水平控制在0.55元/千瓦时以内（或者风电全成本电价控制在0.7元/千瓦时以内），仅这七大基地的风电经济开发量就可以达到7亿千瓦的装机水平。

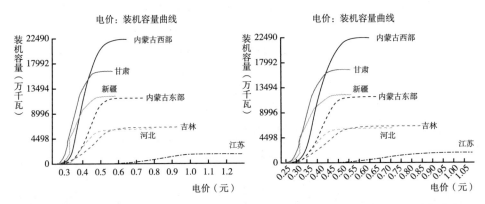

图10　2020年（左）和2030年（右）七大风电基地供应曲线（不含接入和输电成本）

资料来源：国家发改委能源研究所和国际能源学会 IEA：《中国风电发展路线图2050》。

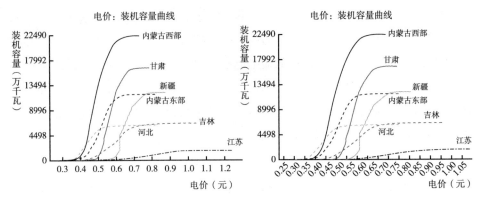

图11　2020年（左）和2030年（右）七大风电基地供应曲线（含接入和输电成本）

资料来源：国家发改委能源研究所和国际能源学会 IEA：《中国风电发展路线图2050》。

2020 年预计风电累计装机容量达到 2 亿千瓦，在不考虑跨省区输电成本的条件下，使风电的成本达到与常规能源发电（煤电）成本持平的水平，占电力总装机容量的11%，风电电量满足 5% 的电力需求。2030 年风电的累计装机容量超过 4 亿千瓦，在全国发电量中的比例达到8.4%，在电源结果中的比例扩大至15% 左右，在满足电力需求、改善能源结构、支持国民经济和社会发展中的作用日益加强。到 2050 年，风电可以为全国提供17% 左右的电量，风电累计装机容量达到 10 亿千瓦，在电源结构中约占26%；风电成为中国主力电源之一，并在工业等其他领域内有广泛应用。根据上述风电发展战略目标，到 2050 年中国风电累计投资将达到12 万亿（见表2）。

表 2 中国风电预期投资（2010 年不变价格）

项 目 年 份		2010	2020	2030	2050
电价(元/千瓦时)(不考虑远距离输电和储能成本)	陆上	0.57	0.51	0.48	0.45
	近海	0.77～0.98	0.77	0.6	0.54
	远海		>2	2	1
当年总投资(亿元)		1234	1459	2982	4276
累计总投资(亿元)		3131	17726	38338	120962

资料来源：国家发改委能源研究所和国际能源学会 IEA《中国风电发展路线图 2050》。

2006 年后，国家对风电实行了分区域的固定电价制度，并规定风电上网电价高出脱硫燃煤标杆电价的部分，由可再生能源电价附加或可再生能源发展基金支付。此外，根据风电场与已有输电线路距离长短，确定了 0.01～0.03 元/千瓦时的风电并网补贴标准。2020 年前后，陆上风电上网电价将达到与脱硫燃煤标杆电价持平的水平。根据目前的政策，风电需要的上网电价补贴将在未来十年内先逐渐上升，再逐渐下降，在 2015 年前后达到峰值。在这种情景下，2011～2020 年风电上网电价补贴累计需要 2100 多亿元（见图12）。

从温室气体减排角度看，2020 年、2030 年、2050 年风电发展到 2 亿千瓦、4 亿千瓦、10 亿千瓦的装机规模时，预计年煤电排放系数分别为751 克/千瓦时、727 克/千瓦时、704 克/千瓦时，则当年二氧化碳减排量将分别达到 3 亿吨、6 亿吨和 15 亿吨，实现年减少二氧化硫排放 110 万吨、220 万吨和 560 万吨。

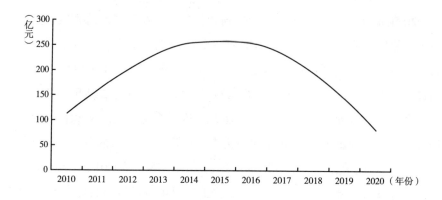

图 12　风电电价补贴所需费用预期

资料来源：国家发改委能源研究所和国际能源学会 IEA《中国风电发展路线图 2050》。

（二）太阳能资源分布和开发潜力

中国太阳能资源调查工作起步较晚，目前获得的资源开发潜力分析结果尚停留在资源总量上。2010 年中国气象局完成的全国太阳能资源评估表明，中国的总辐射年总量自西北到东南呈先增加再减少然后又增加的趋势，总的来说西部多于东部、高原大于平原、内陆大于沿海、干燥区大于湿润区（见图 13）。全国平均的总辐射年总量约为 1500 千瓦时/平方米，绝大部分（98% 以上）地区的总辐射年总量都在 1000 千瓦时/平方米以上，另有约 3% 的地区达到 2000 千瓦时/平方米以上。西藏南部和青海格尔木地区是中国水平面总辐射的两个高值中心，极大值出现在西藏南部，为 2140 千瓦时/平方米；重庆地区是中国水平面总辐射的低值中心，极小值为 905 千瓦时/平方米。表 3 给出了中国四个太阳能资源总量等级分布的主要地区及其所占的国土面积，其中"很丰富带"面积最大，"最丰富带"和"较丰富带"基本相当，而一般带仅占国土面积的 3.3%。也就是说，从资源总量的角度而言，中国绝大部分地区都适合太阳能的开发利用。

水平面直接辐射反映光伏发电可利用的太阳能资源，图 14 给出了中国 1961～2008 年平均的水平面直接辐射年总量的空间分布。从图 14 中可以看出，中国水平面直接辐射年总量的空间分布特征与总辐射比较一致，全国平均值约为 670 千瓦时/平方米。自西向东的分布特征为：新疆绝大部分地区在 1000 千瓦时/平方米以下，其中塔克拉玛干沙漠腹地低至 600 千瓦时/平方米左右；内蒙古中西部、

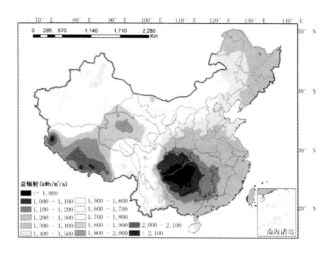

图 13　中国 1961～2008 年平均的总辐射年总量的空间分布

资料来源：中国气象局风能太阳能中心提供。

表 3　中国太阳能资源的总量等级

名　称	年总量域值（MJ/m²）	年总量域值（kW·h/m²）	年平均辐照度域值（w/m²）	占国土面积（%）	主要地区
最丰富带	≥6300	≥1750	约≥200	约22.8	内蒙古额济纳旗以西、甘肃酒泉以西、青海100°E 以西大部分地区、西藏94°E 以西大部分地区、新疆东部边缘地区、四川甘孜部分地区
很丰富带	5040～6300	1400～1750	约160～200	约44.0	新疆大部分地区、内蒙古额济纳旗以东大部分地区、黑龙江西部、吉林西部、辽宁西部、河北大部分地区、北京、天津、山东东部、山西大部分地区、陕西北部、宁夏、甘肃酒泉以东大部分地区、青海东部边缘、西藏94°E 以东、四川中西部、云南大部分地区、海南
较丰富带	3780～5040	1050～1400	约120～160	约29.8	内蒙古50°N 以北、黑龙江大部分地区、吉林中东部、辽宁中东部、山东中西部、山西南部、陕西中南部、甘肃东部边缘、四川中部、云南东部边缘、贵州南部、湖南大部分地区、湖北大部分地区、广西、广东、福建、江西、浙江、安徽、江苏、河南
一般带	<3780	<1050	约<120	约3.3	四川东部、重庆大部分地区、贵州中北部、湖北110°E 以西、湖南西北部

资料来源：中国气象局风能太阳能中心提供。

甘肃西部、青海大部分地区、西藏大部分地区是中国水平面直接辐射的高值区，年总量在 1000 千瓦时/平方米以上，其中西藏西部和南部高至 1300 千瓦时/平方米以上，极大值为 1530 千瓦时/平方米；四川东部、重庆、贵州、广西中北部、湖南、湖北西南部是中国水平面直接辐射的低值区，年总量在 500 千瓦时/平方米以下，重庆部分地区甚至在 300 千瓦时/平方米以下，极小值为 240 千瓦时/平方米；河南、山东南部、安徽、江苏、上海、浙江、湖北大部、江西、福建、广东、广西南部等中国中南和南方地区都为 500～700 千瓦时/平方米；山西、河北、北京、天津、内蒙古东部等华北地区基本为 700～1000 千瓦时/平方米；辽宁、吉林、黑龙江和内蒙古东北部大部分地区在 800 千瓦时/平方米左右。

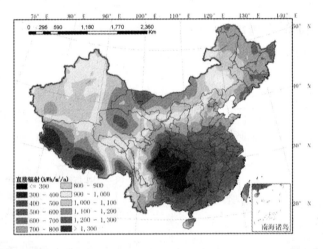

图 14　中国 1961～2008 年平均的水平面直接辐射年总量的空间分布

资料来源：中国气象局风能太阳能中心提供。

在上述基础上经过分析计算得到，水平面太阳能资源理论总量为 16800 亿千瓦，水平面直射资源理论总量为 9200 亿千瓦。就各省（区、市）的水平面太阳能资源理论总量而言，新疆最多，达到 2855.23 亿千瓦；但就单位面积年总量而言，则是西藏最高，为 1885.50 千瓦时/平方米。

全球光伏发电已经超过 40GW，欧洲光伏发电的增长已经超过了风电，光伏发电已经成为仅次于水电、风电的第三大可再生能源发展电源。国家能源局的《"十二五"可再生能源发展规划》（征求意见稿）要求开展太阳能资源详查，通过政策扶持和引导，综合考虑太阳能资源、建设条件、开发成本和电力市场需求，启动多元化的太阳能发电市场。到 2015 年，太阳能热水系统累计安装量达到 4 亿平方米；太阳能发电装机达到 1000 万千瓦，其中大型荒漠并网电站 5GW、城乡并网电站 3GW，其他离网及分布式发电 2GW，重点地区包括青海、甘肃、新疆、内蒙古、西藏、宁夏、陕西、云南、海南等地。此外，还提出太阳能热发电总装机容量达到 100 万千瓦。中国电力企业联合会《电力工业"十二五"规划研究报告》提出，发挥太阳能光伏发电适宜分散供电的优势，在偏远地区推广使用户用光伏发电系统或建设小型光伏电站，解决无电人口的供电问题，重点地区是西藏、青海、内蒙古、新疆、宁夏、甘肃、云南等省区；为城市的建筑物和公共设施配套安装太阳能光伏发电装置，扩大城市可再生能源的利用量，并为太阳能光伏发电提供必要的市场规模，重点在北京、上海、江苏、广东、山东等地区开展城市建筑屋顶光伏发电；在甘肃敦煌、青海柴达木盆地和西藏拉萨（或阿里）建设大型并网型太阳能光伏电站示范项目，在内蒙古、甘肃、青海、新疆等地选择荒漠、戈壁、荒滩等空闲土地，建设太阳能热发电示范项目。

《光电产业研究报告》预测，未来的投资热点将会是太阳能光伏建筑一体化、聚光太阳能（CPV）以及聚光光热发电。《太阳能光伏产业"十二五"发展规划》提出，到 2015 年，光伏系统成本将下降到 1.5 万元/千瓦，发电成本将下降到 0.8 元/千瓦时，配电侧达到"平价上网"；到 2020 年，系统成本将下降到 1 万元/千瓦，发电成本达到 0.6 元/千瓦时，在发电侧实现"平价上网"，在主要电力市场实现有效竞争。2011 年国际能源署（IEA）发布了聚光型太阳能热发电（CSP）发展路线图，预计到 2050 年 CSP 能够满足全球 11.3% 的电力需求，潜在产业规模约为 3.2 万亿美元。据华泰联合证券统计，2015 年前，中国的太阳能热发电装机容量将达 3000 兆瓦左右的规模，按照光伏系统可比成本计算，市场总量将达 450 亿元。

三 风能太阳能资源开发的政策保障措施

2009 年 12 月 26 日，十一届全国人大常委会第十二次会议表决通过了《可再生能源法修正案》，该法自 2010 年 4 月 1 日起施行。修正案对 2005 年所通过的《可再生能源法》中的六条进行了修改，从法律层面对短期内产能过剩的新能源产业的开发进行了约束。《可再生能源法修正案》强调了中央全局统筹的职

能；提出由国家电监机构和国务院财政部门依照规划制定可再生能源年度收购指标，并公布电网企业应达最低限额指标；首次将电网企业智能电网的发展规划纳入法律范畴；提出了由国家财政设立可再生能源发展基金，并明确用于支持"农村、牧区的可再生能源利用项目、偏远地区和海岛可再生能源独立电力系统建设、可再生能源的资源勘查、评价和相关信息系统建设、促进可再生能源开发利用设备的本地化生产"。《可再生能源法修正案》有利于整个新能源产业健康有序地发展，有利于推动智能电网的建设，从市场的角度提高电网企业对可再生能源收购的积极性，进一步强化中国对新能源的开发。

2011 年，国家能源局为保证风电顺利并网和电力系统安全运行，发布了《风电场功率预测预报管理暂行办法》，要求所有并网运行的风电场应具备风电功率预测预报的能力，并按要求开展风电功率预测预报；电网调度机构在保证电网安全运行的基础上，原则上按照风电场上报的功率预测结果下达风电场发电计划；新建风电场要同步建设风电预测预报体系和发电计划申报工作机制；各风电场预测预报系统从 2012 年 7 月 1 日正式开始运行。此后，为贯彻落实《风电场功率预测预报管理暂行办法》，2012 年国家能源局又公布了《风电功率预报与电网协调运行实施细则（试行）》，要求中国气象局负责建立风能数值预报服务平台和业务运行保障体系，为风电功率预测提供数值天气预报公共服务产品和相关技术支持系统；风电开发企业负责风电场发电功率预报工作；电网调度机构负责电力系统风电发电功率预测工作，建立以风电功率预测预报为辅助手段的电力调度运行机制，保障风电优先调度，落实风电全额保障性收购措施。国家能源局促进风电消纳的一系列办法的实施，将有效缓解风电调度上网的不稳定性，促进智能电网的建设。

中国风能资源分布地域广泛，"三北"和沿海地区适宜开展大规模的风能资源开发，内陆山区风能资源丰富，但分布零散，适宜小规模、分散式开发。考虑到中国风能资源和电力系统运行的特点，借鉴国际先进经验，为了在规模化集中开发大型风电场的同时，因地制宜、积极稳妥地探索分散式接入风电的开发模式，2011 年国家能源局发布了关于分散式接入风电开发的通知。该通知提出在已运行的配电系统设施附近布置、接入风电机组，不为接入风电而新建变电站、所，不考虑升压输送风电；要求电网企业对分散式多点接入系统的风电发电量认真计量、全额收购。国家能源局这一举措有利于促进中国内陆地区低速风电场的发展，有效缓解风电并网遭遇的困境。

2009 年以来国家政策对太阳能开发利用的支持力度加大，实施了太阳能光电建筑应用示范项目、金太阳示范工程以及特许权招标，光伏系统单位千瓦投资和每度电成本下降明显，光伏与建筑结合的应用和荒漠电站的试点使并网发电的系统所占的比例开始加大。世界上发展光伏发电市场最成功的是德国，其基本经验就是形成一整套固定电价和费用分摊的办法，即对所有光伏发电项目实行区域差别的固定电价，电网接纳光伏发电的额外费用，纳入国家可再生能源基金补助的范围。该方法使光伏补贴由电力公用事业的消费者承担，更加注重光伏发电的实际效果，刺激了光伏产业迅速发展。2011 年 8 月 1 日国家发展和改革委员会公布了关于完善太阳能光伏发电上网电价政策的通知，对于开启中国的光伏应用市场起到决定性作用。该通知规定，2011 年 7 月 1 日以前核准建设、2011 年 12 月 31 日建成投产、发改委尚未核定价格的太阳能光伏发电项目，上网电价统一核定为每千瓦时 1.15 元；2011 年 7 月 1 日及以后核准的太阳能光伏发电项目，以及 2011 年 7 月 1 日之前核准但截至 2011 年 12 月 31 日仍未建成投产的太阳能光伏发电项目，除西藏仍执行每千瓦时 1.15 元的上网电价外，其余省（区、市）上网电价均按每千瓦时 1 元执行。今后将根据投资成本变化、技术进步情况等因素适时调整。《国民经济和社会发展第十二个五年规划纲要》提出光伏发电的发展思路是，启动多元化的太阳能发电市场；推动大型荒漠光伏电站建设，与建筑结合的分布式光伏屋顶建设，以光伏为主的微网系统示范和无电地区的建设。

G.23

气候变化评估中对不确定性的处理方法

孟玉婧　张杰　姜彤*

摘　要: 由于气候系统的复杂性,目前气候变化评估结果中存在很大的不确定性。本文简要介绍了气候变化评估中对观测、预估不确定性处理的一般方法和政府间气候变化专门委员会(IPCC)评估报告所使用的方法。在未来评估重要发现的不确定性过程中,建议采用 IPCC 第五次评估报告中以概率定量表达不确定性的"可能性"方法,以及基于已有证据和一致性的综合定性判断的"信度"方法。与 IPCC 第四次评估报告相比,该方法进一步明确了可能性和信度之间的关系与区别,而两者的结合可为评估和表达各项重要发现的不确定性程度提供更具综合性的处理方法。

关键词: 气候变化　不确定性　处理方法

气候变化是当今国际社会的热点问题,直接关系各国、各地区社会经济的可持续发展。采取积极有效的措施应对气候变化,已经成为当今世界最具重要性、紧迫性和现实意义的问题之一。客观事物发展多变的特点以及人们对客观事物认识的局限性,使得人们对客观事物的预测结果可能偏离人们的预期,具有不确定性,气候变化研究也不例外。无论是发达国家还是发展中国家,减少气候变化研究中的不确定性仍然是未来气候变化研究的重点,它既是当前气候变化科学中的重大问题,也是气候变化基础科学研究中应重点关注的方面。

---

* 孟玉婧,南京信息工程大学,硕士,研究领域为气候变化影响评估;张杰,南京信息工程大学,硕士,研究领域为气候变化影响评估;姜彤,中国气象局国家气候中心,研究员,研究领域为气候变化影响评估、气候变化对水资源的影响和洪水响应。

一 不确定性的影响因素

自然气候系统极其复杂，具有内在混沌的特点，并包括各种时间尺度的非线性反馈。在百年到千年的时间尺度上，人们对这些反馈过程的认识还不充分，在万年以上的时间尺度上对反馈过程的认识更加有限，加之观测的局限性，气候变化无论是在观测上，还是预估上均存在一定的不确定性。影响不确定性产生的主要因素包括以下三个方面。

（一）观测的不确定性

观测仪器的误差，观测站点网络覆盖范围的限制，不同年代气象要素的记录数量和序列长度的差异，站点观测的连续性、站点的城乡分布以及城市热岛效应的影响等，都使得观测数据存在一定的不确定性。以气温为例①，主要的影响因素有以下四个方面。

第一，在空间尺度上，地表气温观测网络的覆盖范围较小，在百年尺度具有连续观测站点的区域仅占全球的35%，而具有150年连续观测历史的区域仅占10%。许多经纬度单元网格内数据源分布不均匀。

第二，在时间尺度上，不同年代气温记录的数量存在显著差异。长时间尺度的气温序列记录有限。1850～1999年气温序列长度大于50年的站点数量不足所有站点的一半，还不能为未来全球变暖的预估提供足够的证据。

第三，在数据质量上，大量观测站点的连续性差，在此基础上计算的年平均气温可信度偏低。

第四，目前使用的地面气温观测记录大部分来自城市，对城市化的热岛效应考虑不足。2007年，在能够12个月连续观测记录的站点中分布在大城市的站点约有65%（按夜晚光亮度）和57%（按人口标准）。城市和农村站点气温具有较大差异。

（二）预估的不确定性

在当前的科技发展水平下，要准确地预估未来50年或100年的天气状况、

---

① 王芳、葛全胜、陈泮勤：《IPCC评估报告气温变化观测数据的不确定性分析》，《地理学报》2009年第7期。

社会经济、人口增长、环境和技术进步等具体情况几乎是不可能的。因此，对未来气候变化的预估结果仍然存在较大的不确定性。气候模式预估的不确定性主要来自气候模式的结构、排放情景的设定和降尺度方法的不确定性。

1. 气候模式结构的不确定性

由于当前对气候系统中各种强迫和物理过程科学认识的局限，气候模式对云反馈、大气和海洋、大气和地表、海洋上层与深层之间的能量交换过程，以及对海冰和对流处理等都比较简单，在气候模拟过程中，很少考虑生物反馈和完善的化学过程。这种气候模式结构本身的不完善导致气候模式所模拟的气候状况与真实情况存在很大的差异，从而产生不确定性。

2. 排放情景的不确定性

在预估未来全球气候变化时，通常基于一种或几种温室气体排放情景驱动气候模式进行模拟，从而得到一种气候变化情景。因此对温室气体排放情景的合理设定是气候变化研究的基础，也是气候变化评估的关键环节。虽然 IPCC 先后发展了 SA90、IS92 和 SRES 情景且在气候变化评估中开展了广泛的应用，但仍然存在以下不确定性①。①温室气体排放量的估算方法存在不确定性；②政府决策对温室气体排放量的影响不确定；③未来技术进步和新型能源的开发与使用对温室气体排放量的影响不确定；④目前排放清单不能完整反映过去和未来温室气体排放状况。2007年，IPCC 在第五次评估报告中使用"典型浓度路径"（RCPs）来描述温室气体浓度，并在 RCPs 的基础上建立了社会经济新情景——共享社会经济路径（SSPs）。尽管气候变化情景不断改进，但与人口增长、"绿色技术"、经济、政治体制密切相关的未来温室气体排放情景，始终具有不可预测的不确定性。

3. 降尺度方法的不确定性

由于全球气候模式（GCMs）空间分辨率较低，不能很好地刻画气候的区域性特征和模拟出更详尽、更准确的气候场分布，存在较大的系统误差和不确定性，因此将 GCMs 直接用于气候影响评估时会具有更大的不确定性。针对 GCMs 分辨率较粗的问题，一般可以通过降尺度方法，将大尺度、低分辨的 GCMs 输出信息转化为区域尺度的地面气候信息（如气温、降水），从而弥补 GCMs 对区域

---

① 张雪芹、彭莉莉、林朝晖：《未来不同排放情景下气候变化预估研究进展》，《地球科学进展》2008 年第 23 期。

气候预估的局限性。目前，降尺度方法可概括为动力降尺度方法与统计降尺度方法。动力降尺度方法是利用嵌套在全球气候模式中的高分辨率区域气候模式，进一步预估各区域或局地的未来气候变化；而统计降尺度方法则是利用多年的观测资料，建立大尺度气候预报因子与区域气候预报变量间的统计函数关系，但预报因子与预报变量间的统计关系在全球气候变化背景下可能发生变化，从而导致预报变量存在较大的不确定性。此外，针对相同的 GCMs 预估结果，使用不同的降尺度方法会得到不同的区域气候情景，从而产生一定的不确定性。

（三）不确定性的传递

气候变化评估中不仅涵盖各种各样的不确定性，而且随着评估过程的深入，不确定性具有自上而下逐层传递的特性（见图1）。

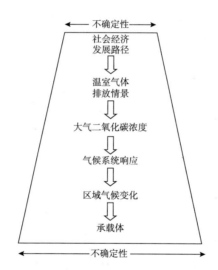

图1 气候变化影响评估中不确定性的传递

资料来源：New M. , Hulme M. , Representing Uncertainty in Climate Change Scenarios: A Montecarlo Approach. Integr Assess, 2000（1）: 203－213。

首先，未来社会经济发展路径的不确定导致温室气体排放情景的构建具有极大的不确定性；加之人类目前对碳循环的认识尚不清楚，从而使得对大气中温室气体浓度的估计误差进一步增大；目前对温室气体在何种程度上影响气候系统的认识依然有限，全球气候模式对主要物理过程的描述尚不充分，导致无法准确预

估未来全球气候变化情况。基于全球气候模式的模拟结果获取区域气候变化信息时，又由于区域气候变化响应的复杂性和多样性，以及降尺度方法的不确定性，导致区域气候变化的预估结果更加不可靠，进一步扩大了不确定性程度。最后，基于气候模式输出的气候变化情景进行局地气候变化影响评估时，由于气候变化情景的不确定性，导致影响评估结果的不确定性达到最大化①。

二 不确定性的处理方法

（一）观测不确定性的处理方法

积极发展更加先进的观测仪器，提高观测精度，使系统误差降到最低，从而减小不确定性。在空间尺度上，未来应建立更多的气象台站，尤其是在地理特征显著而站点稀少的地区应多建立典型台站，进一步扩大地表观测台站网络的覆盖范围，从而使得经纬度单元网格内的数据源分布均匀。对于连续性较差的观测站点，可先对获得的观测数据的质量进行分析，然后采用合适的方法，有针对性地对观测数据进行相应的订正，常用的订正方法主要有插值订正法、逐步回归订正法②等。

（二）预估不确定性的处理方法

1. 模式对比

模式对比是评估模式结果不确定性的主要途径。国内外的专家学者和研究人员利用区域气候模式开展了一系列模式对比计划，例如，北美地区区域模式对比计划（PIRCS）（Takle et al.，1999）、北极区域模式对比计划（ARCMIP）（Curry et al.，2002）、亚洲区域模式对比计划（RMIP）（Fu et al.，2005）等。不同的气候模式对未来气候变化的预估存在较大的差异，例如，在 IPCC 第三次评估报告中，第一工作组给出的各区域模式预估的 SRES A1、A2、B1、B2 四种社会经济情景下，21 世纪末全球气候变暖 1.4℃~5.8℃，但是统计结果

---

① 姚凤梅、秦鹏程、张佳华等：《基于模型模拟气候变化对农业影响评估的不确定性及处理方法》，《中国科学》2011 年第 8 期。

② 马开玉、丁裕国、屠其璞等：《气候统计原理与方法》，气象出版社，1993。

表明，不同模式模拟的变暖值差异较大，对一些极端天气事件模拟的能力更差。王芳栋[1]等对比分析了 PRECIS 和 RegCM3 两个区域气候模式对中国区域温度的气候态和年际变率的模拟能力，结果表明，PRECIS 和 RegCM3 均能较好地模拟出中国区域多年平均气温的空间分布特征，但 PRECIS 比观测气温平均偏暖 1.5℃左右，而 RegCM3 则以冷偏差为主，平均偏低 0.8℃左右，PRECIS 整体上比 RegCM3 偏高 2℃~3℃，存在一定的不确定性。

2. 集合模拟

集合模拟是通过多模式集合或单模式控制参数的变化，获得集合预估的结果的。例如，为考虑气候模式结构的不确定性，Phillips 等人[2]参与评估了 IPCC 第四次评估报告（AR4）的 20 个最新全球模式对全球陆地年平均降水量的模拟能力，结果表明，模式集合的总体模拟能力高于单一模式，但在大地形区和季风区依然存在系统偏差。集合模拟的特点是以一个变化范围或概率的形式替代确定性的形式给出模拟结果，即用概率分布的形式定量描述不确定性。

3. 误差纠正方法

由于区域气候模式对逐日气象要素模拟结果存在一定的偏差，Ines 等人[3]为了解决这一问题，发展了基于历史观测气候数据的误差纠正（Bias-correction）统计方法，并将其应用于作物模拟中。结果显示，对降水资料进行误差纠正后明显改善了对作物产量的模拟。这种基于历史气候序列统计特征的误差纠正方法可以有效弥补当前全球气候模式对局地气候要素难以准确模拟的不足，因此拥有广阔的应用前景。

4. 普适似然法

普适似然不确定性估计方法（Generalized Likelihood Uncertainty Estimation，简称 GLUE）广泛应用于水文学建模中评估模型输出和参数模拟的不确定性，其特点是假定不存在最优参数，从而避免了使用确定性的唯一参数造成的不确定性[4]。

① 王芳栋、李涛、许吟隆等：《PRECIS 和 RegCM3 对中国区域气候的长期模拟比较》，《中国农业气象》2012 年第 2 期。

② Phillips TJ & Gleekler PJ，"Evaluation of Continental Precipitation in 20th-century Climate Simulations: The Utility of Multi-model Statistics"，*Water Resource Research*，2006（42）。

③ Ines A. V. M & Hansen J. W，"Bias Correction of Daily GCM Rainfall for Crop Simulation Studies. *Agric For Meteorol*"，2006（138）。

④ Beven K，"Towards a Coherent Philosophy for Modelling the Environment"，*Proc R Soc A*，2002（458）。

（三）IPCC 评估报告对不确定性的处理方法

1. IPCC 前四次评估报告处理不确定性的方法

目前，IPCC 评估报告中通常使用可能性和信度来描述重要发现的不确定性程度。可能性表征在自然界一个确定结果的发生概率，它是由专家判断估算出来的；信度则是表征专家之间理解和（或）达成一致的程度，它是专家判断的一种陈述。表 1 简要总结了 IPCC 前四次评估报告处理不确定性的方法。

表 1　IPCC 前四次评估报告处理不确定性的方法

IPCC 评估报告	特点、变化与应用情况
第一次	对事件的科学认识明确分为确定的、能够可信地计算得出的、预测的、基于作者判断的等几类
第二次	需要客观、一致的方法确定和描述气候变化科学的信度水平。客观性是作者们使用的信息可追溯到有关的科学文献；一致性是使用特定术语，定量或定性地表达信度水平。其中，定量是使用 5 个不同概率范围的信度水平，定性是根据证据量以及专家之间达成一致意见的程度进行高或低的分类
第三次	试图针对不同学科和广泛国际读者来描述不确定性。使用"可能性"和"信度"语言描述不确定性。第一工作组主要以确定的概率范围描述不确定性，第二工作组则主要指明对信度的判断性估计
第四次	以定量和定性两种方法描述不确定性。定量方法基于信度（经专家判断所确定的基础数据、模式或分析的正确性）和可能性（通过专家判断和对观测资料或模拟结果的统计分析所确定的发生具体结果的不确定性）；定性方法基于证据量（源自理论、观测资料或模式）和一致性程度（文献中有关特定发现的一致性）。第一工作组主要使用可能性，而第二工作组将可能性与信度结合使用，第三工作组使用不确定性的定性评估方法

资料来源：Manning M. R.，《IPCC 第四次评估报告中对不确定性的处理方法》，戴晓苏译，《气候变化研究进展》2006 年第 5 期。

2. IPCC 第五次评估报告处理不确定性的方法[①]

IPCC 第五次评估报告依靠两种衡量标准表示重要发现的确定性程度。

（1）可能性。定量衡量某项研究结果的不确定性，使用概率表示（基于对观测资料或模式输出的统计分析，采用专家判断或其他定量分析方法）。它

---

① IPCC，Guidance Note for Lead authors of the IPCC Fifth Assessment Report on Consistent Treatment of Uncertainties，2010. http：//www.ipcc.ch.

可用来对一个独立事件或结果的发生进行概率估计。例如，一个气候参数，观测的趋势或预测一个给定范围内的变化。第五次评估报告不确定性的指导意见中对可能性的定量等级的划分与第四次评估报告的划分情况一致（见表2），它为定量描述不确定性提供了标准语言。当有足够的信息时，最好指定一个完整的概率分布或概率范围（例如90%~95%），而无需使用表2中的术语。此外，读者可以根据对潜在结果的认知程度来调整对这一可能性语言的解读。

表2　可能性的定量等级

术语（英文）	结果的可能性	术语（英文）	结果的可能性
基本确定（Virtually certain）	概率为99%~100%	不可能（Unlikely）	概率为0~33%
很可能（Very likely）	概率为90%~100%	很不可能（Very unlikely）	概率为0~10%
可能（Likely）	概率为66%~100%	几乎不可能（Exceptionally unlikely）	概率为0~1%
或许可能（About as likely as not）	概率为33%~66%		

注：第四次评估报告中不常使用的其他术语（如极有可能——概率为95%~100%，多半可能——概率为50%~100%，极不可能——概率为0%~5%）也会在第五次评估报告中相应地使用。

资料来源：IPCC，Guidance note for lead authors of the IPCC fifth assessment report on consistent treatment of uncertainties，2010. http：//www. ipcc. ch。

（2）信度。定性衡量某项研究结果的不确定性，是以证据的类型、数量、质量和一致性（如对机械的认识水平、理论、数据、模式、专家评价）以及达成一致的程度为基础的。在对不确定性的定性评估过程中，使用简略术语"有限""中等""确凿"描述现有证据，以及使用"低""中等""高"描述一致性程度。信度水平用5个修饰词来表示，即"很低""低""中等""高""很高"，它是作者团队对现有证据和一致性程度的评估结果进行综合判断而确定的。图2列出了证据和一致性的所有组合，并形象地说明了证据和一致性及其与信度的关系。如图2中渐强的阴影所示，信度向右上角逐渐增强。这三者之间的关系存在灵活性，当证据和一致性程度确定后，可赋予不同的信度水平，而证据水平和一致性程度的提高与信度的提升相互关联。在主要关注的领域中可用术语"低"和"很低"来描述研究结果的信度，并应当详细解释这样描述的理由。应注意这里的信度与"统计信度"不同，因此不应当通过概率的方法解释。

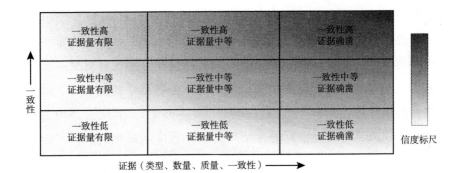

图 2　证据和一致性及其与信度的关系

资料来源：IPCC，Guidance Note for Lead Authors of the IPCC Fifth Assessment Report on Consistent Treatment of Uncertainties，2010. http：//www. ipcc. ch。

　　第五次评估报告中处理不确定性的最显著的进展就是将证据、一致性和信度这三者进行了关联（见图 2），虽然保留了描述信度的术语，但不再对信度进行量化定义。这也是与第四次评估报告最大的不同之处，进一步明确了信度和可能性之间的关系与区别。

三　讨论与建议

　　IPCC 的气候变化科学评估从一开始就认识到表述不确定性的重要性。在评估重要发现不确定性的方法上，IPCC 先后经历了五次讨论交流、修改和完善，取得了很大的进展。2010 年 7 月 IPCC 发布的"IPCC 第五次评估报告主要作者关于采用一致方法处理不确定性的指导说明"提出了可供各工作组一致使用的关于处理和表达评估报告中重要发现不确定性的方法。

　　在第五次评估报告中，作者团队需要先确定章节中的重要发现。之后，专家对重要发现作出判断，并对所作的判断给出解释。根据所评估的证据种类、数量、质量、一致性和达成一致的程度，给出某一特定重要发现不确定性评估的基础。每项重要发现均是基于作者团队对相关证据和一致性的综合评价，从而赋予一个信度水平，如"中等信度"，或是将已有证据的类型、数量、质量和一致性的明确评价与校准的简略术语相结合，如"一致性中等，证据确凿"。如果不确定性能够以概率予以量化，作者团队就可以将定量分析作为赋予可能性的基础，使用经校准的可能性语言或更准确的概率信息描述某一发现的确定性程度，如概率分布、百分位区间等。这种评估重要发现不确定性的方法已经在 2011 年 11 月 IPCC 发布的《管理极端事件和灾害风险，推进气候变化适应》特别报告决策者摘要中第一次得到了应用。因此，在未来评估重要发现的不确定性过程中，建议使用 IPCC 第五次评估报告中对不确定性的处理方法。

附　　录

Appendix

Gr.24

附录1　世界部分国家和地区
人口数据（2011年）

国家和地区	年中人口（百万人）	城市化率（%）	期望寿命（岁）	自然增长率（%）	年龄构成（%）		抚养比
					<15岁	>65岁	
世界	7058	51	70	1.2	26	8	0.52
发达地区	1243	75	78	0.1	16	16	0.47
发展中地区	5814	46	68	1.4	29	6	0.54
发展中地区（不含中国）	4464	45	66	1.7	32	5	0.59
最不发达地区	876	28	59	2.4	41	3	0.79
非洲	1072	39	58	2.5	41	3	0.79
撒哈拉以南非洲	902	37	55	2.6	43	3	0.85
北部非洲	213	51	69	2.0	32	4	0.56
埃及	82.3	43	72	2.0	32	4	0.56
西部非洲	324	44	54	2.7	44	3	0.89
尼日利亚	170.1	51	51	2.6	43	3	0.85
东部非洲	342	24	57	2.7	44	3	0.89
中部非洲	134	41	50	2.8	45	3	0.92
南部非洲	59	58	54	1.0	32	5	0.59
南非	51.1	62	54	0.9	31	5	0.56

续表

国家和地区	年中人口（百万人）	城市化率（%）	期望寿命（岁）	自然增长率（%）	年龄构成（%）		抚养比
					<15 岁	>65 岁	
美洲	948	78	76	1.0	25	9	0.52
北美	349	79	79	0.5	19	13	0.47
加拿大	34.9	80	81	0.4	16	14	0.43
美国	313.9	79	79	0.5	20	13	0.49
拉丁美洲	599	78	74	1.3	28	7	0.54
中美洲	160	71	76	1.6	31	6	0.59
墨西哥	116.1	77	77	1.5	29	6	0.54
南美洲	397	82	74	1.2	26	7	0.49
阿根廷	40.8	91	76	1.1	25	10	0.54
巴西	194.3	84	74	1.0	24	7	0.45
委内瑞拉	29.7	88	74	1.5	29	6	0.54
亚洲	4260	45	70	1.1	25	7	0.47
亚洲(不含中国)	2910	42	69	1.4	29	6	0.54
西亚	244	69	73	1.9	31	5	0.56
中南亚	1823	33	66	1.6	31	5	0.56
孟加拉国	152.9	25	69	1.6	31	5	0.56
印度	1259.7	31	65	1.5	31	5	0.56
伊朗	78.9	69	70	1.3	24	5	0.41
哈萨克斯坦	16.8	55	69	1.4	25	7	0.47
巴基斯坦	180.4	35	65	2.1	35	4	0.64
东南亚	608	43	71	1.2	28	6	0.52
印度尼西亚	241	43	72	1.3	27	6	0.49
马来西亚	29	63	74	1.5	27	5	0.47
缅甸	54.6	31	65	1.1	28	5	0.49
菲律宾	96.2	63	69	1.9	35	4	0.64
泰国	69.9	34	74	0.5	21	9	0.43
越南	89	31	73	1.0	24	7	0.45
东亚	1585	56	75	0.4	16	10	0.35
中国	1350.4	51	75	0.5	16	9	0.33
日本	127.6	86	83	-0.2	13	24	0.59
韩国	48.9	82	81	0.4	16	11	0.37
欧洲	740	71	77	0.0	16	16	0.47
欧盟	502	72	80	0.1	16	18	0.52
北欧	101	77	80	0.3	17	17	0.52
英国	63.2	80	80	0.4	18	17	0.54

续表

国家和地区	年中人口 （百万人）	城市化率 （%）	期望寿命 （岁）	自然增 长率（%）	年龄构成（%）		抚养比
					<15岁	>65岁	
西欧	190	75	81	0.1	16	18	0.52
比利时	11.1	99	80	0.2	17	17	0.52
法国	63.6	78	82	0.4	19	17	0.56
德国	81.8	73	80	-0.2	13	21	0.52
荷兰	16.7	66	81	0.2	17	16	0.49
东欧	295	69	71	-0.2	15	14	0.41
捷克	10.5	74	78	0.0	14	15	0.41
波兰	38.2	61	76	0.1	15	14	0.41
俄罗斯	143.2	74	69	-0.1	15	13	0.39
乌克兰	45.6	69	70	-0.4	14	15	0.41
南欧	154	67	80	0.0	15	18	0.49
意大利	60.9	68	82	-0.1	14	21	0.54
葡萄牙	10.6	38	79	-0.1	15	19	0.52
西班牙	46.2	77	82	0.2	15	17	0.47
大洋洲	37	66	77	1.1	24	11	0.54
澳大利亚	22	82	82	0.7	19	14	0.49

注：抚养比为15岁以下人口和65岁以上人口与15~64岁人口之比。

资料来源：2012 World Population Data Sheet。

附录2 世界部分国家和地区经济数据（2011年）

国家和地区	国内生产总值（百万美元）	国内生产总值（百万美元，PPP）	国民总收入（百万美元，Atlas）	人均国民总收入（美元）	
				Atlas	PPP
世界	69971508	81172269	66164277	9487.634	11574.13
高收入	46643523	43688051	45153875	39783.01	38637.06
低收入	474357.8	1101228	462980.8	566.8155	1374.716
中等收入	22951704	36572928	20697536	4121.436	7214.813
中低收入	4753307	9519468	4457722	1759.98	3831.755
上中等收入	18197271	27049166	16233642	6521.896	10679.78
低中等收入	23452438	37679266	21183394	3628.08	6397.717
东亚及太平洋地区	9283258	14502206	8360359	4234.769	7293.988
欧洲和中亚	3615905	6008650	3101400	7609.685	14104.54
拉丁美洲和加勒比地区	5650157	6989484	5032826	8544.434	11595.22
中东和北非	1204545	2315227	1280592	3868.659	8026.016
南亚	2271825	5492556	2151109	1298.614	3313.984
撒哈拉以南非洲地区	1245222	2042180	1097327	1254.316	2232.628
欧元区	13075792	11785359	12844291	38572.59	35359.79
美国	15094000	15094000	15097083	48450	48890
中国	7298097	11347459	6628086	4930	8430
日本	5867154	4381290	5774376	45180	35510
德国	3570556	3221135	3594303	43980	40170
法国	2773032	2302946	2775664	42420	35860
巴西	2476652	2304646	2107628	10720	11500
英国	2431589	2287072	2366544	37780	36970
意大利	2194750	1979219	2146998	35330	32350
俄罗斯	1857770	3031377	1476086	10400	20050
印度	1847982	4530861	1746481	1410	3620
加拿大	1736051	1397983	1570886	45560	39830
西班牙	1490810	1511952	1432813	30990	31930

续表

国家和地区	国内生产总值（百万美元）	国内生产总值（百万美元，PPP）	国民总收入（百万美元，Atlas）	人均国民总收入（美元）	
				Atlas	PPP
澳大利亚	1371764	892739.6	1030268	46200	36910
墨西哥	1155316	1760946	1060221	9240	15120
韩国	1116247	1503604	1038981	20870	30290
印度尼西亚	846832.3	1131166	712737.2	2940	4530
荷兰	836256.9	723585.3	830218.7	49730	43770
土耳其	773091.4	1243427	766441.4	10410	16730
瑞士	635650.1	378088.8	603917.1	76380	50900
沙特阿拉伯	576824	686175.8	500543	17820	24870
瑞典	538131.1	391800.2	503187.9	53230	42350
波兰	514496.5	813293	477008.7	12480	20450
比利时	511533.3	425276.5	508091.9	46160	39300
挪威	485803.4	282720.9	440185.4	88890	58090
阿根廷	445988.6	720488	397189.6	9740	17250
奥地利	418484	354628	406642.5	48300	41970
南非	408236.8	558215.9	352038	6960	10790
阿联酋	360245.1	380512.9	321664.6	40760	48220
泰国	345649.3	605019.1	307129.1	4420	8390
丹麦	332677.3	228616.5	336626.2	60390	42330
哥伦比亚	331654.7	474113.2	286546	6110	9640
伊朗	331015	839571.9	330399.7	4520	11400
委内瑞拉	316482.2	375814.7	349054.3	11920	12620
希腊	298733.6	303987.1	282976.1	25030	26040
马来西亚	278671.1	449875.5	243107.8	8420	15190
芬兰	266070.8	202446.2	260831.2	48420	37990
智利	248585.2	295740.7	212003.2	12280	16160
中国香港	243665.9	353510.1	248670.7	35160	51490
以色列	242928.7	217492.4	224684.2	28930	27290
新加坡	239699.6	316741.5	222550.1	42930	59790
葡萄牙	237522.1	270649.6	226020.7	21250	24530
尼日利亚	235922.9	411371.8	195332.7	1200	2300
埃及	229530.6	521964.5	214683.6	2600	6160
菲律宾	224753.6	392679.4	209449.8	2210	4160
爱尔兰	217275	186848.3	173119.8	38580	33310
捷克	215215.3	273662.1	195334.6	18520	24190

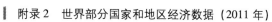
续表

国家和地区	国内生产总值（百万美元）	国内生产总值（百万美元，PPP）	国民总收入（百万美元，Atlas）	人均国民总收入（美元）	
				Atlas	PPP
巴基斯坦	211092	488419.5	197604.1	1120	2880
阿尔及利亚	188681.1	313552	160814.1	4470	8370
哈萨克斯坦	186198.4	218393	136119.9	8220	11310
罗马尼亚	179793.5	324342.5	169191.6	7910	15140
秘鲁	176662.1	303342.4	161701.3	5500	10160
科威特	176590.1	154018.6	133823.5	48900	53820
卡塔尔	172981.6	166282.4	150426.9	80440	87030
乌克兰	165245	331392.3	142812.1	3120	7080
新西兰	142477	131507.5	128199.8	29350	29140
匈牙利	140029.3	216752.1	126921	12730	20380
越南	123960.7	301727.8	110907.3	1260	3260
伊拉克	115388.5	128237.3	86976.46	2640	3770
孟加拉国	110612.1	269127.5	116429.1	770	1940
安哥拉	100990	116345.5	79719.56	4060	5290
摩洛哥	100221	163659.2	97618.97	2970	4910

资料来源：世界银行 WDI 数据库，http：//data. worldbank. org/data-catalog。

附录3 世界部分国家和地区能源与碳排放数据（2011年）

国家和地区	二氧化碳排放量 （百万吨 CO_2）	一次能源消费量 （百万吨油当量）	碳能源强度 （吨 CO_2/吨油当量）	人均碳排放量 （吨 CO_2/人）
美国	6016.61	2269.33	2.65	19.31
加拿大	624.44	330.27	1.89	18.11
墨西哥	460.11	173.74	2.65	4.01
北美洲总计	7101.16	2773.33	2.56	15.41
阿根廷	188.74	81.86	2.31	4.63
巴西	481.89	266.88	1.81	2.45
智利	78.63	30.95	2.54	4.55
哥伦比亚	71.87	35.12	2.05	1.53
厄瓜多尔	33.30	13.18	2.53	2.27
秘鲁	44.76	20.67	2.17	1.52
特立尼达和多巴哥	51.62	21.47	2.40	38.34
委内瑞拉	195.65	89.10	2.20	6.68
其他中南美洲国家	185.53	83.30	2.23	1.72
中南美洲总计	1331.98	642.52	2.07	2.75
奥地利	68.12	31.97	2.13	8.09
阿塞拜疆	28.29	11.55	2.45	3.09
白俄罗斯	66.28	25.52	2.60	7.00
比利时和卢森堡	145.62	63.30	2.30	13.23
保加利亚	50.44	19.20	2.63	6.75
捷克	121.62	43.98	2.77	11.53
丹麦	46.98	18.70	2.51	8.43
芬兰	52.79	27.69	1.91	9.80
法国	375.52	242.90	1.55	5.74
德国	802.82	306.41	2.62	9.82
希腊	91.34	30.47	3.00	8.08
匈牙利	52.20	22.62	2.31	5.23
爱尔兰	35.91	13.55	2.65	8.00

续表

国家和地区	二氧化碳排放量（百万吨 CO_2）	一次能源消费量（百万吨油当量）	碳能源强度（吨 CO_2/吨油当量）	人均碳排放量（吨 CO_2/人）
意大利	430.17	168.55	2.55	7.08
哈萨克斯坦	170.34	50.47	3.37	10.29
立陶宛	16.33	6.35	2.57	5.10
荷兰	265.02	95.80	2.77	15.87
挪威	45.24	43.42	1.04	9.13
波兰	349.92	102.76	3.41	9.16
葡萄牙	56.65	24.38	2.32	5.33
罗马尼亚	85.00	34.85	2.44	3.97
俄罗斯	1675.04	685.63	2.44	11.80
斯洛伐克	37.47	17.07	2.20	6.89
西班牙	340.12	145.93	2.33	7.36
瑞典	54.84	50.52	1.09	5.80
瑞士	40.59	27.60	1.47	5.13
土耳其	323.40	118.80	2.72	4.39
土库曼斯坦	67.91	27.40	2.48	13.30
乌克兰	320.83	126.44	2.54	7.02
英国	511.37	198.15	2.58	8.16
乌兹别克斯坦	122.57	52.23	2.35	4.18
其他欧洲及欧亚大陆国家	210.63	89.14	2.36	7.80
欧洲及欧亚大陆总计	7061.37	2923.36	2.42	8.15
伊朗	594.28	228.59	2.60	7.95
以色列	76.01	23.54	3.23	9.79
科威特	92.64	33.60	2.76	32.87
卡塔尔	74.71	29.37	2.54	39.95
沙特阿拉伯	602.01	217.12	2.77	21.44
阿联酋	226.68	87.16	2.60	28.73
其他中东国家	358.70	128.15	2.80	1.47
中东总计	2025.03	747.53	2.71	8.30
阿尔及利亚	107.21	40.94	2.62	2.98
埃及	211.75	82.64	2.56	2.57
南非	457.08	126.26	3.62	9.04
非洲其他国家	337.23	134.70	2.50	0.31
非洲总计	1113.26	384.53	2.90	1.04
澳大利亚	392.23	123.32	3.18	17.34
孟加拉国	61.31	24.26	2.53	0.41

续表

国家和地区	二氧化碳排放量 （百万吨 CO_2）	一次能源消费量 （百万吨油当量）	碳能源强度 （吨 CO_2/吨油当量）	人均碳排放量 （吨 CO_2/人）
中国	8979.14	2613.21	3.44	6.68
中国香港	92.54	28.56	3.24	13.09
印度	1797.99	559.10	3.22	1.45
印尼	452.08	148.17	3.05	1.87
日本	1307.40	477.59	2.74	10.23
马来西亚	202.23	69.23	2.92	7.01
新西兰	35.01	19.44	1.80	7.95
巴基斯坦	162.18	67.62	2.40	0.92
菲律宾	76.34	27.66	2.76	0.80
新加坡	210.26	70.39	2.99	40.56
韩国	738.06	263.01	2.81	14.83
中国台湾	329.02	109.95	2.99	14.19
泰国	296.95	106.01	2.80	4.27
越南	128.09	45.94	2.79	1.46
其他亚太地区	139.11	49.90	2.79	0.95
亚太地区总计	15399.95	4803.35	3.21	4.03
世界总计	34032.75	12274.62	2.77	4.88
其中:OECD 国家	14027.30	5527.69	2.54	11.22
非 OECD 国家	20005.44	6746.94	2.97	3.50
欧盟	4061.30	1690.71	2.40	8.08

资料来源：BP Statistical Review of World Energy 2012；世界银行 WDI 数据库，http://data. worldbank. org/data-catalog。

附录4 2011 年中国分省区人口、 地区生产总值及构成

地 区	GDP（亿元）	人口（万人）	人均 GDP（元）	地区生产总值构成（%）		
				第一产业	第二产业	第三产业
全 国	471563.70	134735.00	34999.35	10.12	46.78	43.10
北 京	16011.43	2018.60	79319.48	0.85	23.39	75.76
天 津	11190.99	1355.00	82590.33	1.42	52.52	46.05
河 北	24228.18	7240.51	33461.98	11.99	54.06	33.95
山 西	11100.18	3593.00	30893.90	5.78	59.26	34.96
内蒙古	14246.11	2481.71	57404.41	9.16	56.80	34.04
辽 宁	22025.92	4383.00	50253.07	8.70	55.17	36.14
吉 林	10530.71	2749.41	38301.71	12.13	53.19	34.68
黑龙江	12503.83	3834.00	32613.02	13.64	50.52	35.84
上 海	19195.69	2347.46	81772.17	0.65	41.47	57.88
江 苏	48604.26	7898.80	61533.73	6.31	51.48	42.21
浙 江	32000.10	5463.00	58576.06	4.94	51.26	43.80
安 徽	15110.31	5968.00	25318.88	13.37	54.44	32.19
福 建	17410.21	3720.00	46801.64	9.25	52.66	38.09
江 西	11583.80	4488.44	25808.09	12.01	56.91	31.08
山 东	45429.21	9637.00	47140.41	8.75	52.91	38.34
河 南	27232.04	9388.00	29007.29	12.90	58.34	28.76
湖 北	19594.19	5757.50	34032.46	13.11	50.11	36.78
湖 南	19635.19	6595.60	29770.13	13.92	47.49	38.59
广 东	52673.59	10504.85	50142.17	5.05	49.75	45.20
广 西	11714.35	4645.00	25219.27	17.48	48.97	33.55
海 南	2515.29	877.34	28669.50	26.21	28.41	45.39
重 庆	10011.13	2919.00	34296.44	8.44	55.37	36.20
四 川	21026.68	8050.00	26120.10	14.19	52.45	33.36
贵 州	5701.84	3468.72	16437.88	12.74	40.93	46.33
云 南	8750.95	4630.80	18897.27	16.09	45.61	38.31
西 藏	605.83	303.30	19974.61	12.27	34.59	53.14
陕 西	12391.30	3742.60	33108.80	9.85	55.17	34.98
甘 肃	5000.47	2564.19	19501.17	13.56	50.48	35.96
青 海	1634.72	568.17	28771.67	9.51	57.45	33.04
宁 夏	2060.79	639.45	32227.54	8.93	52.21	38.85
新 疆	6474.54	2208.71	29313.67	17.59	50.81	31.60

资料来源:《中国统计摘要 2012》。

G.28
附录5 中国能源生产、消费总量
及构成 （1978~2011 年）

年份	能源生产总量(万吨标准煤)	构成(能源生产总量＝100)				能源消费总量(万吨标准煤)	构成(能源消费总量＝100)			
		原煤	原油	天然气	水电、核电、风电		煤炭	石油	天然气	水电、核电、风电
1978	62770	70.3	23.7	2.9	3.1	57144	70.7	22.7	3.2	3.4
1980	63735	69.4	23.8	3.0	3.8	60275	72.2	20.7	3.1	4.0
1985	85546	72.8	20.9	2.0	4.3	76682	75.8	17.1	2.2	4.9
1990	103922	74.2	19.0	2.0	4.8	98703	76.2	16.6	2.1	5.1
1995	129034	75.3	16.6	1.9	6.2	131176	74.6	17.5	1.8	6.1
1996	133032	75.0	16.9	2.0	6.1	135192	73.5	18.7	1.8	6.0
1997	133460	74.2	17.0	2.1	6.5	135909	71.4	20.4	1.8	6.4
1998	129834	73.3	17.7	2.2	6.8	136184	70.9	20.8	1.8	6.5
1999	131935	73.9	17.3	2.5	6.3	140569	70.6	21.5	2.0	5.9
2000	135048	73.2	17.2	2.7	6.9	145531	69.2	22.2	2.2	6.4
2001	143875	73.0	16.3	2.8	7.9	150406	68.3	21.8	2.4	7.5
2002	150656	73.5	15.8	2.9	7.8	159431	68.0	22.3	2.4	7.3
2003	171906	76.2	14.1	2.7	7.0	183792	69.8	21.2	2.5	6.5
2004	196648	77.1	12.8	2.8	7.3	213456	69.5	21.3	2.5	6.7
2005	216219	77.6	12.0	3.0	7.4	235997	70.8	19.8	2.6	6.8
2006	232167	77.8	11.3	3.4	7.5	258676	71.1	19.3	2.9	6.7
2007	247279	77.7	10.8	3.7	7.8	280508	71.1	18.8	3.3	6.8
2008	260552	76.8	10.5	4.1	8.6	291448	70.3	18.3	3.7	7.7
2009	274619	77.3	9.9	4.1	8.7	306647	70.4	17.9	3.9	7.8
2010	296916	76.6	9.8	4.2	9.4	324939	68.0	19.0	4.4	8.6
2011	317800	77.7	9.2	4.3	8.8	347800	68.8	18.6	4.6	8.0

资料来源:《中国统计摘要 2012》。

附录6 2011年分省区市万元地区生产总值（GDP）能耗等指标公报

	万元地区生产总值能耗		万元工业增加值能耗上升或降低（±%）	万元地区生产总值电耗上升或降低（±%）
	指标值（吨标准煤/万元）	上升或降低（±%）		
北 京	0.459	−6.94	−18.50	−6.10
天 津	0.708	−4.28	−7.48	−7.48
河 北	1.300	−3.69	−6.68	−0.36
山 西	1.762	−3.55	−5.82	0.03
内蒙古	1.405	−2.51	−4.39	4.38
辽 宁	1.096	−3.40	−5.02	−3.15
吉 林	0.923	−3.59	−4.19	−3.90
黑龙江	1.042	−3.50	−5.17	−4.43
上 海	0.618	−5.32	−7.33	−4.42
江 苏	0.600	−3.52	−5.41	−0.14
浙 江	0.590	−3.07	−2.40	1.41
安 徽	0.754	−4.06	−9.54	−0.15
福 建	0.644	−3.29	−1.16	2.73
江 西	0.651	−3.08	−6.87	2.30
山 东	0.855	−3.77	−7.67	−0.58
河 南	0.895	−3.57	−8.60	1.27
湖 北	0.912	−3.79	−6.88	−4.20
湖 南	0.894	−3.68	−8.61	−2.10
广 东	0.563	−3.78	−5.13	−1.46
广 西	0.800	−3.36	−6.13	−0.28
海 南	0.692	5.23	12.53	3.94
重 庆	0.953	−3.81	−5.31	−1.63
四 川	0.997	−4.23	−7.78	−1.87
贵 州	1.714	−3.51	−8.02	−1.70
云 南	1.162	−3.22	−9.92	5.47

续表

	万元地区生产总值能耗		万元工业增加值能耗上升或降低（±%）	万元地区生产总值电耗上升或降低（±%）
	指标值（吨标准煤/万元）	上升或降低（±%）		
西　藏	—	—	—	—
陕　西	0.846	−3.56	−5.60	0.38
甘　肃	1.402	−2.51	−1.96	2.07
青　海	2.081	9.44	9.62	6.24
宁　夏	2.279	4.60	14.72	18.36
新　疆	1.631	6.96	9.28	14.69

注：1. 计算公式

$$\text{万元地区生产总值能耗上升(+)或降低(-)\%} = \left(\frac{2011 年能源消费总量 / 2011 年地区生产总值}{2010 年能源消费总量 / 2010 年地区生产总值} - 1 \right) \times 100\%$$

$$\text{万元地区生产总值能耗上升(+)或降低(-)\%} = \left(\frac{2011 年全社会用电 / 2011 年地区生产总值}{2010 年全社会用电 / 2010 年地区生产总值} - 1 \right) \times 100\%$$

$$\text{万元工业增加值能耗上升(+)或降低(-)\%} = \left(\frac{2011 年工业能源消费(当量值) 增长指数}{2011 年工业增加值增长指数} - 1 \right) \times 100\%$$

2. 万元工业增加值能耗的统计范围是年主营业务收入 2000 万元及以上的工业法人企业。

3. 地区生产总值和工业增加值按照 2010 年价格计算。

4. 根据能源消费总量和国内生产总值统计结果计算，2011 年全国万元国内生产总值能耗为 0.793 吨标准煤/万元，降低 2.01%。

5. 西藏自治区的数据暂缺。

6. 公报不含香港特别行政区、澳门特别行政区和台湾省的资料。

资料来源：国家统计局、国家发展和改革委员会、国家能源局（2012 年 8 月 16 日），http: // www. stats. gov. cn/tjgb/qttjgb/qgqttjgb/t20120816_ 402828228. htm。

附录7　全球气候灾害历史统计

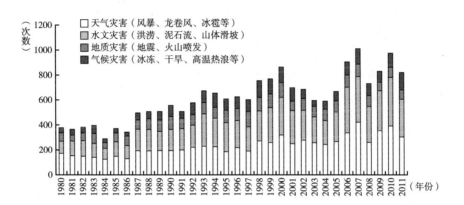

图1　1980～2011年全球自然灾害发生次数

资料来源：慕尼黑再保险公司和国家气候中心。

表1　1901～2010年六大洲大规模干旱统计

区　域	干旱次数及 所占比例	≤6个月的 干旱数量	≥12个月的 干旱数量	最长持续 时间（月）	最大影响范围 （平方公里）
非　洲	76(13%)	46	8	21(1992～1993年)	9.9(33%,1983年4月)
亚　洲	185(32%)	121	19	42(1986～1990年)	9.8(22%,1987年6月)
欧　洲	81(14%)	45	9	25(1975～1977年)	5.1(51%,1921年12月)
北　美	104(18%)	65	15	41(1954～1957年)	7.5(31%,1956年10月)
大洋洲	45(8%)	27	7	24(1928～1930年)	5.9(77%,1965年2月)
南　美	85(15%)	58	10	19(1982～1983年)	10.8(61%,1963年10月)
世　界	576	362	68	42(1986～1990年)	9.9(33%,1983年4月)

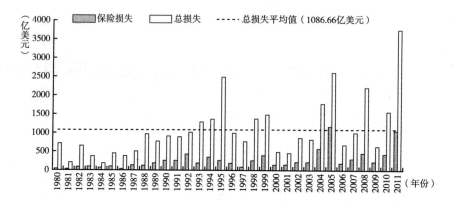

图2　1980～2011年全球自然灾害总损失和保险损失（以2011年市值计算）

资料来源：慕尼黑再保险公司和国家气候中心。

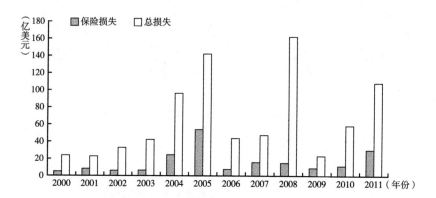

图3　2000～2011年全球干旱灾害总损失及保险损失

资料来源：同图2。

表2　1980～2011年美国气象有关灾害综述

灾害类型	发生次数	发生频率(%)	损失(十亿美元)	损失占总数比例(%)
强 风 暴	43	32.3	94.6	10.8
台风/飓风	31	23.3	417.9	47.5
干　　旱	16	12	210.1	23.9
洪　　水	16	12	85.1	9.7
火　　灾	11	8.3	22.2	2.5
暴 风 雪	10	7.5	29.3	3.3
冰冻天气	6	4.5	20.5	2.3
总　　计	133	—	879.7	—

资料来源：NCDC，http：//www.ncdc.noaa.gov/billions/。

附录8 中国气候灾害历史统计

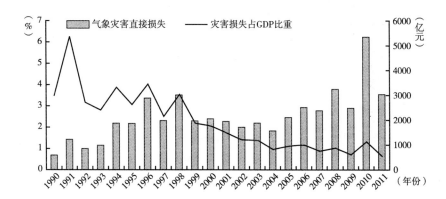

图1 1990~2011年中国气象灾害直接经济损失及其占GDP的比重

资料来源:《中国气象灾害年鉴》。

表1 中国气象灾害灾情统计

年份	农作物灾情(万公顷)		人口灾情		直接经济损失(亿元)
	受灾面积	绝收面积	受灾人口(万人)	死亡人口(人)	
2004	3765.0	433.3	34049.2	2457	498.1
2005	3875.5	418.8	39503.2	2710	2101.3
2006	4111.0	494.2	43332.3	3485	2516.9
2007	4961.4	579.8	39656.3	2713	2378.5
2008	4000.4	403.3	43189.0	2018	3244.5
2009	4721.4	491.8	47760.8	1367	2490.5
2010	3742.6	486.3	42494.2	3771	5339.9
2011	3247.1	289.2	43174.1	1126	3096.4

资料来源:同图1。

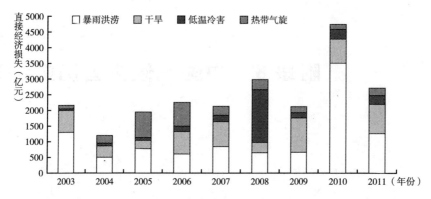

图2　2003～2011年各类灾害直接经济损失

资料来源：《中国气象灾害年鉴》，中华人民共和国国家统计局。

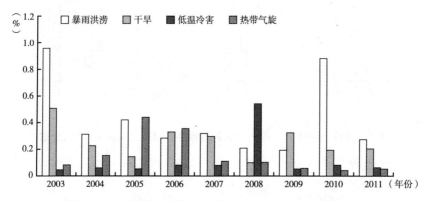

图3　2003～2011年各类灾害直接经济损失占GDP的比重

资料来源：同图2。

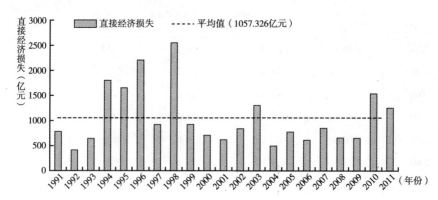

图4　1991～2011年暴雨洪涝灾害直接经济损失

资料来源：《中国气象灾害年鉴》。

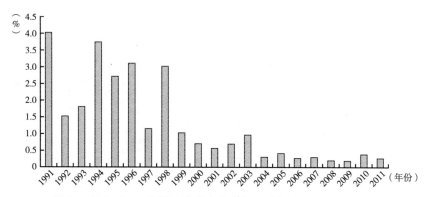

图5　1991～2011年暴雨洪涝灾害直接经济损失占GDP的比重

资料来源：同图4。

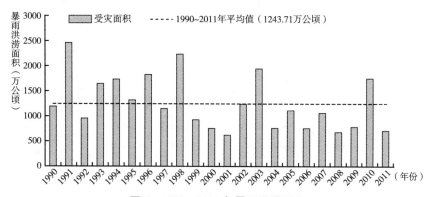

图6　1990～2011年暴雨洪涝面积

资料来源：同图4。

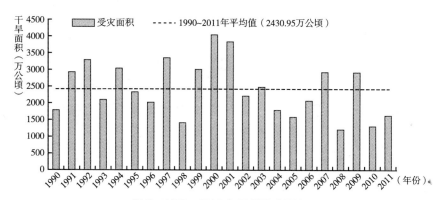

图7　1990～2011年干旱受灾面积

资料来源：同图4。

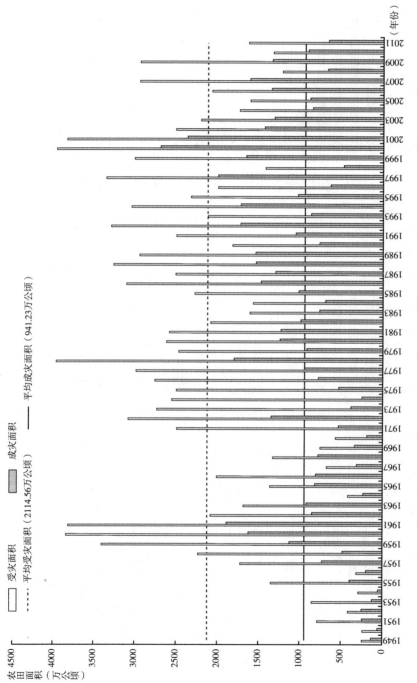

图8　1949～2011年中国历年农作物受灾和成灾面积变化图（干旱灾害）

资料来源：中国种植业信息网。

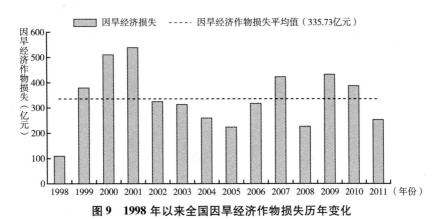

图9　1998年以来全国因旱经济作物损失历年变化

资料来源：2011年水利部公报，全国防汛抗旱工作会议。

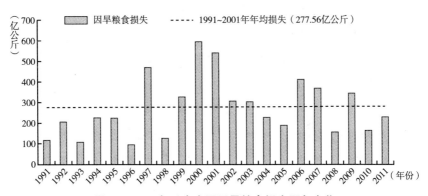

图10　1991年以来全国因旱粮食损失历年变化

资料来源：同图9。

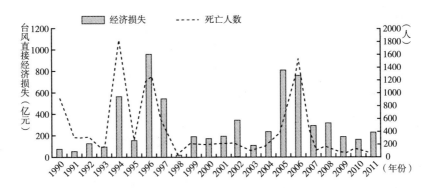

图11　1990～2011年台风灾害损失情况

资料来源：《中国气象灾害年鉴》。

G . 32
缩略词

AAU：Assigned Amount Unit，分配数量单位

AB：Allocative Baseline，产品的分配基线

AF：Adaptation Fund，适应基金

AGF：High-Level Advisory Group on Climate Change Financing，气候变化融资高级咨询小组

ARB：Air Resources Board，大气资源委员会

AR4：the Forth Assessment Report，第四次评估报告

BAU：Business as Usual，照常发展情景

CAMD：Clear Air Markets Division，企业碳排放监控记录的数据库

CCA：California Carbon Allowance，加州碳排放配额

CCER：China Certified Emission Reduction，中国核查减排量

CCX：Chicago Climate Exchange，芝加哥气候交易所

CDM：Clean Development Mechanism，清洁发展机制

CDM-EB：Executive Board of Clean Development Mechanism，清洁发展机制执行理事会

CEMS：Continuous Emission Monitoring System，实时在线监测系统

CER：Certified Emission Reduction，核查减排量

CERs：Certified Emissions Reductions，核查碳减排量

CGE：Computable General Equilibrium，可计算一般均衡

CME：Coordinating and Managing Entity，协调管理机构

CMIP5：The Fifth Phase of the Coupled Model Intercomparison Project，耦合模式比较计划第五阶段

CPA：Component Project Activity，规划子项目

CSIRO：Commonwealth Scientific and Industrial Research Organization，澳大利

亚联邦科学与工业研究组织

DOE：Designated Operational Entity，第三方独立机构

EB：the Executive Broad of CDMCDM，执行理事会

ECX：European Climate Exchange，欧洲气候交易所

EPA：Environmental Protection Agency，美国国家环境保护局

ERU：Emission Reduction Unit，减排单位

ERUs：Emission Reduction Units，减排单位

ETF（Exchange Traded Fund）交易所交易基金

EUA：European Union Allowance，欧盟排放配额

EUAs：European Union Allowances，欧盟排放配额

EU ETS：European Union Emissions Trading Scheme，欧盟排放交易体系

GCCA：Global Climate Change Alliance，全球气候变化联盟

GCMs：Global Climate Models，全球气候模式

GDP：Gross Domestic Product，国内生产总值

GEF：Global Environmental Fund，全球环境基金

G20：Group of 20，二十国集团

GS：Gold Standard，黄金标准

HFA：Hyogo Framework for Action，兵库行动框架

ICAO：International Civil Aviation Organization，国际民航组织

IMO：International Maritime Organization，国际海事组织

IPCC：Intergovernmental Panel on Climate Change，联合国政府间气候变化委员会

JI：Joint Implementation，联合履约

KA，Kyoto Protocol，《京都议定书》

LA：Level of Assistance，工业行为的能耗程度

LBNL：Lawrence Berkeley National Laboratory，美国劳伦斯伯克利国家实验室

LCA，Long-term Cooperative Action，长期合作特设工作组

LDCF：Least Developed Countries Fund，最不发达国家基金

LDC：Least Developed Country，最不发达国家

MRV：Measure、Report、Verify，数据的监测、报告和核查

NAPAs：National Adaptation Programmes of Actions，国家适应行动规划

NCAR：National Center for Atmospheric Research，美国国家大气研究中心

NZU：New Zealand Unit，新西兰排放配额单位

ODA：Official Development Assistance，官方发展援助

PCDM：Programmatic Clean Development Mechanism，规划方案下清洁发展机制

PDCT：Amount of Prescribed Product，产品产量

PoA：Programme of Activities，规划方案

PPCR：Pilot Programme on Climate Resilience，气候顺应试验方案

PS：Panda Standard，熊猫标准

RCPs：Representative Concentration Pathways，典型浓度排放路径

RGGI：Regional Greenhouse Gas Initiative，区域温室气体减排行动

RMU：Removal Unit，清除单位

SCCF：Special Climate Change Fund，特别气候变化基金

SPA：Strategic Priority Adaption，适应战略优先项目

SRES：Special Report on Emissions Scenarios，排放情景

SREX：Special Report on Managing the Risks of Extreme Events and Disasters to Advance Climate Change Adaptation，管理极端事件和灾害风险推进气候变化适应特别报告

SSPs：Shared Socio-economic Pathways，共享社会经济路径

UNFCCC：United Nations Framework Convention on Climate Change，联合国气候变化框架公约

VCS：Voluntary Carbon Standard，自愿碳标准

VER：Voluntary Emission Reduction，自愿减排

WCC -3：World Climate Conference -3，第三次世界气候大会

WMO：World Meteorological Organization，世界气象组织

中国皮书网

发布皮书研创资讯，传播皮书精彩内容
引领皮书出版潮流，打造皮书服务平台

栏目设置：

□ 资讯：皮书动态、皮书观点、皮书数据、 皮书报道、皮书新书发布会、电子期刊
□ 标准：皮书评价、皮书研究、皮书规范、皮书专家、编撰团队
□ 服务：最新皮书、皮书书目、重点推荐、在线购书
□ 链接：皮书数据库、皮书博客、皮书微博、出版社首页、在线书城
□ 搜索：资讯、图书、研究动态
□ 互动：皮书论坛

www.pishu.cn

中国皮书网依托皮书系列"权威、前沿、原创"的优质内容资源，通过文字、图片、音频、视频等多种元素，在皮书研创者、使用者之间搭建了一个成果展示、资源共享的互动平台。

自2005年12月正式上线以来，中国皮书网的IP访问量、PV浏览量与日俱增，受到海内外研究者、公务人员、商务人士以及专业读者的广泛关注。

2008年10月，中国皮书网获得"最具商业价值网站"称号。

权威报告　热点资讯　海量资料

当代中国与世界发展的高端智库平台

皮书数据库 www.pishu.com.cn

　　皮书数据库是专业的社会科学综合学术资源总库，以大型连续性图书皮书系列为基础，整合国内外其他相关资讯构建而成。包含七大子库，涵盖两百多个主题，囊括了十几年间中国与世界经济社会发展报告，覆盖经济、社会、政治、文化、教育、国际问题等多个领域。

　　皮书数据库以篇章为基本单位，方便用户对皮书内容的阅读需求。用户可进行全文检索，也可对文献题目、内容提要、作者名称、作者单位、关键字等基本信息进行检索，还可对检索到的篇章再作二次筛选，进行在线阅读或下载阅读。智能多维度导航，可使用户根据自己熟知的分类标准进行分类导航筛选，使查找和检索更高效、便捷。

　　权威的研究报告，独特的调研数据，前沿的热点资讯，皮书数据库已发展成为国内最具影响力的关于中国与世界现实问题研究的成果库和资讯库。

皮书俱乐部会员服务指南

1. 谁能成为皮书俱乐部会员？

- 皮书作者自动成为皮书俱乐部会员；
- 购买皮书产品（纸质图书、电子书、皮书数据库充值卡）的个人用户。

2. 会员可享受的增值服务：

- 免费获赠该纸质图书的电子书；
- 免费获赠皮书数据库100元充值卡；
- 免费定期获赠皮书电子期刊；
- 优先参与各类皮书学术活动；
- 优先享受皮书产品的最新优惠。

卡号：2949446723208577
密码：

（本卡为图书内容的一部分，不购书刮卡，视为盗书）

3. 如何享受皮书俱乐部会员服务？

（1）如何免费获得整本电子书？

　　购买纸质图书后，将购书信息特别是书后附赠的卡号和密码通过邮件形式发送到pishu@188.com，我们将验证您的信息，通过验证并成功注册后即可获得该本皮书的电子书。

（2）如何获赠皮书数据库100元充值卡？

　　第1步：刮开附赠卡的密码涂层（左下）；

　　第2步：登录皮书数据库网站（www.pishu.com.cn），注册成为皮书数据库用户，注册时请提供您的真实信息，以便您获得皮书俱乐部会员服务；

　　第3步：注册成功后登录，点击进入"会员中心"；

　　第4步：点击"在线充值"，输入正确的卡号和密码即可使用。

　　皮书俱乐部会员可享受社会科学文献出版社其他相关免费增值服务

　　您有任何疑问，均可拨打服务电话：010-59367227　QQ:1924151860

　　欢迎登录社会科学文献出版社官网(www.ssap.com.cn)和中国皮书网（www.pishu.cn）了解更多信息

社会科学文献出版社

皮书系列

　　"皮书"起源于十七八世纪的英国，主要指官方或社会组织正式发表的重要文件或报告，并多以白皮书命名。在中国，"皮书"这一概念被社会广泛接受，并被成功运作、发展成为一种全新的出版形态，则源于中国社会科学院社会科学文献出版社。

　　皮书是对中国与世界发展状况和热点问题进行年度监测，以专家和学术的视角，针对某一领域或区域现状与发展态势展开分析和预测，具备权威性、前沿性、原创性、实证性、时效性等特点的连续性公开出版物，由一系列权威研究报告组成。皮书系列是社会科学文献出版社编辑出版的蓝皮书、绿皮书、黄皮书等的统称。

　　皮书系列的作者以中国社会科学院、著名高校、地方社会科学院的研究人员为主，多为国内一流研究机构的权威专家学者，他们的看法和观点代表了学界对中国与世界的现实和未来最高水平的解读与分析。

　　自20世纪90年代末推出以经济蓝皮书为开端的皮书系列以来，至今已出版皮书近800部，内容涵盖经济、社会、政法、文化传媒、行业、地方发展、国际形势等领域。皮书系列已成为社会科学文献出版社的著名图书品牌和中国社会科学院的知名学术品牌。

　　皮书系列在数字出版和国际出版方面也是成就斐然。皮书数据库被评为"2008～2009年度数字出版知名品牌"；经济蓝皮书、社会蓝皮书等十几种皮书每年还由国外知名学术出版机构出版英文版、俄文版、韩文版和日文版，面向全球发行。

法 律 声 明